実験医学別冊

実験デザインからわかる

マルチオミクス研究

実践テキスト

実験・解析・応用まで現場で使える
プログラムコード付き完全ガイド

［編集］
大澤　毅，島村徹平

【注意事項】本書の情報について―――――

　本書に記載されている内容は，発行時点における最新の情報に基づき，正確を期するよう，執筆者，監修・編者ならびに出版社はそれぞれ最善の努力を払っております．しかし科学・医学・医療の進歩により，定義や概念，技術の操作方法や診療の方針が変更となり，本書をご使用になる時点においては記載された内容が正確かつ完全ではなくなる場合がございます．また，本書に記載されている企業名や商品名，URL等の情報が予告なく変更される場合もございますのでご了承ください．

❖ **本書関連情報のメール通知サービスをご利用ください**

メール通知サービスにご登録いただいた方には，本書に関する下記情報をメールにてお知らせいたしますので，ご登録ください．
- 本書発行後の更新情報や修正情報（正誤表情報）
- 本書の改訂情報
- 本書に関連した書籍やコンテンツ，セミナーなどに関する情報

※ご登録の際は，羊土社会員のログイン/新規登録が必要です

ご登録はこちらから

序

　生命科学研究は今，大きな転換点を迎えている．かつては個別の生体分子を対象とした研究が主流だったが，今や組織内や細胞内の多様な分子を網羅的に解析するマルチオミクス解析が，生命現象の本質に迫るための強力なアプローチとして確立されつつある．

　わずか10年前，マルチオミクス解析は一部の先端研究室でのみ実施される最先端技術であった．しかし，次世代シークエンサーや質量分析計などの解析機器の革新的進歩，実験プロトコールの標準化，そしてユーザーフレンドリーな解析ソフトウェアの普及により，現在では多くの研究者がとり入れる標準的な研究手法へと進化を遂げた．特に近年では，各オミクス解析のコストダウンや共同利用施設，共同研究などにより，1つのプロジェクトで複数のオミクスデータを取得することが一般的である．

　しかしながら，マルチオミクス研究を実践するには，依然としてさまざまな課題が存在する．サンプルの調製から測定，データ解析，そして生物学的な解釈に至るまで，各段階で高度な専門知識と技術が要求される．また，実験系（ウェット）と情報解析（ドライ）が如何に融合して解析を進められるかがマルチオミクス解析の鍵となる．

　本書は，2020年5月の特集号，2023年9月の増刊号に寄せられた「マルチオミクス研究の具体的な進め方を知りたい」という読者からの声に応え，より実践的な解説書として企画された．第2章では最新の測定技術，第3章では解析技術，そして第4章では具体的な応用例を，それぞれ詳細に解説している．各章では，実験計画の立案から具体的な実験手順，データ解析のポイント，さらには結果の解釈まで，実践的なノウハウを惜しみなく盛り込んでいる．

　マルチオミクスの分野は日進月歩であり，個別の技術は急速に進歩していくが，研究戦略の立て方や実験デザインの基本的な考え方は，時代が変わっても普遍的な価値をもち続けるのではないかと考えている．本書では，各研究分野を代表する専門家の先生方に，これらの基本的な考え方を解説していただくとともに，最新の技術動向も踏まえた内容となるよう心がけた．

　本書がマルチオミクス研究実践の入門書として，また実践的なガイドブックとして，読者の皆さまの研究に新たな展開をもたらすことを願っている．さらに深い知識を求める方々には，個別の技術について専門書や原著論文などで学びを深めるきっかけとなれば幸いである．

　最後に，本書の執筆にご協力いただいた多くの先生方に心より感謝申し上げる．

2025年2月

東京大学先端科学技術研究センター／東京大学大学院工学系研究科化学生命工学専攻／
東京大学大学院理学系研究科生物科学専攻

大澤　毅

東京科学大学総合研究院難治疾患研究所

島村徹平

目次

序 ………………………………………………………………………………… 3

執筆者一覧 ……………………………………………………………………… 6

本書の使い方 …………………………………………………………………… 8

第 1 章　マルチオミクス研究を始める前に

1. 本書の概要と，実験を始める前に考えること　　　大澤　毅………10

2. マルチオミクス研究における解析戦略と環境整備　　島村徹平………17

第 2 章　各オミクスによるデータ取得

1. ゲノム・エピゲノムのデータ取得　　　　　　　　　永江玄太………23

2. トランスクリプトームのデータ取得　　金井昭教，鈴木絢子，鈴木　穣………31

3. 1 細胞 CRISPR 解析によるデータ取得　　　　　　加藤真一郎………42

4. Ribo-Seq のデータ取得　　　　　　　　山下　映，岩崎信太郎………49

5. プロテオミクスのデータ取得　　　　　　　　　　　松本雅記………66

6. 1 細胞グライコームのデータ取得　　　　　　　　　舘野浩章………77

7. メタボロームのデータ取得　　　　　　　　　　　　曽我朋義………86

8. ノンターゲットリピドミクスのデータ取得　　内野春希，有田　誠………95

第 3 章　各オミクスにおけるデータ解析

1. ゲノム解析　　　　　　　　　中村　航，坂本祥駿，白石友一………106

2. CustardPy を用いたゲノム立体構造解析 　　　　長岡勇也，中戸隆一郎........118

3. scRNA-Seq 解析 　　　　萩原　柾，大倉永也........137

4. scATAC-Seq による転写制御解析 　　　　河口理紗，堀江健太.......150

5. マルチオミクス 1 細胞動態推定 　　　　島村徹平，野村怜史........161

6. 空間トランスクリプトーム解析 　　　　鈴木絢子，金井昭教，鈴木　穣.......174

7. 1 細胞摂動解析 　　　　島村徹平，廣瀬遥香.......183

8. メタボロームデータ解析と実験デザイン 　　　　松田史生.......204

9. メタゲノム解析 　　　　森　宙史.......211

10. マルチオミクスデータの解析 　　　　阿部　興，島村徹平.......224

第 4 章　各研究におけるマルチオミクス実験・解析の実例

1. 2 型糖尿病に伴う糖代謝変化と制御のマルチオミクス解析
　　　　大野　聡，黒田真也.......235

2. 循環器疾患のマルチオミクス解析 　　　　野村征太郎.......243

3. 脂肪細胞分化におけるマルチオミクス解析
　　　　松村欣宏，伊藤　亮，米代武司，稲垣　毅，酒井寿郎.......250

4. 腫瘍微小環境におけるマルチオミクス解析 　　　　大澤　毅.......258

5. 長寿研究におけるマルチオミクス解析 　　　　佐々木貴史，新井康通.......270

6. 脳とマルチオミクス解析 　　　　酒井誠一郎，津山　淳，七田　崇.....276

索引　.. 283

執筆者一覧

◆編　集

大澤　毅　　東京大学先端科学技術研究センター／東京大学大学院工学系研究科化学生命工学専攻／東京大学大学院理学系研究科生物科学専攻

島村徹平　　東京科学大学総合研究院難治疾患研究所

◆執筆者

阿部　興　　東京科学大学総合研究院難治疾患研究所

新井康通　　慶應義塾大学医学部百寿総合研究センター

有田　誠　　理化学研究所生命医科学研究センターメタボローム研究チーム／慶應義塾大学薬学部代謝生理化学講座／慶應義塾大学WPI-Bio2Q／横浜市立大学大学院生命医科学研究科代謝エピゲノム科学研究室

伊藤　亮　　東北大学大学院医学系研究科

稲垣　毅　　群馬大学生体調節研究所

岩崎信太郎　理化学研究所開拓研究本部RNAシステム生化学研究室／東京大学大学院新領域創成科学研究科メディカル情報生命専攻

内野春希　　理化学研究所生命医科学研究センターメタボローム研究チーム

大倉永也　　大阪大学免疫学フロンティア研究センター実験免疫学／大阪大学医学系研究科基礎腫瘍免疫学共同研究講座

大澤　毅　　東京大学先端科学技術研究センター／東京大学大学院工学系研究科化学生命工学専攻／東京大学大学院理学系研究科生物科学専攻

大野　聡　　東京科学大学総合研究院M&Dデータ科学センター

加藤真一郎　東海国立大学機構名古屋大学大学院医学系研究科

金井昭教　　東京大学大学院新領域創成科学研究科メディカル情報生命専攻

河口理紗　　京都大学iPS細胞研究所未来生命科学開拓部門／産業技術総合研究所人工知能研究センター

黒田真也　　東京大学大学院理学系研究科

酒井寿郎　　東北大学大学院医学系研究科／東京大学先端科学技術研究センター

酒井誠一郎　東京科学大学総合研究院難治疾患研究所神経炎症修復学分野

坂本祥駿　　国立がん研究センター研究所ゲノム解析基盤開発分野

佐々木貴史　慶應義塾大学医学部百寿総合研究センター

七田　崇　　東京科学大学難治疾患研究所神経炎症修復学分野

島村徹平　　東京科学大学総合研究院難治疾患研究所

白石友一　　国立がん研究センター研究所ゲノム解析基盤開発分野

鈴木絢子　　東京大学大学院新領域創成科学研究科メディカル情報生命専攻

鈴木　穣	東京大学大学院新領域創成科学研究科メディカル情報生命専攻
曽我朋義	慶應義塾大学先端生命科学研究所/慶應義塾大学大学院政策・メディア研究科/慶應義塾大学WPI-Bio2Q
舘野浩章	国立研究開発法人産業技術総合研究所細胞分子工学研究部門
津山　淳	東京科学大学難治疾患研究所神経炎症修復学分野
永江玄太	東京大学先端科学技術研究センター・ゲノムサイエンス＆メディシン分野
長岡勇也	東京大学定量生命科学研究所大規模生命情報解析研究分野
中戸隆一郎	東京大学定量生命科学研究所大規模生命情報解析研究分野
中村　航	国立がん研究センター研究所ゲノム解析基盤開発分野
野村怜史	東京科学大学総合研究院難治疾患研究所/名古屋大学大学院医学系研究科
野村征太郎	東京大学医学部附属病院循環器内科/東京大学大学院医学系研究科先端循環器医科学講座
萩原　柾	大阪大学免疫学フロンティア研究センター実験免疫学/大阪大学医学系研究科基礎腫瘍免疫学共同研究講座/塩野義製薬株式会社創薬研究本部創薬開発研究所
廣瀬遥香	東京科学大学総合研究院難治疾患研究所計算システム生物学分野
堀江健太	千葉大学大学院国際高等研究基幹医学研究院人工知能（AI）医学
松田史生	大阪大学大学院情報科学研究科
松村欣宏	秋田大学大学院医学系研究科/東北大学大学院医学系研究科
松本雅記	新潟大学大学院医歯学総合研究科
森　宙史	国立遺伝学研究所先端ゲノミクス推進センター
山下　映	理化学研究所開拓研究本部RNAシステム生化学研究室
米代武司	東北大学大学院医学系研究科

本書の使い方

　本書のテーマであるマルチオミクス研究では，計算機を用いたコマンド処理，Python, Rを使用したCUI画面での処理がdry解析として頻出する．本書での表記方法について以下に記述する．

■ 本文中のCUI表記

　本文中アミ掛けのエリアはCUI画面を表している．コマンドライン処理系（シェル），Python, Rの種別はエリアの右上に示される．

　シェルのプロンプトの行頭には$が表される．#で始まる行はコメントであり，実際の画面には現れず，入力にも使用しない．

```shell
# カレントディレクトリのフルパスを出力する
$ pwd
/home/yodosha
# カレントディレクトリの内容を出力する
$ ls
singlecell    script.R    command.sh
```

　行末尾の ⏎ は，紙幅の制限による見た目の改行を示す．そのため実際のコード上では何も入力しない．

```Python
# 下の ⏎ マークの位置では何も入力せず，そのまま続ける
foo = long_long_function_name(var_one, var_two, var_three, ⏎
var_four, var_five, var_six)
```

■ 配布データ

　本書の一部で使用するスクリプトは，以下の手順で羊土社ホームページからダウンロードできる．

1. **羊土社ホームページ**（www.yodosha.co.jp/）にアクセスする
2. ページ右上の**書籍・雑誌付録特典**をクリックする

3. 入力欄に下記コードを入力する

コード： ztc-duol-flsv　　※ すべて半角アルファベット小文字

※ 羊土社会員への登録は不要ですが，ご登録いただくと2回目以降のアクセスコード入力を省略できます
※ 羊土社会員の詳細につきましては，羊土社HPをご覧ください
※ 正誤情報は更新情報とは別に羊土社ホームページに掲載いたします
※ 本サービスは予告なく休止または中止することがございます（本サービスの提供情報は羊土社ホームページをご覧ください）

ダウンロードしたファイルを解凍し，適当なフォルダに設置する．

■ データの構成

データは項ごとに分けられており，以下の名前で準備されている．

```
0-0  # 章-項番号
├── script.R        # Rスクリプト
├── script.py       # Pythonスクリプト
├── command.txt     # コマンド
└── data            # データ
```

スクリプトに関して，エディタで開くと紙面でのコードとの対応がコメント行に記されている．特に指定のない場合は，対話モードで各番号ごとに実行する．

関連情報のメール通知サービスをご利用ください！

羊土社会員にご登録されている方は，羊土社HPの本書詳細ページから「本書関連情報のメール通知サービス」をご利用することができます．本書の正誤表が更新された際，ご登録のメールアドレスに，すぐにお知らせいたします！

いますぐ登録！

9

マルチオミクス研究をはじめる前に
1. 本書の概要と，実験を始める前に考えること

大澤　毅

> **ポイント**
>
> データ駆動型の「マルチオミクス研究」をはじめてみたい！ただ，実験のノウハウも機器ももち合わせていないし，どこからはじめたらよいかわからないという不安や，ゲノム，エピゲノム，トランスクリプトーム，プロテオーム，メタボロームなどの各階層の測定技術や解析技術をもっているが，どのように他の階層のオミクス情報と統合していけばよいかという悩み，すでに複数のマルチオミクス解析を実施しているが，さらに新しい階層のオミクス情報を取得していきたいという期待など，さまざまな研究環境や課題を研究者はお持ちであろう．本稿では，マルチオミクス解析をはじめようと考えたときに，実際に何を考えどのような条件で実施していくのか，それぞれの分野で活躍する研究者たちの考え方（詳細は第2〜4章を参照）を紹介し，大まかな流れを解説したい．

はじめに

　これまで未開の地が多く残されてきた生命の「白地図」には，20世紀の仮説−検証型の生命科学（仮説駆動型研究）において，先人たちの仮説を思いつく「ひらめき」や「セレンディピティ」によって「宝のありか」や「断片的な道すじ」が書き込まれてきた．近年，この白地図は複雑な網羅情報が羅列された「謎解き地図」へと変貌を遂げつつある．特にゲノミクスやトランスクリプトミクス，プロテオミクス，メタボロミクスなどの多階層にわたるオミクスデータが，この地図に多種多様な情報を書き込むことに貢献してきた[1]．

　しかし依然として生命現象の全貌を解読することは困難でありつづけ，オミクス解析だけでは生命現象の本質を理解できないだろう，と表明する生命科学者が存在することも納得できる．だが，生命科学者に新たな生命現象の捉え方の実践なくして，現在の「謎解き地図」の解読は達成されるのだろうか？これまでのマウス遺伝学による仮説駆動型研究のみでは未開の地を開拓するのに限界があり，データ駆動型研究もしくは，データ駆動と仮説駆動のハイブリッド型の研究へと転換を迫られているのではないだろうか？

　この課題を解決する望みを託されているのが，多階層のオミクスデータを統合する「マルチオミクス研究」だが，「マルチオミクス研究をはじめてみたい！」と考えたとき，研究者はまず，どのオミクスデータを取得し，どのように解析し，さらにどのように各階層のオミクス情報を統合するのかを問われる．この統合解析は非常に複雑であり，研究課題ごとに適したアプローチを模索することが求められ，残念ながら「これが唯一の正解」といえる方法は存在しな

第2章　各オミクスにおける データ取得	第3章　各オミクスにおける データ解析	第4章　各分野におけるマルチオミクス 実験・解析の実例

ゲノム・エピゲノム
2-1 永江の稿

トランスクリプトーム
2-2 金井らの稿

1細胞 CRISPR
2-3 加藤の稿

リボソームプロファイリング
2-4 山下・岩崎の稿

プロテオミクス
2-5 松本の稿

グライコーム
2-6 舘野の稿

メタボローム
2-7 曽我の稿

リピドミクス
2-8 内野・有田の稿

ゲノム
3-1 中村らの稿

エピゲノム
3-2 長岡・中戸の稿

scRNA-Seq
3-3 萩原・大倉の稿

scATAC-Seq
3-4 河口・渥江の稿

マルチオーム
3-5 野村・島村の稿

空間トランスクリプトーム
3-6 鈴木らの稿

1細胞摂動
3-7 島村・廣瀬の稿

メタボローム
3-8 松田の稿

メタゲノム
3-9 森の稿

マルチオーム
3-10 阿部・島村の稿

糖尿病
4-1 大野・黒田の稿

循環器疾患
4-2 野村の稿

生活習慣病
4-3 松村らの稿

がん微小環境
4-4 大澤の稿

老化研究
4-5 佐々木・新井の稿

神経
4-6 酒井らの稿

図1　本書の構成

い，それでもマルチオミクス研究を効果的に進めるための何らかの指標が必要であることは事実であり，本書の発端となった．

　冒頭となる本稿では，まずはじめに，第2，4章の各オミクス解析のエキスパートの先生のご意見を参考にさせていただき（詳細は各章の各項目を参照），**研究の戦略と実験デザインの考え方**を示す．また，**オミクスの組合わせ**として，どのような組合わせを選ぶのか，第4章のそれぞれのエキスパートの解析法について概要を述べる．さらに，**必要な知識，スキル，データ解析環境**について，第2，3章の概要を述べる．具体例として，本書の該当章へのリンク（第2～4章の概略）として，各項目について概要を紹介したい．

　近年，ゲノム，エピゲノム，トランスクリプトーム，プロテオーム，メタボロームなど各オミクス解析技術の発展により，ますます網羅的に，かつ高解像度に生命情報が取得できるようになってきた．また同時に低価格で手軽に各階層のオミクスデータが得られるようになったことで，1つの研究テーマで複数のオミクスデータを組合わせることが主流になってきた．これからのデータ駆動型が主流の医学・生物学研究では，多階層のオミクス情報を俯瞰的に見て，いかにして生命現象の全体像をあぶり出すか，その戦略が重要になると考えられる．そこで本書では，各オミクス解析の最新情報と情報科学的なアプローチ，そしてマルチオミクス解析を

用いた疾患研究の具体例について，第2章データ取得，第3章データ解析，第4章各分野にお
けるオミクス研究というように各分野の第一人者に執筆をお願いした（図1）．

研究の戦略と実験デザインの考え方

　最近では各階層のオミクス情報をより手軽に取得できるようになってきた一方，ただ単に膨大なオミクスデータを手にしても十分に生かしきれないことも多いと聞く．近年の医学・生物学研究では，ごく当たり前のように使われはじめているマルチオミクス解析であるが，如何にデータの質を担保し，如何につなぎ合わせ，如何に生命現象を解読するかが鍵である．このような視点から，本書では，実験医学2014年5月号「トランスオミクスで生命の地図を描け！」（黒田真也，中山敬一／編，参考図書1）を参考に編集した実験医学2020年5月号「マルチオミクスを使って得られた最新知見」（大澤　毅／編，参考図書2）および，実験医学増刊号2023年9月発行号「マルチオミクス　データ駆動時代の疾患研究」（大澤　毅／編，参考図書3）の発展版として，各種オミクス解析，データ解析，そしてマルチオミクス解析を用いた疾患研究の具体例についてまとめており，まさに，医学・生物学研究の大転換期に，どのようにアプローチするべきかを各分野の第一人者の視点から議論していただいた．

　「マルチオミクス研究」をはじめる際，どのように各オミクス解析技術を選び，統合していくのか？マルチオミクス研究の戦略と実験デザインの考え方を示す（図2）．仮説駆動型研究の大きなサイクルとして，①データの取得，②仮説の形成，③仮説の検証，1つの階層を元にしたサイクルをもとに，さらに別の階層のデータ取得，②仮説の形成，③仮説の検証ということで，2階層目のデータの解析に入る（図2）．

トランスオミクス解析とマルチオミクス解析の捉え方

　これまで個別分子を対象とした仮説駆動型の生命科学から一変して，ゲノム，エピゲノム，トランスクリプトーム，プロテオーム，メタボロームなどの多階層のオミクス情報を俯瞰的に

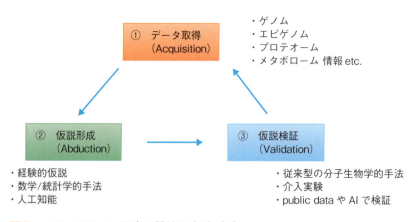

図2　マルチオミクス研究の戦略と実験デザイン

図3 トランスオミクスの考え方とこれからのマルチオミクスの捉え方
トランスオミクスの考え方は，ゲノム，エピゲノム，トランスクリプトーム，メタボロームの各階層を重ねてつなげ相互作用を解明するものである．本書では「重ねてつなげる」ことにはこだわらず，多階層のオミクスを使って解析するという意味で「マルチオミクス」という言葉を用いる．近年のマルチオミクスの1つの考え方は，それぞれの階層の情報をつなぎ合わせたものから生命現象の全体像を炙り出すという方向に変遷しつつある．さらに最近では前述の階層の他に修飾されたエピトランスクリプトーム，リン酸化プロテオーム，メタボロームが登場しているほか，いくつかの階層のデータは1細胞レベルの解像度で網羅データを取得することが可能になってきている．

見たデータ駆動型のマルチオミクス研究が生命科学の主流となりつつある．各オミクスの関係については，単なる1階層のオミクスの寄せ集めではなく，複数の階層間における因果関係をもった相互作用をもつ各レイヤーが平面的な広がりをもちながら，さらに上下の階層間にさまざまなつながりがあるという考え方が主流である．本邦では，黒田真也（東京大学）を中心に「トランスオミクス」という概念で，レイヤー間のつながりやフィードバック機構の解明に関して重きをおいて研究が進められてきた（参考図書1）（図3A）．広大な地図を一枚一枚つなぎ合わせるというのは，各レイヤーが全く違った世界の地図であるため複雑な解析技術が必要であり，非常に難しい．本書では，多階層をつないでいくことにはこだわらず，概念としてもう少し広い意味をもつ「マルチオミクス」という言葉を用いて，今後の方向性について議論する．

これからのマルチオミクス解析の1つの捉え方として，それぞれの階層で見えた生命現象の断面をいかに他の階層で見えた断面とつなぎ合わせ，生命現象の全体像を掴むのかという作業に移行してきている（図3B）．例えば，ゲノム・エピゲノム階層で捉えた事象（△）と，トランスクリプトーム，プロテオームの階層で捉えた事象（□や○）といった一見繋がりのない事象は，生命現象の本来の姿をある側面から投射した形であり，それぞれをつなぎ合わせることによって生命現象の本来の姿（三角錐様の図形）が浮かび上がるのだ．このように，最近のマルチオミクス解析は，生命の全体地図を描くという大きな目標を有する一方で，生命現象において鍵となる階層間の相互作用の全体像を把握するために利用するのに適切であることがわか

る．最近，エピトランスクリプトーム，リン酸化プロテオーム，メタボロームなど，オミクス階層の修飾情報を網羅的に計測できるようになってきているほか，いくつかの階層では1細胞レベルの解像度で網羅的な情報を取得できるようになってきており，生命現象をより詳細に投射し全体像を理解することが可能になりつつある．

各オミクス解析の最前線とマルチオミクスへの展開

　マルチ（多階層）オミクス研究が医学・生物学研究の主流となりつつある今，われわれはどのように生命を捉え，どのような研究への方向転換を迫られているだろうか．最近では，より手軽に，多階層のオミクスデータを得られるようになってきた．そこで第3章では，近年利用可能になってきた，さまざまな階層のオミクス解析技術についてまとめている（図4）．
　ゲノム情報は細胞を規定する最も基盤的情報であるが，そのゲノム情報にコードされた遺伝子の調節はエピゲノム情報に刻み込まれている．両者の網羅的なプロファイリングから，ゲノムの機能的な意義も含めて解釈できるようになる．第2章-1ではゲノム・エピゲノムのデータ取得法を，第3章-1，第3章-2でその解析法について紹介する．これまでバルクレベルの解析では失われていた細胞群の解析を可能としたシングルセル解析は，近年，時空間情報を得たまま単一細胞レベルでのオミクス解析を行える手法として，ますます重要性を高めている．第2章-2，第2章-3では，シングルセルオミクスのデータ取得法，および，第3章-2，第3章-3，第3章-4でシングルセルオミクスから空間シングルセルオミクス解析（第3章-6）へとどのように進歩してきたのか，また今後の展望について述べている．また，タンパク質の網羅的な解析は，生命現象の解明に必須である．まず，第2章-4では，プロテオミクスの技術変遷を振り返りつつ最新の動向や網羅的プロテオームの活用法についてまとめている．さらに，次世代シークエンサーを用いて，1細胞ごとに発現するタンパク質の糖鎖修飾（グライコーム）とRNAを同時にシークエンシングする（scGR-Seq）技術が開発されてきた．グライコームに関する最

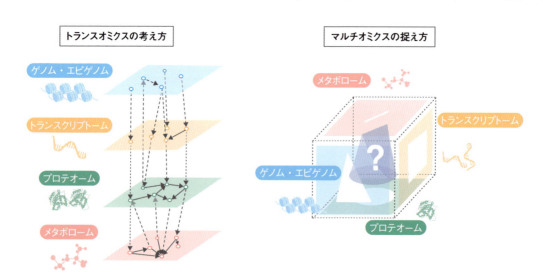

図4　俯瞰的なマルチオミクス解析法・研究分野と本書の構成

新の知見を紹介する（第2章-5）．また，ゲノム・トランスクリプトーム・プロテオームといった生命のセントラルドグマの表現型として知られる代謝物の解析について，まず，第2章-6でメタボロームデータ取得法，および，第3章-7で解析法の紹介とマルチオミクス解析を用いた代謝研究の例を，さらに，第2章-7で脂質の構造多様性をより詳細かつ包括的に解読するノンターゲットリピドミクスに焦点をあてたリピドーム解析の最新技術や脂質構造解析手法について紹介する．また，近年，腸内細菌叢と疾患の関連がさかんに研究されている．腸内細菌叢におけるメタゲノム解析を含むマルチオミクスについて紹介する（第2章-10）．

データ解析・統合のインフォマティクス

マルチオミクス研究で得られた多階層のオミクスデータは，どのように解析するのがよいか？第1章-2では，マルチオミクス研究において最もポイントとなるインフォマティクス，すなわち，データ解析法や統合法についてまとめている．

生命科学データは多様であり，計測技術の進歩により得られるサンプル数およびデータの種類は増え続けている．オミクス統合解析の基礎理論として，複数のデータを同時に扱うための行列・テンソル分解という解析手法についてオミクス解析をはじめとする生命科学分野におけるさまざまな問題に適用された事例を紹介する．また，マルチオミクス統合解析で，1細胞マルチオミクス解析の新たな実験手法と解析基盤，さらに，エピゲノムを中心としたマルチオミクス統合解析で，1細胞マルチオミクス解析の新たな実験手法と解析基盤を紹介する．また，マルチオミクス解析におけるシミュレーションから，患者固有モデリングで数式を経由しない数理モデル構築や患者由来の遺伝子発現データを使用した数理モデルの個別化が可能となってきた．マルチオミクス解析のシミュレーションから薬剤標的の予測に至る一連の解析結果を紹介する．最近，膨大なマルチオミクスデータが公共データベースに蓄積されている．そこで公共オミクスデータの統合と仮説生成や実験の最適化について紹介する[2]．また，API（application programing interface）を介したデータ公開が進んでおり，他の機関でも提供されたリソースを統合できるようになってきている[3]．このように第1章-2でまずその概要を述べ，第4章では，マルチオミクス研究において，ポイントとなるさまざまなデータ解析法についてまとめている．

各分野におけるマルチオミクス研究

近年の生命科学研究でごく当たり前のように使われはじめているマルチオミクス解析では，如何にデータの質を担保し，如何につなぎ合わせ，如何に生命現象を解読するかが鍵である．第4章では，各分野の疾患研究におけるマルチオミクス研究の実例をまとめている．

はじめに，糖尿病研究に関して，反応速度に基づくマルチオミクス統合解析の実例をあげて紹介する（第4章-1）．次に，循環器疾患研究におけるマルチオミクスの実例として，循環器疾患モデルマウスや循環器疾患検体のシングルセルやトラジェクトリー解析を用いた研究から炙り出された最新の知見について紹介する（第4章-2）．また，メタボリックシンドロームな

ど生活習慣病において，近年エピジェネティクスの重要性が報告されている[4]．第4章-3では，エピゲノム複合体を中心としたマルチオミクス解析による生活習慣病研究の最新の知見を紹介する．近年，がん研究分野でも，ゲノム解析をはじめとしたマルチオミクス解析が多細胞間相互作用やオルガネラ間連関に至る解像度で解析されている[5]．がん研究においては，これまでのバルクでのゲノム解析，プロテオーム解析，メタボローム解析に加え，免疫細胞のシングルセルマルチオミクス解析が世界中で競争を増している．さらに，がん微小環境における免疫細胞による多細胞間相互作用を規定するマルチオミクスの実例について述べる．第4章-4では，がん細胞—がん／線維芽細胞間—オルガネラ間の相互作用におけるオミクス統合解析について紹介する．また，老化研究は近年目覚ましい発展を遂げ，老化細胞除去法などが注目されている[6]．老化細胞におけるマルチオミクス解析の知見とセノリティクスへの展望について紹介する（第4章-5）．また，神経変性疾患においても最大のリスク因子は加齢である．第4章-6では，神経変性疾患研究についてまとめている．このように，マルチオミクス統合解析を用いた研究が，さまざまな疾患研究分野で新たな知見を続々と創出している．

おわりに

　以上，本書の構成と各項目の概要について紹介させていただいた．マルチオミクス解析は「網羅解析を使った研究は仮説の立てられない総花的な研究だ」と否定的であった生命科学者にも，思いがけない方向性を与える可能性があると考えている．すなわち，「偶然」の産物とされたセレンディピティは，今後はすべて科学者に「必然」となるのだ．本書が，これからデータ駆動型研究を展開していきたいと考える学生や若手研究者の新たな刺激に，また，エスタブリッシュされたシニア研究者のある種のひらめきにつながることを期待している．ひいては本邦の医学・生物学研究の発展にわずかでも寄与できれば幸いである．マルチオミクス研究が医学・生物学研究で必須となりつつある今，これからの研究のあり方について少しでも考えるきっかけになることを望む．

◆ 文献
1）「第1章　我が国の研究力の現状と課題：文部科学省」
　　https://www.mext.go.jp/b_menu/hakusho/html/hpaa202201/1421221_00005.html（2024年11月閲覧）
2）Glassman M & Kang MJ：Comput Human Behav, 28：673-682, doi:10.1016/j.chb.2011.11.014（2012）
3）Buck B & Hollingsworth JK：Int J High Perform Comput Appl, 14：317-329, doi:10.1016/S1571-0661（04）81042-9（2000）
4）Matsumura Y, et al：Nat Metab, 5：370-384, doi:10.1038/s42255-023-00764-4（2023）
5）Aki S, et al：Biochim Biophys Acta Gen Subj, 1867：130330, doi:10.1016/j.bbagen.2023.130330（2023）
6）Aguayo-Mazzucato C, et al：Cell Metab, 30：129-142.e4, doi:10.1016/j.cmet.2019.05.006（2019）

◆ 参考図書
1）「トランスオミクスで生命の地図を描け！」（黒田真也，中山敬一／企画），実験医学 Vol.32 No.8（2014）
2）「マルチオミクスを使って得られた最新知見」（大澤　毅／編）実験医学2020年5月号
3）「マルチオミクス　データ駆動時代の疾患研究」（大澤　毅／編）実験医学増刊号2023年9月発行号

マルチオミクス研究をはじめる前に
2. マルチオミクス研究における解析戦略と環境整備

島村徹平

> **ポイント**　マルチオミクス研究の成功には，明確な研究戦略と綿密な実験デザインが必要不可欠である．研究の質を決定づける要因として，適切なオミクスの組み合わせと解析手法の選択が極めて重要となる．また，解析を行う上で，プログラミング言語を用いた情報解析やデータ解析環境の整備は避けて通れない．本稿では，マルチオミクス解析を始めようとする際に，実際に何を考え，どのように実施に踏み切るのか，その概略的な流れを解説する．

はじめに

近年の技術革新により，生命現象を多角的に捉えるマルチオミクス研究が急速に発展している．しかし，その成功には周到な準備と適切な解析戦略が不可欠である．本稿では，マルチオミクス研究を効果的に実施するための重要な考慮点について解説する．

どのような目的で解析を行うのか？

どのような解析においても，まず，研究をはじめる前に，「どのような目的で解析を行うのか」を明確にすることが最優先である．マルチオミクス研究では，特定の生物学的プロセスや疾患を多視点で捉えられるが，それらの洞察を得るためには，必要なオミクスデータの種類を事前に検討し，サンプル準備段階で実験デザインを慎重に計画しなければならない．例えば，細胞や疾患のサブタイプを特徴づけようとしているのか，新しい標的分子を発見したいのか，あるいはバイオマーカーを検証したいのか，といった異なる生物学的質問に応じて，プロジェクトの方向性は大きく変わる．このような目的設定は，オミクス技術の選択やデータセットの収集方針，分析手法の採用にも大きく影響するため，「何を明らかにしたいのか」という具体的な目標に基づいて，必要なサンプル数，対照群，時系列データの必要性などを決定する必要がある．さらに，バッチ効果を最小限に抑えるための実験計画や，データの質を確保するためのQC基準も事前に設定しておく．サンプルの採取方法や保存条件も解析に大きく影響するため，慎重に検討する必要がある．

オミクスの組み合わせ

　マルチオミクス解析におけるオミクスの組み合わせは，単に「数多くのデータをそろえればよい」というものではなく，研究目的に応じて最適なオミクスを取捨選択し，それぞれのデータ特性を理解したうえで統合解析を行うことが求められる．現在はRNA-Seqを中心に据え，他のオミクス（プロテオミクス，メタボロミクス，エピゲノム解析など）を組み合わせる研究がさかんであり，それぞれの層で得られる生物学的知見を相互に補完できる点が大きな強みとなっている．

　例えば，遺伝子発現制御メカニズムを理解したい場合は，転写産物としてのRNA（RNA-Seq）とエピゲノム情報（ATAC-Seq，DNAメチル化解析，ヒストン修飾のChIP-Seqなど）の組み合わせが有効である．RNA-Seqによってどの遺伝子がどの程度発現しているかを捉え，ATAC-Seqによって染色体構造や転写因子結合サイトのアクセシビリティを評価し，メチル化解析やヒストン修飾プロファイルからはエピジェネティックな制御機構を探ることができる．この場合，異なる解析パイプラインや正規化手法で得られたエピゲノムデータとRNA発現量データを統合する際には，共通の遺伝子座やピーク情報にひも付け，バッチ効果やスケーリングを慎重に処理することが重要である．

　機能レベルでの理解を深めたい場合は，RNA-Seqとプロテオミクス／リン酸化プロテオミクスの組み合わせが有効である．遺伝子発現量（mRNAレベル）と，実際に翻訳されて機能を担うタンパク質（プロテオミクス）を比較することで，転写後調節や翻訳後調節による「発現のずれ」を評価できる．さらにリン酸化プロテオミクスなどの修飾プロテオミクスを組み合わせれば，シグナル伝達経路やタンパク質修飾による機能制御をより詳細に把握できる．この場合，タンパク質アイソフォームや修飾部位の情報と対応する遺伝子発現情報をリンクさせる際，統一的なアノテーション（UniProtやRefSeqなど）を用いることが推奨される．また，タンパク質の発現レベルはRNA量と必ずしも相関しないため，両者の乖離を考慮した設計で解析を進める必要がある．

　代謝経路を包括的に解析したい場合は，RNA-Seqとメタボロミクス（代謝産物プロファイリング）の組み合わせが有用である．代謝酵素遺伝子の発現変動が，実際の代謝産物の量や種類にどのように影響しているかを評価できるからである．このとき，代謝産物情報をKEGG[1]やReactome[2]などのパスウェイデータベースと関連付け，RNA発現データと同時に可視化することで，代謝経路内のボトルネックや制御ポイントを特定しやすくなる．また，サンプル調製や機器特性（LC-MS，GC-MSなど）によるバッチ効果も大きいため，厳格なQCを実施し，スケーリングや正規化の方法を事前に検討しておく必要がある．

　これらに加えて，ゲノム上の変異箇所（SNP，INDEL，CNVなど）が遺伝子発現に及ぼす影響をRNA-Seqデータと組み合わせることで解明できる．さらに昨今，組織や細胞集団のなかのヘテロゲネイティをより詳細に捉えるために，シングルセルレベルでマルチオミクスを行うとして，シングルセルRNA-Seq，シングルセルATAC-Seq，シングルセルプロテオミクスが急速に普及している．また，空間トランスクリプトーム技術の発展により，組織切片上で遺伝子発現を可視化することが可能となった．例えば，シングルセルRNA-Seqデータを組み合わせることで，空間的コンテクストに基づく細胞サブタイプ解析や，組織微小環境と転写プログ

18　実験デザインからわかる　マルチオミクス研究実践テキスト

ラムの関連性解明が期待できる.

　注意すべき点として，多次元データ解析には高度なバイオインフォマティクス技術や大規模計算資源が必要となり，研究コストも増大する．このため，実験デザインの段階で取得すべきオミクスデータの優先順位を慎重に検討し，コスト対効果や研究目的との適合性を十分に考慮する必要がある.

必要な知識，スキル，データ解析環境

マルチオミクス研究を進めるには，以下の知識やスキル，解析環境が求められる.

☐ **生物学的知識**：対象とする生物学的プロセスや疾患の理解，各オミクス技術の原理と特徴の把握，分子生物学の基礎知識
☐ **情報解析スキル**：プログラミング言語（R，Python等）の習熟，多変量解析，機械学習などの統計解析の知識，データベース操作とデータ管理スキル，可視化技術
☐ **データ解析環境**：十分な計算リソース（メモリ，ストレージ，CPU/GPUなど），適切なソフトウェアとツール（統合解析ツール，可視化ツール等）の導入
☐ **解析ツールの知識**：各オミクスデータの前処理手順，品質管理の方法，データ統合の手法，結果の検証方法

　情報解析スキルについては，主にRやPythonが用いられるため，これらのプログラミング言語の基本操作に加えて，生物学的データ解析向けのパッケージの習得が必要となる．例えば，RならSeurat[3]やBioconductor[4]，Pythonならscanpy[5]やpandas[6]，scikit-learn[7]などを使いこなす必要がある．また，大規模データベースを扱う場合はSQLの知識もあると望ましい．さらに，主成分分析や因子分析といった多変量解析手法，教師あり・教師なし学習のような機械学習手法，バイオインフォマティクス特有の統計手法など，広範な統計知識も必要である．本書では，基礎理論の詳細については立ち入らないが，実際の研究例のなかで使われ方について参考にしてほしい.

　解析環境としては，適切なハードウェアの準備が重要となる．昨今の大規模なオミクスデータを扱うには，高性能なCPUに加えて，最低でも64GB以上（理想的には128GB以上）のメモリ，数テラバイト規模のストレージが望ましい．深層学習を行う場合にはGPUも必要になる．ソフトウェア面としては，Linux/Unixの基本知識やDockerなどのコンテナ技術，クラウドコンピューティング環境の利用経験があると解析の柔軟性がより高まる．初学者が解析環境を手軽に整えたい場合，まずはGoogleが提供するColaboratory（Google Colab）[8]の利用を強く推奨する．インストール不要でPython/Rや機械学習・深層学習の環境をすぐに利用できるため，学習コストや参入コストを大きく下げることができる.

　解析ツールについては，本書の各章で詳細が説明されているため概要のみ述べる．データの前処理では，クオリティコントロールやアダプター除去，トリミング，マッピングやアライメントといった手順への理解が不可欠である．加えて，データ統合を行うためのツールやKEGG，Reactomeといったパスウェイ解析ツールも，結果の生物学的理解を深めるうえで重要である.

さらに，Rのggplot[9] やPythonのmatplotlib[10] など用いた可視化技術も必須である．

これらの要素は相互に関連しており，段階的に習得することが推奨されるが，まずは実際にプログラムコードを動かしてみることが第一歩となる．バイオインフォマティクスの専門家が周囲にいる場合には，協力体制を構築することで，より効率的な解析を進められる．また，多くの計測技術や解析技術が続々と登場しているため，常に情報をアップデートと，最新の手法や技術動向を追うことも必要である．どの手法を使うかを迷った場合は，目的に特化したレビュー論文を参考にするとよい．

解析時のトラブルシューティングと大規模言語モデル（LLM）の活用

マルチオミクス解析は，複数のオミクスデータを扱うためデータ量や解析手順が膨大になりやすく，解析途中で多様なトラブルが発生する可能性が高い．例えば，使用中のパッケージや関数の仕様に関する疑問や，エラーメッセージの原因究明，コードの修正や最適化など，幅広い課題に直面することがある．近年は大規模言語モデル（LLM）であるChatGPT[11] やGitHub Copilot[12] のような対話型AIが開発されており，これらを活用してトラブルシューティングを効率化する動きが加速しており，マルチオミクス解析においても解析時に大いに活用することを推奨する．

例えば，RNA-SeqやATAC-Seq，メタボロミクスなどの解析で用いられる多様なパッケージ（例：R/Bioconductor, Pythonライブラリなど）には，それぞれに固有の関数やパラメータ設定が存在する．対話型AIに対し「あるパッケージの特定の関数はどのようなオプションをサポートしているのか」「パラメータの推奨設定は何か」などの質問を行うことで，公式ドキュメントの要点を短時間で把握できる可能性がある．また，例えば「この解析の手順を簡潔にまとめてほしい」「スクリプトのコメントを充実させてほしい」といった指示を出すと，一定の文書化支援を期待できる．ただし，LLMが提供する情報はバージョン違いなどによる誤差や，最新のアップデートに対応していないこともあるため，最終的な確認は公式ドキュメントや文献を参照して行う必要がある．

また，マルチオミクス解析では，異なるファイル形式の読み込みや巨大なデータセットの処理，外部パッケージの依存関係などが原因となってエラーが発生しやすい．LLMにエラーメッセージを入力し，その原因や解決策を問い合わせることで，初学者でも迅速にトラブルシューティングを行える場合がある．特に，一般的なエラーや設定ミスに関しては，過去の事例を参照した具体的な解決策が提示されることが多い．しかし，すべてのエラーがAIで正確に解決できるわけではなく，最終的にはユーザー自身がエラーの原因とコードの文脈を正確に把握することが重要となる．

このように，LLMを活用したトラブルシューティングは，コードの修正や補完，ドキュメンテーション支援など，複雑化するマルチオミクス解析の作業を大いにサポートする．ただし，プログラミングの基礎知識がなければ，LLMが出力したコードを適切に理解し，評価することができない点に注意が必要である．また，最終的な判断や検証は研究者自身の責任で行い，必

要に応じて公式ドキュメントや最新の文献を参照しながら，研究目的に適合した正確な結果を導く姿勢が重要である．

本書の構成

　本書第3章では，マルチオミクス研究に必要な各種解析手法を，実践的なプログラミングコードと具体的な実装例を交えながら詳説する．各セクションは，その分野の専門家によって執筆されており，理論的背景説明に加えて，実データを用いた解析例とソースコードを提示し，読者が自身の研究に即座に応用できるように配慮している．

　ゲノム解析では，中村・坂本・白石が変異解析パイプラインの構築からCNV解析，品質管理に至るまでの実践的なアプローチを解説する（第3章-1）．続くエピゲノム解析では，長岡・中戸がHi-CおよびMicro-Cデータの処理からゲノム立体構造解析のワークフロー，さらには統合解析への応用まで，具体例を用いて説明する（第3章-2）．シングルセル解析では，萩原・大倉が，scRNA-Seqの各プラットフォームの原理から具体的なデータ解析手法，さらにマルチモーダル解析への展開まで，実践的なアプローチを提供する（第3章-3）．これに続いて，河口・堀江が，scATAC-Seqによる転写制御解析について，データ解析の一般的なワークフローから配列解析ツールを組み合わせたシス制御ネットワークの解明まで，詳細に解説する（第3章-4）．空間トランスクリプトーム解析では，鈴木（絢）・金井・鈴木（穣）が，多様な計測プラットフォームの特徴とデータ解析手法，二次元空間での可視化技術について実践的な知見を提供する（第3章-6）．メタボローム解析（第3章-8）では松田が，メタゲノム解析（第3章-9）では森が，それぞれの分野における最新の解析手法とその実装について解説する．さらに，マルチオミクスデータの統合的な解析については，以下の3つの章で詳しくとり上げる．速度解析（第3章-5）では島村・野村が，摂動解析（第3章-7）では島村・廣瀬が，統合解析（第3章-10）では阿部・島村が，異なるオミクスデータの統合手法から実践的な統合解析パイプラインまでを，具体的なコード例とともに詳しく説明する．

おわりに

　本稿では，マルチオミクス研究を開始するにあたって必要となる基本的な考え力から，具体的な解析環境の整備までを解説した．マルチオミクス研究を成功させるうえでは，研究目的の明確化，適切なオミクスの組み合わせの選択，そして必要な解析環境の整備が欠かせない．特に，研究目的に応じた実験デザインの重要性は強調してもし過ぎることはない．

　また，本書の各章では，それぞれの専門家が具体的な解析手法やプログラミングコードを用いて詳説している．これらの知識は，読者自身の研究プロジェクトを進める際に実践的な指針となるだろう．しかしながら，マルチオミクス研究の分野は日進月歩であり，新しい実験技術や解析手法が次々と登場している．そのため，本書で紹介した内容は現時点での標準的なアプローチであることを念頭に置き，常に最新の技術動向をフォローし，新しい手法を柔軟にとり入れる姿勢が求められる．

最後に強調しておきたいのは，マルチオミクス研究は，単独の研究者で完結することは稀であるという点である．実験系の研究者，情報解析の専門家，生物学的な知見をもつ研究者がそれぞれの専門性を活かしながら協力し合うことで，より深い生物学的洞察を得ることができる．本書がこうした共同研究の架け橋となり，読者の研究発展に寄与することを願ってやまない．

◆ 文献

1） Kanehisa M, et al：Nucleic Acids Res, 44：D457-D462, doi:10.1093/nar/gkv1070（2016）
2） Jassal B, et al：Nucleic Acids Res, 48：D498-D503, doi:10.1093/nar/gkz1031（2020）
3） Butler A, et al：Nat Biotechnol, 36：411-420, doi:10.1038/nbt.4096（2018）
4） Gentleman RC, et al：Genome Biol, 5：R80, doi:10.1186/gb-2004-5-10-r80（2004）
5） Wolf FA, et al：Genome Biol, 19：15, doi:10.1186/s13059-017-1382-0（2018）
6） McKinney W：Proceedings of the Python in Science Conference, 51：51-56（2010）
7） Pedregosa F, et al：JMLR, 12: 2825-2830（2011）
8） Bisong E：Apress, Berkeley, CA, 2019.p. 59-64
9） Wickham H：Springer-Verlag, New York（2016）
10） Hunter JD：Comput Sci Eng, 9：90-95（2007）
11） 「Introducing ChatGPT | OpenAI」https://openai.com/blog/chatgpt/（2025年2月閲覧）
12） 「GitHub Copilot」https://docs.github.com/copilot（2025年2月閲覧）

第2章 各オミクスによるデータ取得
1. ゲノム・エピゲノムのデータ取得

永江玄太

> **ポイント**
>
> ゲノム情報は細胞の分子生物学的構成要素を規定する最も基盤的な情報であるが，そのゲノム情報にコードされた遺伝子の時空間的な読み出し調節はエピゲノム情報に刻み込まれている．両者の網羅的なプロファイリングにより，配列情報だけでなくゲノムの機能的な意義も含めて解釈することが可能となる．データ取得のためのプラットフォームには多くの選択肢があるが，①解析対象の試料はどんな状態か？②サンプルはどれくらいの量が得られるか？③解析結果にどの程度の精度を必要とするか？（リード深度，不均一性にも関連），④比較参照できるデータがあるか？などの判断基準をもとに最適な方法を決めることが重要である．

はじめに

　生命現象とは，ゲノムという内的要因に規定された細胞が外的環境からの多様な刺激に適応しながら継続していく営みであり，さまざまな分子情報が互いのレイヤーで相互に関連しながら，細胞あるいは個体の形質（フェノタイプ）として顕れる．ゲノム配列はこの内的要因の最も基盤的な情報であり，ゲノムから読みだされる転写産物（RNA），さらに翻訳・合成されるタンパク質はフェノタイプに直結する構成要素となる[1]．ゲノム情報にコードされた遺伝子の時空間的な読みだしの調節はエピゲノム情報に刻み込まれているが，このゲノム・エピゲノム情報は微量の生体試料からでも核酸増幅過程を経てうまくシークエンス解析にもち込むことで網羅的な形で得ることができる．

　さまざまな生物試料を用いてオミクスデータを取得するにあたり，最適なプラットフォームを選択する判断材料がいくつかある（表）．第1は，解析対象の試料の状態である．例えば，凍結保存された組織サンプルは継代培養細胞と同様にDNAやRNA，タンパク質を抽出できるが，融解時に細胞の形態が崩れるために一部のエピゲノム解析ではプロトコールを最適化する必要がある[2]．常温で保管できるホルマリン固定サンプルは疾患医科学において貴重なアーカイブとなるが，DNAやRNAが細かく分解・切断されておりシトシン脱アミノ反応に伴うアーティファクトの懸念もある．第2に，得られる生物試料の量の問題も考慮する必要がある．微量核酸の増幅技術が向上したとはいえ，ChIP-Seqのように標的領域の核酸量が非常に少ない場合にはある程度のComplexityが確保されていなければ，偶発的なピークと真のシグナルを区別しづらくなる．第3に，組織試料など多様な細胞が混合したサンプルを用いる場合には細胞の不均一性も考慮する必要がある．がん組織のゲノム変異を解析する際に，腫瘍組織を構成するが

23

表　さまざまな生体試料を用いたオミクス解析

	培養細胞（10^6以上）	培養細胞（微量）	新鮮組織	凍結組織	ホルマリン固定組織
ゲノム解析（サンガー法）	◎	◎	◎	◎	○
ゲノム解析（短鎖）	◎	○	◎	◎	○
ゲノム解析（長鎖）	◎	△	◎	○	△
ゲノム解析（アレイ）	◎	○	◎	◎	○
トランスクリプトーム解析	◎	○	◎	◎	○
メチル化解析	◎	○	◎	◎	○
ChIP-Seq解析	◎	△	△	△	△
ATAC-Seq解析	◎	○	○	△	△
Hi-C解析	◎	△	△	△	△

継代培養細胞ではあらゆるオミクス解析に対応可能だが，ChIP-Seqなどのエピゲノム解析は単離された細胞あるいは細胞核を相当量必要とするため，凍結保存された組織サンプルやホルマリン固定サンプルは必ずしも適していない．組織サンプル多数例のマルチオミクス解析をゲノム・トランスクリプトーム・エピゲノム（DNAメチル化）で実施したうえで，組織から樹立した細胞株を用いてオミクスデータに基づく仮説の検証実験や補完的なエピゲノム解析がしばしば実施される．◎：標準プロトコールで解析可能，○：プロトコールを改変・最適化する必要あり，△：特殊なプロトコールでのみ解析可能．

ん細胞の割合が少ない場合にはがん細胞由来の実効リード数を増やすために目標総リード数を多く設定する必要がある[3]．第4に実験結果と比較検証できるような公開データがあるか，という点もある．フェノタイプと関連するゲノム解析を行う際には，疾患群とコントロール群でのゲノム配列を比較する．エピゲノム解析ではリファレンスエピゲノムが細胞種により異なるため，正常対象のエピゲノムプロファイルと比較する必要がある．このような比較検討は実験結果の解釈に不可欠であり，公開データや論文などから得られるかどうかもプラットフォームを判断する材料の一つとなる．

ゲノムデータの取得

対象とする生体試料よりゲノムDNAを単離・精製を行う（DNA抽出）．抽出したDNAの量と純度および長さの分布などを評価したうえで，鋳型として必要な量と最適な長さに調製する．短鎖型あるいは長鎖型シークエンサー解析に必要なアダプター配列を付加した後，必要な量までPCRなどで増幅させて，実験に供する（図1）．実験過程の反応効率の評価やシークエンスのベースコール精度向上を目的として，しばしばスパイクインDNA（Lambda DNA）やコントロールDNA（PhiX）も混合される．ここでは，従来のキャピラリーシークエンサー（サンガーシークエンス法）やジェノタイピングマイクロアレイを用いたゲノムデータ取得の方法は割愛し，マルチオミクス解析で頻用される短鎖型シークエンサー（いわゆる次世代シークエンサー，next generation sequencer：NGS）および長鎖型シークエンサーに焦点をあてて，データ取得方法を概説する．

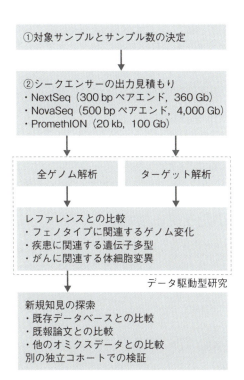

図1 ゲノム解析の実験デザイン

ゲノム解析実験は，実験目的によって必要は出力量をあらかじめ予測することができるため，サンプル数と必要リード数を最初に見積もったうえでシークエンスライブラリを作成する．少ないDNA試料をPCRで増幅させた場合には，同じ配列情報をもつ反復リードの割合が大きくなるため，シークエンス出力を増やすのではなく，最初の鋳型を増やすことを検討する．ターゲット解析では，比較するデータとターゲット領域をできるだけ合わせてプローブをデザインしておく方が二次解析の際の検定などを行いやすいと思われる．

1. 短鎖型シークエンサーを用いたゲノム解析

　高い出力量と塩基配列決定（base call）の正確性を優先する場合に，イルミナ社やBGI社などの短鎖型シークエンサーがよく用いられる．実験デザインを考える際に，解析対象のゲノムサイズと必要なリード深度（read depth）を概算し，どの程度のシークエンス量が最終的に必要かを見積もっておくことが重要である．例えば，ヒトゲノム（3 Gベース）30×のdepthで配列データを得たい場合には，1サンプルあたり約100 Gベースの出力が必要になる．全ゲノム解析を行うとコストが大きくなるときには，ターゲットキャプチャ法などにより標的配列を含むDNA断片を濃縮し特定の領域に絞って高深度にシークエンス[4]を行うこともある（図1）．逆に，サンプルごとに異なるバーコード配列を含むアダプターを付加することで，まとめて行ったシークエンスをデータ解析の段階でサンプルごとに分けることも可能であり，このマルチプレックス化により低コストで多くのサンプルのゲノム解析が可能になる．

短鎖型シークエンサーを用いたゲノム解析のプロトコール概略

❶ フェノール・クロロホルム法あるいはカラム抽出キットなどを用いて生体試料よりDNAを抽出する

❷ 微量分光光度計でDNAの精製度を確認し，二本鎖DNA蛍光定量キットを用いて濃度を定量する．2100バイオアナライザやTapeStation（いずれもアジレント・テクノロジー社）などを用いてDNA長の分布を評価する

❸ 超音波断片化装置などによりDNA長を数百bpになるように調製する（ホルマリン固定試料では不要）

❹ 短鎖型シークエンサーのプロトコールに準じてシークエンスライブラリを作成する

❺ 至適濃度に調製し，コントロールDNAなどと混合して，並列シークエンスを実施する

❻ 出力データの一次解析を実施し，ゲノム配列情報を決定する（解析手法は第3章-1を参照）

2. 長鎖型シークエンサーを用いたゲノム解析

　　短鎖型シークエンサーの高い精度が確保できるのは両端から500 bp程度までであり，数キロbp以上の長いリード長を読むことはできない．ゲノムサイズの大きな生物では反復配列を含む領域が多くみられるため，短いリード長の短鎖型シークエンサーではリファレンスゲノム上の1カ所に決めることが困難となる．Pacific Bioscience社やOxford Nanopore社の長鎖型シークエンサーは数キロから数百キロベースにおよぶゲノムDNA分子のシークエンスを行うことが可能であり，反復配列を含む難読領域を克服できる[5]だけでなく，リファレンスゲノムが存在しない生物種でもde novoアセンブリにより未知の配列を決定できる[6]．前者は近年Q30（99.9％の正確性）の塩基コール精度を達成しており，後者もQ24の精度（99.5％の正確性）と数百キロベースを越える非常に長いシークエンス解析が可能になるなど着実に性能が向上している．両者ともに，塩基配列を決定するシークエンスと同時にDNA修飾を検出できることも特長[7]であり，今後広く活用されることが期待される．

長鎖型シークエンサーを用いたゲノム解析のプロトコール概略

❶ NanoBindなどの長鎖型シークエンサー専用DNA抽出キットを用いて長鎖DNAを抽出する

❷ 微量分光光度計でDNAの精製度を確認し，二本鎖DNA蛍光定量キットを用いて濃度を測定する．Femto Pulse System（アジレント・テクノロジー社）を用いてDNA長の分布を評価する

❸ 用手的なシリンジ法あるいはMegaruptor（Diagenode社）などのDNA断片化装置を用いて最適な長さに調製する．短いDNA断片は低分子DNA除去キットなどで取り除く

❹ 長鎖型シークエンサーのプロトコールに準じて専用アダプターを付加し，ライブラリを作成する

❺ 至適濃度に調製したサンプルライブラリを用いて，シークエンスを実施する

❻ 出力データの一次解析を実施し，ゲノム配列情報を決定する（解析手法は第3章-1を参照）

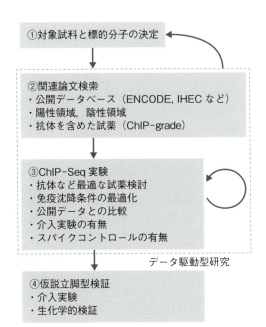

図2 エピゲノム解析の進め方（ChIP-Seq解析の例）
解析対象の試料と標的分子を選定したうえで，最初にChIP-Seq実験の条件検討に使用する陽性領域や陰性領域を決める．事前情報がない場合にはENCODEロードマップ計画，modENCODE計画や国際ヒトエピゲノムコンソーシアム（IHEC）などのデータベースを検索し，細胞系譜として近い細胞種のプロファイルを参照する．この陽性領域での濃縮率を参考に最適な抗体試薬や実験条件を採用し，ChIP-Seqデータを取得する．得られたデータはあらためて既存データなどと比較し，妥当性も含めて評価する．

エピゲノムデータの取得

　遺伝子発現制御にはさまざまなエピゲノム修飾がかかわっており，DNAに対する直接修飾（シトシンメチル化，ヒドロキシメチル化），ヒストンテール修飾（メチル化，アセチル化，ユビキチン化など）やバリアントヒストン，転写因子複合体の結合などの局所的な調節から，クロマチン構造，非コードRNA，液-液相分離に至る核内高次構造の制御まで多岐にわたる[8]〜[10]．細胞の種類ごとに固有のエピゲノム状態が存在するため，リファレンスデータに相当するものが必ずしも得られない場合もある．取得したデータの妥当性を評価するには，多面的な実証実験と十分な解析経験が必要とされるが，近年ではさまざまな公共データベースも公開されているため，これをうまく参照しながら研究を進めていただきたい（図2）．

1. DNAメチル化解析（WGBS解析，メチル化アレイ解析）

　BS処理を行った後のゲノムDNAでシークエンスを行い，メチルシトシンの割合を定量する．BS処理を用いるWhole-genome Bisulfite Sequencing（WGBS法）以外に，酵素反応で非修飾シトシンを特異的に変換するEnzymatic Methyl-Seq（EM-Seq）[11]なども有用である．メチル化情報を保持した状態で微量試料をPCR増幅させることができるため，発生生物学における1細胞解析などにも活用される[9]ほか，医学領域ではヒトの血液中を循環する微量遊離DNAの

解析にも応用されている．ヒトやマウスの試料の場合にはプロモーター領域やエンハンサー領域などの発現制御領域に限定して3％程度（約90万カ所）のメチルシトシンを評価できるイルミナ社のビーズアレイを使用することで，低コストで多数のサンプルの比較解析が可能となる[12]．ホルマリン固定したアーカイブサンプルについてもほぼ同等の性能で解析可能であり，ヒトの疾患研究では応用範囲が大きい．

全ゲノムメチル化解析（WGBS 法）のプロトコール概略

❶ フェノール・クロロホルム法あるいはカラム抽出キットなどを用いて生体試料より DNA を抽出する

❷ 微量分光光度計により DNA の純度を測定し，二本鎖 DNA 蛍光定量キットを用いて濃度を定量する．2100 バイオアナライザ（アジレント・テクノロジー社）や TapeStation（アジレント・テクノロジー社）などを用いて DNA 長の分布を評価する

❸ WGBS 法で全ゲノム解析を行う場合には超音波断片化装置などで 200～500 bp の DNA 長に調整する

❹ メチル化処理されたアダプターを両端に付加した後に BS 処理あるいは EM 処理を行う

❺ PCR 増幅にてライブラリを作成し，短鎖型シークエンサーで並列シークエンスを実施する

❻ BS 処理後のリファレンス配列を用いてゲノム配列情報出力データの一次解析を実施し，シトシンのメチル化率を測定する（解析手法は第3章-2を参照）

2. ゲノム転写因子の結合領域，ヒストン修飾（ChIP-Seq 解析）

標的遺伝子の活性化には，プロモーター領域やエンハンサー領域のクロマチンが弛緩するとともに活性化型ヒストン修飾と特異的な転写因子の結合が必要とされる．このような活性化クロマチン状態のマークとなる H3K4 トリメチル化や H3K27 アセチル化などのヒストンテール修飾を特異的に認識する抗体を用いてクロマチン画分を濃縮し，精製した DNA の配列解析を行うことでヒストン修飾の陽性領域を網羅的に決定できる．同様に，H3K27 メチル化，H3K9 メチル化などの抑制性ヒストン修飾も解析可能であり，転写因子などの DNA 結合タンパク質や転写因子複合体の構成因子を特異的に認識する抗体を使うことで，これらのゲノムワイドなマッピングも可能である．10^6～10^8 程度の培養細胞をホルムアルデヒドで固定してクロマチン画分を用いることが一般的であるが，標的部位の近傍に効率よく DNA 配列を挿入できるトランスポザーゼ Tn5 の性能を応用した CUT & Tag 法ではより少量の細胞でもほぼ同等のデータを得ることが可能とされている[13]．このような ChIP-Seq 法は，特異的抗体による標的クロマチンの相対的濃縮を評価するプロファイリングであり定量性にやや欠けるが，標的領域の絶対数が大きく変化する場合にはすべてのサンプルに等量で混合させたスパイクインコントロールと比べることで定量比較に有効とされる[14]．

培養細胞を用いた転写因子の ChIP-Seq 法のプロトコール概略

❶ 1％ホルムアルデヒド下でクロマチンを固定した後に，超音波でクロマチン画分を断片化する

❷ 転写因子を特異的に認識する抗体およびプロテイン A/G 磁気ビーズと混合し，免疫沈降を

実験デザインからわかる マルチオミクス研究実践テキスト

行う

❸ Washバッファーで非特異的吸着を除いた後，脱架橋処理を行ってDNA断片を精製する

❹ 2100バイオアナライザやTapeStation（アジレント・テクノロジー社）を用いて精製DNAの濃度と長さの分布を評価する

❺ 既知のポジティブコントロールおよびネガティブコントロール領域で定量PCRを行い，濃縮率を確認する

❻ PCR増幅にてライブラリを作成し，短鎖型シークエンサーで並列シークエンスを実施する

❼ ゲノム配列情報出力データの一次解析を実施し，陽性領域を決定する（解析手法は第3章-2を参照）

3. クロマチンアクセシビリティ（ATAC-Seq解析）

　ChIP-Seq解析は抗体の種類を変えることで多種多様なエピゲノム情報が得られる反面，実験ステップが多く，安定な結果を得るには細胞数を多く必要とするため，必ずしもすべての生物試料に向いているわけではない．その点，シンプルなステップでクロマチンが弛緩したオープンクロマチン領域のプロファイリングができるATAC-Seq法は汎用性が高く，多くの生物医科学研究で用いられている[15]．ハイパーアクティブTn5がアクセスした際にNGS用アダプター配列を同時に入れるため，少ない細胞でも効率よく反応が行うことができ，1細胞のエピゲノム解析のプロトコールにも導入されている．

培養細胞を用いたATAC-Seq法のプロトコール概略

❶ 低張溶液下で細胞膜を可溶化させて細胞核を抽出する

❷ NGSのアダプター配列を含むTn5複合体を加え，オープンクロマチン領域にアダプター配列を導入する

❸ DNA断片を精製し，必要量までPCRで増幅する

　以降❹〜❼のステップはChIP-Seq法のプロトコール概略と同様に行う．

おわりに

　本稿では，さまざまな生物試料を用いてゲノム・エピゲノムのデータ取得を計画する際に考慮したいポイントを概説した．プロトコールの各ステップの詳細については後述の参考図書を参照いただきたい．オミクス解析はデータ駆動型の探索的研究であるが，それぞれのプラットフォームの精度は事前に想定できるため，うまく実験計画をデザインすることが重要と考えられる．多くの大規模コンソーシアムプロジェクトで整備された膨大な生物学的リソースデータもうまく活用しながら，皆様の研究に少しでも役立てていただけたらと思う．

コラム：リソース再解析時代のオミクスデータ取得

近年，多くのHigh impact journalを中心に，マルチオミクス解析でのRawデータ登録およびデータ取得時の詳細なプロトコール記載が求められている．この背景にはビッグデータを再利用・再解析する時代の潮流があり，自分が執筆した論文でのデータ立証だけでなく，後に再利用された場合にも耐えうるqualityのデータを取得することが重要である．エピゲノム解析ではRNA発現解析と同様に，サンプルの状態や実験手法の影響を強く受けるため，ENCODE（ヒト，マウス）やmodENCODE（線虫，ハエ）のウェブサイトで実験手法やChIPに用いられた抗体などの詳細情報などを掲載している．国際ヒトエピゲノムコンソーシアムIHEC（https://ihec-epigenomes.org/research/reference-epigenome-standards/index.html）でも，データ取得に必要なシークエンス量の基準などが詳しく記載されているので，参考になると思う．論文中のFigureや文章には一定の一貫性があっても，実際のRawデータを再解析してみると，いわゆる「champion data」であり，がっかりする経験もあろう．逆に，qualityの高いデータを公開することは登録者にもメリットがあり，再解析した研究者から連絡があり，新しい共同研究につながることもしばしば経験する．多くの国際的な大規模コンソーシアム研究で行われてきたように，実験デザインの段階から高い再現性を意識した綿密な計画が必要と考えられる．

◆ 文献

1）Buccitelli C & Selbach M：Nat Rev Genet, 21：630-644, doi:10.1038/s41576-020-0258-4（2020）

2）Cejas P, et al：Nat Med, 22：685-691, doi:10.1038/nm.4085（2016）

3）Sims D, et al：Nat Rev Genet, 15：121-132, doi:10.1038/nrg3642（2014）

4）Zhou J, et al：Hereditas, 158：10, doi:10.1186/s41065-021-00171-3（2021）

5）Tanudisastro HA, et al：Nat Rev Genet, 25：460-475, doi:10.1038/s41576-024-00692-3（2024）

6）Li H & Durbin R：Nat Rev Genet, 25：658-670, doi:10.1038/s41576-024-00718-w（2024）

7）Hook PW & Timp W：Nat Rev Genet, 24：627-641, doi:10.1038/s41576-023-00600-1（2023）

8）Cavalli G & Heard E：Nature, 571：489-499, doi:10.1038/s41586-019-1411-0（2019）

9）Smith ZD & Meissner A：Nat Rev Genet, 14：204-220, doi:10.1038/nrg3354（2013）

10）Isbel L, et al：Nat Rev Genet, 23：728-740, doi:10.1038/s41576-022-00512-6（2022）

11）Vaisvila R, et al：Genome Res, 31：1280-1289, doi:10.1101/gr.266551.120（2021）

12）Pidsley R, et al：Genome Biol, 17：208, doi:10.1186/s13059-016-1066-1（2016）

13）Kaya-Okur HS, et al：Nat Protoc, 15：3264-3283, doi:10.1038/s41596-020-0373-x（2020）

14）Orlando DA, et al：Cell Rep, 9：1163-1170, doi:10.1016/j.celrep.2014.10.018（2014）

15）Klemm SL, et al：Nat Rev Genet, 20：207-220, doi:10.1038/s41576-018-0089-8（2019）

◆ 参考図書

「実験医学別冊 改訂第5版新遺伝子工学ハンドブック」（村松正實，山本雅，岡崎康司／編），羊土社（2010）

「実験医学別冊 エピジェネティクス実験スタンダード」（牛島俊和，眞貝洋一，塩見春彦／編），羊土社（2017）

「実験医学別冊 クロマチン解析実践プロトコール」（大川恭行，宮成悠介／編），羊土社（2020）

「遺伝子医学45号 統合オミックス解析」（熊坂夏彦，永江玄太／編），メディカルドゥ（2023）

各オミクスによるデータ取得
2. トランスクリプトームのデータ取得

金井昭教,鈴木絢子,鈴木 穣

> **ポイント**
> トランスクリプトーム解析は次世代シークエンサーが発売された当初から行われてきた手法である.バルクタイプのRNA-Seqからはじまり,1細胞まで微量化されている[1)2).検出するショートリード,ロングリードシークエンサーに合わせてライブラリ作製が必要である.さらに位置情報も加味した空間トランスクリプトームも登場し,その解像度も1細胞レベルになっている[3)〜7).この稿では,トランスクリプトーム解析の代表的なライブラリに関してオーバービュー的にプロトコールの流れを紹介する.

ショートリードシークエンサーでのバルクトランスクリプトーム解析

TruSeq stranded mRNA-Seq

TruSeq Stranded mRNA(#1000000040498 v00,イルミナ社)

mRNA-Seqの最も基本的なライブラリである.ポリdT配列を用いてトータルRNAからポリA配列をもつmRNAを濃縮する.Stranded mRNAではDNAの+/−鎖のどちらから転写された産物か判別することが可能である.

❶ QIAGEN RNeasy KitsやTRIZOL試薬等を使用したトータルRNA抽出

❷ トータルRNAからのmRNAの精製と断片化

❸ 第1鎖cDNAの合成

❹ dTTPの代わりにdUTPを用いた第2鎖cDNAの合成

❺ 3′末端のアデニル化

❻ アダプターライゲーション

❼ PCRによるDNAフラグメントの濃縮

❽ ライブラリのクオリティチェック,ノーマライゼーションとプール

❾ シークエンス

トータルmRNA-Seq（Ribo-Zero）

TruSeq Stranded Total RNA with Ribo-Zero Globin（#15031048 Rev. E.，イルミナ社）

このキットではポリdTを用いてmRNAを濃縮しない．Ribo-Zeroを用いてrRNAを除去することでポリA配列をもたないRNAも解析対象とすることが可能である．

❶ QIAGEN RNeasy KitsやTRIZOL試薬等を使用したトータルRNA抽出

❷ Ribo-Zeroを用いたrRNAの除去と精製したRNAの断片化

❸ 第1鎖cDNAの合成

❹ dTTPの代わりにdUTPを用いた第2鎖cDNAの合成

❺ 3′末端のアデニル化

❻ アダプターライゲーション

❼ PCRによるDNAフラグメントの濃縮

❽ ライブラリのクオリティチェック，ノーマライゼーションとプール

❾ シークエンス

FFPE mRNA-Seq

TruSeq RNA Exome（#1000000039582 v01，イルミナ社）

一般的なRNA-SeqではRNAが分解していないサンプルを準備することが求められる．しかし，臨床検体のホルマリン固定パラフィン（formalin fixed paraffin embedded：FFPE）サンプルのようにホルマリン固定することによってRNAの分解が避けられないサンプルが存在する．そういったサンプルではプローブを使用して，必要な配列を濃縮しライブラリを作製する．

❶ QIAGEN RNeasy KitsやTRIZOL試薬等を使用したトータルRNA抽出

❷ RNAの分解度に応じたトータルRNAの断片化

❸ 第1鎖cDNAの合成

❹ dTTPの代わりにdUTPを用いた第2鎖cDNAの合成

❺ 3′末端のアデニル化

❻ アダプターライゲーション

❼ PCRによるDNAフラグメントの濃縮

❽ 1回目のプローブハイブリダイゼーション，キャプチャ

❾ 2回目のプローブハイブリダイゼーション，キャプチャ

❿ キャプチャしたライブラリの精製

⓫ 濃縮したライブラリのPCRによる増幅

⓬ 増幅した濃縮ライブラリの精製とクオリティチェック

⓭ シークエンス

ロングリードシークエンサーでのバルクトランスクリプトーム解析

Nanopore cDNA-PCR Sequencing V14-Barcoding (SQK-PCB114.24)

ロングリードシークエンサーとしてNanoporeシークエンサーを用いた系を紹介する. cDNA-PCR SequencingではRNAをcDNA化した後にシークエンスを行う.

❶ 10 ng濃縮RNA（ポリA RNAまたはrRNA除去RNA）または500 ngトータルRNAを準備

❷ 逆転写とストランドスイッチによるcDNA合成

❸ PCRによる全長配列の選択

❹ アダプターライゲーション

❺ Nanoporeシークエンサーへロードしてシークエンス

Direct RNA Sequencing Kit

Direct RNA Sequencing（SQK-RNA004）ではRNAをcDNA化することなく，RNAのままNanoporeシークエンサーでシークエンスを行う.

❶ 300 ngのポリA RNAまたは1 μgトータルRNAを準備

❷ 逆転写用アダプターのアニーリングとライゲーション

❸ 逆転写反応

❹ 3′末端にシークエンシングアダプターを付加

❺ Nanoporeシークエンサーへロードしてシークエンス

シングルセルRNA-Seq：ロースループット

この系ではチューブやプレートのウェルごとに1細胞を準備して，ライブラリ作製を行う. 96穴プレートで最大96細胞解析であるので，多数の細胞の解析には向かない. ドロップレットベースのシングルセルRNA-Seqの必要細胞数が十分に準備できない際にはこういった系を使用する.

SMART-Seq mRNA Single Cell ＋ Illumina Nextera XT DNA Library Kit（タカラバイオ社）

❶ FACS等を用いてキットに含まれるバッファーに1細胞セルソーティング

❷ SMART-Seq第1鎖cDNAの合成

❸ Long Distance - PCRによってcDNAを増幅

❹ cDNAの精製とクオリティチェック

❺ cDNAのタグメンテーション

❻ ライブラリの増幅，精製，クオリティチェック

❼ ライブラリをノーマライズ．シークエンス

シングルセルRNA-Seqハイスループット

　　細胞数が10万細胞を上回るほど得られるのであれば，10x Genomics社のドロップレットベースのscRNA-Seqの適用が考えられる．

　　3′ GEM-X，5′ GEM-Xは10万生細胞から最大2万細胞分のscRNA-Seqデータを解析する．3′ GEM-XはポリAをもつmRNAの3′末端の配列を，5′ GEM-XはポリAをもつmRNAの5′末端の配列を得て遺伝子発現情報を得る（図1，2）．5′ GEM-Xであれば同じ細胞からTCRやBCRの発現情報を得るオプションも存在する．これらの系ではChromium X/iXといった機器を使用して，細胞とセルバーコードをもったビーズとを確率的に1個ずつ混合しドロップレットを形成させている．

　　scMultiomeは10万生細胞から最大1万細胞分の同一細胞からのscRNA-SeqとscATAC-Seqのデータを得る．両方のデータを得るために，細胞の細胞質を懸濁し，核抽出を行う．scRNA-Seq部分は核からの解析なのでイントロンの残る未成熟なmRNAを含む3′末端配列の遺伝子発現情報を得る．

　　scFlexはホルムアルデヒドを含むバッファーで細胞を固定した後に遺伝子発現情報を得る方法である．3′ GEM-X，5′ GEM-X，scMultiomeでは生細胞を基本とした解析なので細胞の生存率が重要であり，ドロップレットを形成させる段階で80％以上の生存率があることが望ましい．

図1　3′ GEM-X，scMultiome遺伝子発現ライブラリ

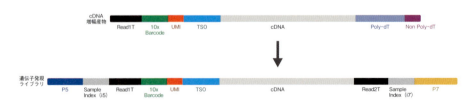

図2　5′ GEM-X遺伝子発現ライブラリ

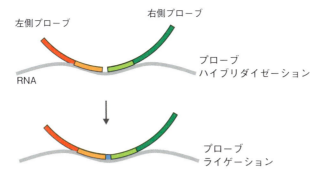

図3 scFlex, Visium HDの原理

　手元で実験する場合には可能かもしれないが，共同研究先や受託解析先に細胞を送る場合には生細胞の凍結融解が必要な場合もあり，生存率の低下の要因が増えてしまう．この問題を回避するため，scFlexでは細胞を回収した段階で細胞を固定してしまう．解析はmRNAにヒトまたはマウスの全遺伝子に設計済みプローブを結合させることで行う（図3）．1細胞ごとにドロップレット形成後，結合させたプローブからセルバーコードのついたライブラリを作製し，シークエンスすることで1細胞の遺伝子発現情報を得る．プローブが必要なので，ヒトとマウスのみ実施可能である点には注意が必要である．細胞数は100万細胞固定する必要があり，最大解析数は1万個である．サンプルバーコードを付加したプローブを使用することでマルチプレックス化が可能なので，3′ GEM-X, 5′ GEM-X, scMultiomeと比べるとコストダウンも可能である．

Chromium GEM-X Single Cell 3′ Reagent Kits v4

❶ サンプル準備

❷ GEMの作製とバーコーディング

　マスターミックスの準備
　GEM-Xチップへの細胞のローディングとChromium X/iXのラン
　GEMの抽出，逆転写

❸ GEM逆転写後の精製とcDNA増幅

　GEMでの逆転写後Dynabeadsでの精製
　cDNA増幅，精製，クオリティチェック

❹ ライブラリ作製

　遺伝子発現ライブラリの断片化，末端修復，Aの付加．SPRIselectビーズによるサイズセレクション
　アダプターライゲーション．SPRIselectビーズによる精製
　インデックスPCR．SPRIselectビーズによるサイズセレクション
　遺伝子発現ライブラリのクオリティチェック

❺ シークエンス

Chromium GEM-X Single Cell 5′ Reagent Kits v3

❶ サンプル準備

❷ GEM の作製とバーコーディング

マスターミックスの準備

GEM-X チップへの細胞のローディングと Chromium X/iX のラン

GEM の抽出，逆転写

❸ GEM 逆転写後の精製と cDNA 増幅

GEM での逆転写後 Dynabeads での精製

cDNA 増幅，精製，クオリティチェック

❹ cDNA からの V（D）J 増幅

1 回目の V（D）J 増幅．SPRIselect ビーズによるサイズセレクション

2 回目の V（D）J 増幅．SPRIselect ビーズによるサイズセレクション

増幅した V（D）J のクオリティチェック

❺ V（D）J ライブラリの作製

増幅した V（D）J の断片化，末端修復，A の付加．SPRIselect ビーズによるサイズセレクション

アダプターライゲーション．SPRIselect ビーズによる精製

インデックス PCR．SPRIselect ビーズによるサイズセレクション

V（D）J ライブラリのクオリティチェック

❻ 遺伝子発現ライブラリ作製

遺伝子発現ライブラリの断片化，末端修復，A の付加．SPRIselect ビーズによるサイズセレクション

アダプターライゲーション．SPRIselect ビーズによる精製

インデックス PCR．SPRIselect ビーズによるサイズセレクション

遺伝子発現ライブラリのクオリティチェック

❼ 遺伝子発現ライブラリと V（D）J ライブラリのシークエンス

Chromium Next GEM Single Cell Multiome（ATAC + Gene Expression）

❶ 核抽出

❷ トランスポジション

トランスポジションミックスの準備

インキュベーション

❸ GEM の作製とバーコーディング

マスターミックスの準備

NEXT GEM チップ J へのローディング．Chromium コントローラーまたは Chromium X/iX

でのラン

GEMの抽出，逆転写，反応の停止

❹ GEM逆転写後の精製とcDNA増幅

GEMでの逆転写．Dynabeadsでの精製．SPRIselectビーズによる精製

❺ ライブラリのプレ増幅PCR

❻ ATACライブラリの作製

❼ cDNAの増幅

❽ 遺伝子発現ライブラリの作製

❾ 遺伝子発現ライブラリとATACライブラリのシークエンス

scFlex

❶ 組織の固定

細胞は30万以上または核は50万以上準備．Fixation Bufferを用いて固定
固定条件は室温（20℃）で1時間または4℃で16～24時間のどちらかであり，サンプル間で
は同じ条件にする．この段階で長期保管が可能．長期保管する場合は4℃で16～24時間での
固定が推奨．試薬を加えて－80℃で6カ月保管可能

❷ プローブハイブリダイゼーション

❸ GEMの作製とバーコーディング

chromium X/iXを用いて専用チップにプローブハイブリダイゼーションした細胞をローディ
ングする．シングルプレックスの場合，最大1万細胞，16-プレックスの場合，最大128,000
個の細胞の細胞の解析が可能である

❹ GEMの抽出と増幅

❺ Fixed RNA遺伝子発現ライブラリの作製

❻ シークエンス

空間トランスクリプトーム解析

シングルセルトランスクリプトーム解析では細胞種ごとの遺伝子発現データは得られるが，
その細胞がどういった空間的な配置のもと組織のなかで働いていたのかは不明になってしまう．
空間的な位置情報を保持したまま遺伝子発現を行う解析が空間トランスクリプトーム解析であ
る．主に空間バーコードを使用してシークエンスで解析する系とin situでプローブを結合させ
て，蛍光を測定する系が存在する．

どの系であっても，新鮮凍結（fresh frozen：FF）ブロックやFFPEブロックなどから切片
を作製し，スライド等に切片を準備する．

10x Genomics社のVisium FFやSTOmics社のStereo-Seqなどは専用スライドやチップを使

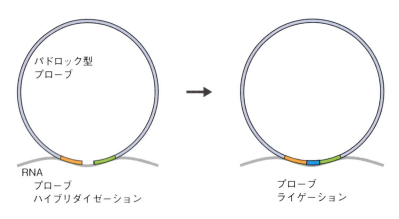

図4 Xenium in situの原理

用する[6]．10 μm厚のFF切片を作製し，専用スライドにマウントする．FF切片から組織内mRNAを溶出してスライド上のdTオリゴでキャプチャを行う．キャプチャしたmRNAから3′末端型ライブラリを作製，シークエンスを行い，データを得る．スライド上のスポットごとに空間バーコードが付加されているため，どのスポット上に存在した細胞・組織の遺伝子発現情報か判別可能である．スポットサイズによって解像度は決まり，Visium FFであればスポット直径は55 μm，スポットの中心間距離は100 μmであり，1スポットに数10〜100個ほどの細胞の集まりを解析する．STOmicsであればスポットは200 nm，スポット中心間距離は500 nmであるのでサブセルラーの解像度をもち，1細胞が200個前後のスポットで表現される．FF型の場合にはこのように内在性mRNAを溶出する必要があるために専用スライドを使用して本実験を行う前にTissue Optimizationという組織透過処理時間を検討する実験が必要となる．

　FFPEブロックを使用する場合ホルマリン固定の段階で内在性のmRNAが断片化して短いために，FF型のように内在性mRNAを専用スライドでキャプチャする方法ではうまくいかない．FFPEではH＆E染色画像がFFに比べて鮮明であることや臨床検体等がすでにFFPEになっている場合もあり，FFPEを使用した空間解析も有用である．

　FFPEを使用したシークエンス型空間解析は10x Genomics社のVisium HDが存在する[7]．Visium HDでは5 μm厚のFFPE切片を作製し，通常のスライドにマウントする．scFlexのようにヒト・マウスに対して全遺伝子用プローブが設計されており，組織内でプローブを結合させる（図4）．結合したプローブをdTオリゴが準備された専用スライドへVisium CytAssistという装置を使用して転写，キャプチャさせる．同じく領域ごとに空間バーコードが設計されているため，ライブラリを作製，シークエンスすることでデータが得られる．Visium FFと同じスポット55 μmの解像度も存在するが，最新のVisium HDでは空間バーコード配置の最小単位は2x2 μmの正方形で隣の領域との間に隙間も存在しない．通常の1細胞よりも領域は小さいため，1細胞レベルでの解像度をもつ．

　空間トランスクリプトーム解析ではシークエンスを行わないイメージングベースの系も存在する．10x Genomics社のXenium，NanoString社のCosMx，Vizgen社のMerscopeなどである[3]〜[5]．各社，既存パネルまたはカスタムパネルを作製し，スライド上の切片内でRNAにプ

ローブを結合させて蛍光で検出して遺伝子にデコーディングするというのが基本原理である．パネルに含まれる最大遺伝子数がXeniumで約5,000遺伝子，CosMxで約6,000遺伝子，Merscopeで約1,000遺伝子である．パネルが必要なので既存パネルはヒト・マウスが基本であるが，他生物種もカスタムパネルを作製することで解析可能になる．組織は各社，FF，FFPEに対応している．FFPEに対応しているのである程度のRNA分解には対応しているが，DV200が30％を下回るようなサンプルはどの系であっても検出は難しくなる点はご注意いただきたい．

　このセクションではVisium HDとXenium in situを代表して扱う．

Visium HD

❶ FFPEブロックの準備，薄切，クオリティチェック

薄切した切片からRNeasy FFPE Kit（キアゲン）を用いてRNAを抽出．DV200が30％以上であることを確認

❷ FFPEブロックからの薄切

クオリティの確認できたFFPEブロックを使用して薄切．切片をスライドにのせる．切片をのせたスライドは2枚準備する必要がある．切片を乾燥後，4℃のデシケーターで6カ月保管可能

❸ 脱パラフィン，H＆E染色

切片をのせたスライドを脱パラフィンの後にH＆E染色

顕微鏡を用いて×40で撮影し，画像を取得．脱染色，脱クロスリンク．H＆E染色の代わりに免疫蛍光染色を行う場合には，脱パラフィン，脱クロスリンク後に免疫蛍光染色．顕微鏡を用いて×40で撮影し，画像を取得

❹ プローブハイブリダイゼーション

Visium HD専用のカセットを撮影済みスライドにとり付ける．オーバーナイトでヒトまたはマウス全遺伝子に対応したプローブをハイブリダイゼーション

❺ プローブライゲーション

ハイブリダイゼーション後のスライドを洗浄．遺伝子内で対になってハイブリダイゼーションしたプローブ同士をライゲーション

❻ Visium HDスライド準備，CytAssistラン

Visium HDスライドを準備．Visium HDスライド1枚と切片をのせたスライド2枚をCytAssistにセット．切片をのせたスライドからプローブを溶出し，Visium HDスライド上のオリゴでプローブをキャプチャ．Visium HDスライド上でキャプチャしたプローブの伸長反応を行った後に，プローブを溶出

❼ ライブラリ作製

溶出したプローブからPCRを用いてライブラリを作製

❽ シークエンス

Xenium in situ（FFPE）

❶ FFPEブロックの準備，薄切，クオリティチェック

薄切した切片からRNeasy FFPE Kit（キアゲン）を用いてRNAを抽出．DV200が30％以上であることを確認

❷ FFPEブロックからの薄切

クオリティの確認できたFFPEブロックを使用して薄切．切片をXenium専用スライドにのせる

❸ 脱パラフィン，脱クロスリンク

切片の乗ったスライドをPCR上で脱パラフィン

スライドを洗浄した後に，Xeniumカセットをセットする．PCR上で脱クロスリンク

❹ プローブハイブリダイゼーション

バッファーとカスタムプローブを準備する．オーバーナイトでXeniumプローブを切片内でハイブリダイゼーション

ハイブリダイゼーション後のスライドの洗浄

❺ プローブライゲーション

ハイブリダイゼーションしたプローブをライゲーションし環状化

❻ 増幅

環状化したプローブをテンプレートに増幅

❼ 自家蛍光のクエンチング

自家蛍光のクエンチング処理．核染色

❽ Xeniumラン

Xenium本体にスライドをセットしてランを行う

2×1 cmの領域スライド2枚分の測定にPrime 5K Panel（5,000遺伝子）で4日，Xenium v1 Panel（480遺伝子まで）で2日ほどかかる

Xeniumラン後に必要に応じてH＆E染色等を行い，組織画像を得る

Xenium in situ（FF）

❶ FFサンプルの準備と薄切

❷ FFサンプルを薄切し，Xenium専用スライドへ乗せる

❸ 固定と透過処理

❹ スライドにXenium専用カセットをセット

以降はXenum FFPEと同様に❹プローブハイブリダイゼーション以降の反応を行う．

おわりに

　さまざまなトランスクリプトーム解析の実験について紹介したが，これらはほんの一部にすぎない．本稿で紹介した実験も細かな反応条件はキット販売元のプロトコールに記載されているのでぜひ確認していただきたい．

◆ 文献

1）Klein AM, et al：Cell, 161：1187-1201, doi:10.1016/j.cell.2015.04.044（2015）
2）Macosko EZ, et al：Cell, 161：1202-1214, doi:10.1016/j.cell.2015.05.002（2015）
3）Soldatov R, et al：Science, 364：doi:10.1126/science.aas9536（2019）
4）He S, et al：Nat Biotechnol, 40：1794-1806, doi:10.1038/s41587-022-01483-z（2022）
5）Chen KH, et al：Science, 348：aaa6090, doi:10.1126/science.aaa6090（2015）
6）Chen A, et al：Cell, 185：1777-1792.e21, doi:10.1016/j.cell.2022.04.003（2022）
7）Oliveira MF, et al：bioRxiv, doi:10.1101/2024.06.04.597233（2024）

各オミクスによるデータ取得
3. 1細胞CRISPR解析によるデータ取得

加藤真一郎

> **ポイント**
> 1細胞解析技術やオミクス解析技術の飛躍的な発展により，バルクレベルの解析では困難であった細胞表現型の多様性や複雑さまざまな生物学的現象の時空間ダイナミクスの推定が実現されつつある．しかしながら，スナップショット的なデータであるがゆえに，いかに高解像度なデータであったとしても状況証拠にとどまっている側面があった．シングルセルCRISPR解析は，これらの状況証拠に隠された因果関係を証明しうる革新的な技術であり，従来のスナップショット的な解析に生物学的な解釈をもたらす技術の1つとして，近年大きな注目を集めている．

はじめに

　要素還元論的な現代生命科学において，個々の遺伝子型と特定の表現型との因果関係を特定することは必要不可欠である．CRISPR/Casに代表される汎用性の高いゲノム編集技術の登場により，遺伝子そのものをノックアウトやノックインするだけでなく，非コード領域に存在するゲノムエレメントについても比較的自在に操作可能になりつつあり，遺伝子やゲノムの隠された未知機能を解き明かすための有用な実験的ツールとして進化を遂げている．ゲノムワイドに網羅的な機能解析を行うバルクCRISPRスクリーニングでは，特定の表現型のアウトプット（例えば細胞増殖，遺伝子発現，タンパク質発現など）に対して，gRNAを発現する細胞のポジティブセレクションないしはネガティブセレクションにより，標的遺伝子・ゲノム領域の遺伝子型と表現型との因果関係を結びつける．バルクCRISPRスクリーニングは全遺伝子を対象とする網羅性とロバストネスという優位性があり，特定の細胞表現型や遺伝子発現制御に関与する遺伝子・ゲノム領域をunbiasedに同定可能であることから，きわめて強力なメカニズム探索アプローチの1つとして認知，活用されている（図1）．

　昨今のシングルセル解析技術の飛躍的な発展に伴い，1細胞ごとの遺伝子発現やエピゲノム状態（クロマチンの開閉状態）をもとに，細胞内の遺伝子ネットワークやダイナミクスを調べ，細胞のさまざまな特徴とゲノムを相関させるシングルセルRNA-Seq（scRNA-Seq）やシングルセルAssays for Transposase-Accessible Chromatin with Sequencing（scATAC-Seq）については，もはや使っていない論文がないと言えるほど普及している．時を同じくして発展してきたCRISPRスクリーニングとシングルセル解析技術の2つの革新的技術の当然の成り行きとして，CRISPRスクリーニングとこれらのシングルセル解析技術を組合わせることで，特定の

図1　バルクおよびシングルセルCRISPR解析の違い

バルクCRISPR解析では，解析対象となる細胞集団のゲノムDNAをサンプルとする．実験前後でのsgRNAリード数の変化をNGS解析することで，標的遺伝子・ゲノムエレメントと表現型との因果関係を明らかにすることが可能となるが，メカニズムまではわからない．シングルセルCRISPR解析では，同一細胞のsgRNAとトランスクリプトーム情報などを同時に取得する．メカニズムも含めた遺伝子-表現型の因果関係を明らかにできるが，解析できるsgRNAの数は限定される．

細胞の中で働いている遺伝子ネットワークをさらに「機能的に」調べようと考える人が出てくるのは必然と言える．本稿では，CRISPRとシングルセル解析や空間的トランスクリプトーム解析といったプラットフォームとの融合によるシングルセルCRISPR（scCRISPR）解析の技術基盤について概説し，特に10x GenomicsのシングルセルCRISPR解析プラットフォームを用いた実験デザイン，gRNAライブラリ構築，データ取得などの実験系構築を中心に説明する．

シングルセルCRISPR解析の特徴と原理

1．同一細胞におけるsgRNA情報と細胞表現型情報の取得が不可欠

　　バルクCRISPRスクリーニングでは，細胞集団レベルでsgRNAのリード数の変化を比較することで標的する遺伝子の網羅的機能解析を行うのに対し，scCRISPRスクリーニングでの基本的な考え方は，同一細胞のsgRNAとトランスクリプトームの両方をシングルセル解析により検出することで，遺伝子と表現型の機能的な因果関係とメカニズムとを結びつけるというものである．

　この技術の立役者となったscCRISPR解析の祖は，2016年にAviv Regevらのグループ（Broad Institute，ケンブリッジ，米国）から報告されたPerturb-Seqである[1]．Perturb-Seqでは，sgRNAそのものを直接検出するのではなく，各sgRNAプラスミド上のレポーター遺伝子（Puro-T2A-BFP-polyA）の3′-UTRに挿入された（sgRNA identityとなる）バーコード配列を読むことで，間接的にsgRNAを検出することに成功している（図2）．つまり，ライブラリ構造の工夫により，3′ scRNA-Seqを行うだけで，sgRNAの情報と全トランスクリプトームの情報を同時に取得し，遺伝子摂動によるトランスクリプトームの変化を結びつけることで網羅的かつ高精細に転写ネットワークと表現型の間の因果関係を解き明かしたのである．最近ではPerturb-Seqのデータベース「PerturbDB（http://research.gzsys.org.cn/perturbdb/#/）」が整備され，誰もに既存データセットを用いたデータマイニングが可能になってきた[2]．一方，Perturb-Seqは，off-target effect，in-frame mutationなどnon-perturbed effectが多く，perturb

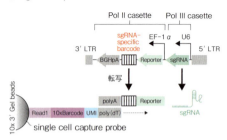
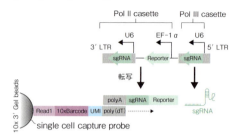
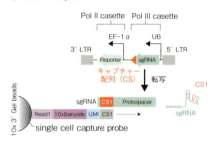
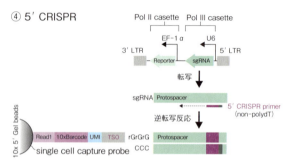

図2 シングルセルCRISPR解析のsgRNA検出方法とライブラリ構造の違い
sgRNAを間接的に検出する方法と直接的に検出する方法に大別される.

効率が悪い（30％程度）ことも知られている[3)4)]．それに加えて，シークエンスエラーなどの要因によりガイドバーコードからsgRNAを同定できないこともあるため，無駄なリードが発生し，scCRISPR解析を行ううえでは大半が"無意味な"データとなってしまう恐れがある（sgRNAとトランスクリプトームのカップリングができない）．

2. sgRNAの検出法による違い

sgRNAのon-target効果やsgRNA-specificバーコードの検出力を向上させるような技術発展に加えて[3)]，摂動に伴う多彩な表現型変化を検出するために，近年ではsgRNAを直接検出するような方法論が開発されてきた（表）．sgRNA-specificバーコードを用いたsgRNA検出では，CRISPRノックアウト，CRISPRノックイン，CRISPRi，CRISPRaのように，Perturbationにはさまざまな方法がとれるものの，レポーター遺伝子の3′-UTRにコードされたsgRNA-specificバーコードを読む必要があるため，いずれのPerturbation手法においても3′ scRNA-Seqを技術基盤とした検出系が必須となってくる．つまり，sgRNA-specificバーコードを用いたscCRISPR解析は，トランスクリプトーム情報をリードアウトとした表現型変化が主な解析対象にならざるを得ないが，sgRNAを直接検出するような方法論の開発によってこうした制約も解決されつつある．とりわけ，sgRNAのDirect captureや5′ CRISPRによって直接検出する方法論の登場により（図2），scRNA-Seq，scATAC-Seqに限らず[5)6)]，Cellular Indexing of Transcriptomes and Epitopes by sequencing（CITE-Seq）[7)]や空間的トランスクリプトーム解析[8)]との融合も報告されており，CRISPR/Casの技術的汎用性と柔軟性に伴って，その応用

表 シングルセルCRISPR解析に用いられるsgRNA検出技術とその違い

sgRNA検出技術	代表的な技術	利点	欠点
sgRNA-specific バーコード	Perturb-Seq CRISP-Seq Mosaic-Seq Perturb-map など	sgRNA identity となるバーコード配列を含むバックボーンベクターさえあれば，簡単に行うことができる．実施例が多く，データベースもある	sgRNAを間接的に検出するため，検出効率が悪い
Polyadenylated sgRNA	CROP-Seq CRISPR-sciATAC Perturb-CITE-Seq など	sgRNAを直接読むため，各細胞のsgRNAを同定しやすい	3′ LTRにsgRNA cloning siteをもつプラスミドベクターをバックボーンとして購入し，クローニングし直す必要がある
Direct capture	Direst-Seq sc-Tiling genome-scale Perturb-Seq など	scRNA-Seq以外の技術との親和性・融合性が高く，10x Genomics社のプラットフォーム上でマルチプレックスが容易	Capture配列をsgRNAのtracrRNA配列部分に導入するため，ゲノム編集効率が低下する恐れがある．事前の予備検討が必要
5′ CRISPR	Single cell 5′ CRISPR screening （10x Genomics社）	大半のライブラリはそのまま使うことが可能 10x Genomics社のキットを購入するだけで容易に実施可能	sgRNAのrecovery rateが低く，sgRNA特異的プライマーでの増幅が必要 sgRNA増幅の際に非特異的な増幅が生じることがある

性はとどまるところを知らない．したがって，各研究者が希望する表現型解析に適したシングルセル解析プラットフォーム上で，いかにしてsgRNAを検出できるか，が実験・解析を行ううえできわめて重要となってくる．

1 細胞CRISPRのためのsgRNAライブラリとシークエンスライブラリ構築

既存のCRISPRライブラリやバックボーンベクターを用いる場合には，ほとんどの場合10x Genomics社が市販する5′ CRISPRキットを用いて，簡便かつ確実にscCRISPR解析を行える．しかしながら，トランスクリプトーム以外のリードアウトを取得する必要がある場合にはこの限りではない．何をリードアウトにするのか，sgRNAの検出をどうやるのか，プラットフォームやキットは何を使うのか，が決まったら，以下のようにsgRNAライブラリのカスタム構築を検討する必要がある．

1. 1 細胞CRISPR用 sgRNAライブラリの作成

1）sgRNAにDirect capture配列を入れるかどうか

3′ scRNA-SeqでscCRISPR解析を行いたい場合には，sgRNAにDirect capture配列（Capture sequence 1: CS1）を入れる必要がある[9]．Direct capture配列を，sgRNA（tracrRNA）のどこに入れるかを決定したら，Direct capture付加によるゲノム編集効率の影響を事前に検証しておく．また，3′ scRNA-Seqのテクノロジーがベースとなる空間トランスクリプトーム解析〔10x Visium，CurioSeeker（Slide-Seq）など〕との融合に際してもDirect capture配列導入する必要がある（未発表）．

2) 5′ CRISPRで増幅するための配列があるかどうか

　5′ scRNA-SeqでscCRISPR解析を行う場合（例：シングルセルTCR/BCRレパトア解析やCITE-Seqなどをリードアウトとする場合）には，sgRNAを特異的に増幅するためのプライマー認識配列がベクター上に存在するかどうかを事前に確認しておく必要がある．AddgeneやDharmaconなどから購入したCRISPRライブラリ（improved scaffoldでも可）であれば，ほとんどの場合問題ない．

3) ライブラリを構成するsgRNAの数

　10x Genomics社が推奨するscCRISPR解析では，1 sgRNAあたり平均100細胞のカバレッジでsgRNA感染細胞を準備する．1ランで10,000細胞の細胞情報がリカバリーされるとすると，1ランで100 sgRNA（＝10,000÷100 cells/sgRNA）をテストできることになる．実際のライブラリでは，〜10％ほどをコントロールsgRNA（AAVS1 sgRNAやnon-targeting sgRNAなど）とする必要があるため（コントロールsgRNAがないと10x Genomics社のCell Rangerでの解析ができない），実質的には90 sgRNAほどしか解析できない．したがって，1遺伝子あたり2つ以上のsgRNAを含むライブラリを構築した場合，1ランで〜45遺伝子に対する遺伝子摂動の影響を1細胞レベルで検討可能となる．こうして，調べたい遺伝子数，sgRNA数を算出し，カスタムライブラリの構築ならびにラン数を決定する．

　sgRNAのライブラリ構築方法については，Canverら[10]やJoungら[11]の論文を参考にしていただきたい．日本で，sgRNAオリゴプールを合成する際には，oPools Oligo Pools（IDT社）やGenTitan（GenScript社）が比較的安価で便利である．

2. CRIPSRシークエンスライブラリ作成とデータ取得

　scCRISPR用のsgRNAプラスミドライブラリが構築できたら，①対象となる細胞への導入条件（ウイルス感染効率），②導入細胞のセレクション条件，③十分なカバレッジを稼ぐための細胞数を得るための予備実験を行う．scCRISPR解析においては，1細胞に1 sgRNAとなるような細胞プールが好ましい（前述の通り，デカップリングによるリードロスを防ぐため）．MOI＜0.3で感染導入する論文もあるが，経験上20％ほどが多重感染してしまうため，より低いMOI＜0.1で感染を行うことで多重感染を防ぎ，1細胞に1 sgRNA（1コピー）になるような導入効率（＜10％）をめざす．注意点として，薬剤セレクション時の抗生物質濃度を高くしすぎてはいけない．抗生物質濃度が高すぎると1コピーしか入っていない細胞が耐えられないことがあり，結果として多重感染した細胞の比率が多くなってしまう．反対に，濃度が低すぎると非感染細胞の混入も懸念される．こうした懸念を排除するため，蛍光タンパク質を併用したデュアルセレクションが推奨される．

　このようにして樹立された細胞プールを用いて，求めるシングルセル解析プラットフォームでsgRNAと表現型リードアウトとなるシークエンスライブラリを構築する（すべて10x Genomics社のプロトコールに準拠すること）．シークエンスの深さについても10x Genomics社の推奨リード数でよい．ただ稀に，5′ CRISPRによりsgRNAの非特異的な増幅が起こることがあり，その際にはそのぶん厚めに読む必要がある．われわれの実際のとり組みの1例として，5′ CRISPRにより，がんの治療抵抗性にかかわるメカニズム探索の実例を紹介する（論文投稿中のため詳

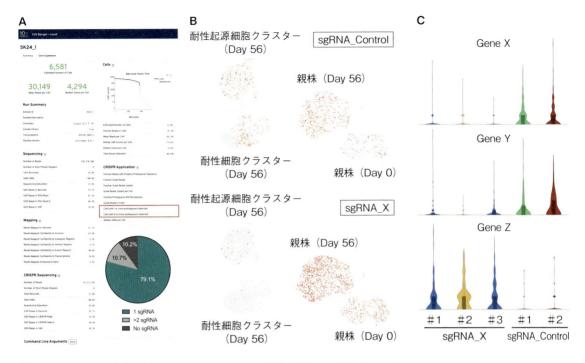

図3 5′CRISPRを用いたscCRISPR解析の実施例（がん治療抵抗性モデル）

A）GEX（トランスクリプトーム）とsgRNAの両方のシークエンスデータを用いてCell Ranger処理を行うと，赤枠に示したように，細胞に含まれるsgRNA数の全体割合を算出してくれる．**B**）1 sgRNAのみが検出された細胞を用いて可視化している．sgRNAを発現する細胞（赤丸）を見てみると，コントロールsgRNAと比べて（sgRNA_Control），特定のsgRNA（sgRNA_X）を発現する細胞が耐性クラスターではほとんど検出されないことから，sgRNA_Xの標的遺伝子が治療抵抗性化に関与することが示唆される．**C**）また，sgRNA_X摂動による遺伝子発現変化の一部を示す．（未発表データ，廣瀬遥香先生，東京科学大学）

細は割愛）（図3）．筆者のようなウェットの研究者でも，実際に前述のプロセスを経ることで，シークエンスデータをCell Rangerで処理し，Loupe Browser上で特定のsgRNA，トランスクリプトーム，そして表現型の変化を紐づけることができる．この後は，sgRNAの検出閾値の調整や各細胞にアサインされたsgRNAの数をcsv形式でexportして解析する．狙い通り1 sgRNA/1細胞が達成されていればデータ取得の完了である．

おわりに

本稿で述べたように，CRISPR/Casをさまざまなシングルセル解析技術や空間的トランスクリプトーム解析などのプラットフォームと組合わせることで，従来のバルク解析では見落とされがちだった1細胞レベルでの微細な表現型変化と遺伝子ネットワークの因果関係を詳細に解明できる可能性が高まっている．特にがんなどの疾患メカニズムの解明や，新たな治療標的の発見に貢献できると期待される．現在までに，40種類近くもの1細胞や空間的CRISPR解析技術が報告されているが，遺伝子の網羅性，ゲノム編集（変異）のランダム性，in vivoへの応用性など，技術的に解決すべき部分が残されている．今後，sgRNA検出技術のさらなる進化と解

析手法の洗練化が進むことで，scCRISPR解析は次世代のバイオロジー研究において中心的な
ツールとしてますます重要な役割を果たしていくと思われる.

コラム：他の研究者からもらったものを信じない

「全然シークエンスライブラリができないんですけど…」ある研究費の報告書の締め切り
が迫ったなか，報告書に必要なCRISPRスクリーニングのライブラリが全くできず心が
折れかけたことがある．はじめてのscCRISPRだった．10x Genomicsから5′
CRISPRに必要なキット（16サンプル分）を購入し，はじめての実験にワクワクして条
件検討を行ってきた．成功の確信をもって臨んだシングルセルライブラリ作成の最終日，
その瞬間は訪れた．sgRNAのピークが複数出ている．しかも想定されたサイズではな
い．すべてのsgRNAは20-ntでデザインされており，このようなことは起こり得ない．
絶対に成功させないといけない，そして間にあわせないといけない．10x Genomics社
に連絡したが，担当者とのやりとりでも明確な答えは出ず，2カ月足らずで体重が8 kg
近く落ちた（63 kgから55 kg）．大元のCRISPRライブラリは，海外の共同研究者か
ら提供してもらったものをそのまま使っていたのだが，なぜか全然sgRNAが増幅でき
ない．結局，ライブラリの配列や構造を確認してみると，sgRNAがただの1つも入って
いない空のバックボーンベクターだった．scCRISPRがただの5′ scRNA-Seqになっ
た瞬間だった．実験結果はたいへん興味深いものだったのだが，これまでの条件検討に
費やした時間，研究費，労力が無に帰し，心が折れかけたのを覚えている．金輪際「他
の研究者からもらったものを信じない」と筆者は心に決めた．共同研究者にすぐに
CRISPRライブラリを送ってもらったが，送ってもらったその日にNGSでライブラリ
の確認をしたことは言うまでもない．現在，再度このライブラリでscCRISPRを行って
いる．

◆ 文献

1）Dixit A, et al：Cell, 167：1853-1866.e17, doi:10.1016/j.cell.2016.11.038（2016）
2）Yang B, et al：Nucleic Acids Res：doi:10.1093/nar/gkae777（2024）
3）Tang Y, et al：Cell Biol Toxicol, 38：43-68, doi:10.1007/s10565-021-09586-0（2022）
4）Fu Y, et al：Nat Biotechnol, 31：822-826, doi:10.1038/nbt.2623（2013）
5）Pierce SE, et al：Nat Commun, 12：2969, doi:10.1038/s41467-021-23213-w（2021）
6）Liscovitch-Brauer N, et al：Nat Biotechnol, 39：1270-1277, doi:10.1038/s41587-021-00902-x（2021）
7）Mimitou EP, et al：Nat Methods, 16：409-412, doi:10.1038/s41592-019-0392-0（2019）
8）Replogle JM, et al：Cell, 185：2559-2575.e28, doi:10.1016/j.cell.2022.05.013（2022）
9）Replogle JM, et al：Nat Biotechnol, 38：954-961, doi:10.1038/s41587-020-0470-y（2020）
10）Canver MC, et al：Nat Protoc, 13：946-986, doi:10.1038/nprot.2018.005（2018）
11）Joung J, et al：Nat Protoc, 12：828-863, doi:10.1038/nprot.2017.016（2017）

各オミクスによるデータ取得
4. Ribo-Seqのデータ取得

山下　映, 岩崎信太郎

ポイント　生物はさまざまな外的・内的刺激に応じて適切な遺伝子発現制御を行い, 生命活動を維持している. セントラルドグマの最後の工程である翻訳はそれらの刺激に応じ, 多様な調節を受けている. その結果, 細胞内のmRNA量と実際の翻訳量は必ずしも単純な比例関係にならない. Ribo-Seq（リボソームプロファイリング）は, mRNA上に分布しているリボソームの位置を網羅的に調べる方法であり, 細胞内の翻訳状態を網羅的かつ定量的に高解像度で解析を行うことができる. ここでは, Ribo-Seqの概要と具体的なプロトコールについて紹介する.

はじめに

　mRNAからタンパク質を合成する反応である翻訳は, さまざまな制御を受けることで細胞内のタンパク質量を調節しており, 生命活動の根幹を担っている工程である. 次世代シークエンサーの登場により細胞内に含まれるmRNAの網羅的な解析が可能となった（いわゆるRNA-Seq）. しかしながら, mRNA量と翻訳量は必ずしも単純な比例関係にあるわけではない. Nicholas Ingoliaらのグループにより Ribo-Seq法（リボソームプロファイリング法）が開発されたことで[1], 細胞内の翻訳状態の網羅的な解析が可能となった. Ribo-Seqは, リボソームが結合しているmRNA領域だけを分取し, その配列を次世代シークエンサーで解析することによって, コドンレベルの解像度でmRNA毎にどの程度, 翻訳されているかを調べることができる. Ribo-Seqの活用により, 開始コドンに非依存的な翻訳やlong non-conding RNAにおける新たな翻訳領域といった, これまでの翻訳の定説を覆すような発見にもつながっている[2]. 本稿では, Ribo-Seqの基本的な原理について解説した後, 具体的なプロトコールを紹介する. なお, Ribo-Seqの解説は, 近年発刊された実験医学誌[3〜6]にもあるので, そちらもぜひ参考にしてほしい.

Ribo-Seqの原理

　Ribo-Seqは, まさに翻訳中であるリボソームが直接結合しているmRNA部分だけを抽出し, その配列を次世代シークエンスにより解析する手法である. シクロヘキシミドなど翻訳伸長阻害剤を用いることで翻訳中のリボソームをmRNA上に固定化させたうえで, その複合体をRNase

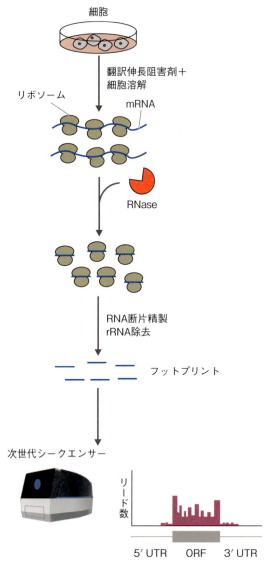

図1　Ribo-Seqの概略
翻訳伸長阻害剤を加えた細胞溶解液を用いて細胞抽出液を作製する．これにRNase処理をすると，リボソームに囲まれたmRNAのみが分解されずに残る．この「フットプリント」を精製し，次世代シークエンサーによって配列を決定することで，mRNA上のリボソームの位置を網羅的に決定することができる．

で処理する．このときmRNAの大部分は分解されてしまうが，リボソームに直接結合しているmRNA領域はリボソームの内側に位置するため，RNaseがアクセスできず分解されずに残る[7)8)]（図1）．このように分解されずに残った約30塩基のmRNA断片はリボソームフットプリントとよばれる．次世代シークエンサーを用いてこれらフットプリントの配列を調べることによって，翻訳に関する多様な情報が取得できる．

プロトコール

より詳細なプロトコールに関しては先行論文[9]を参照されたい.

細胞抽出液の作製

Ribo-Seqのプロトコールで最も注意を払わなければならないのが細胞抽出液の作成である（後半のライブラリ調製ではない）. 翻訳は非常に環境に感受性が高く，簡単にストレス応答がはじまってしまう. そのため，適切なサンプル処理をしないと，ストレス環境下の翻訳応答を見てしまうことになり，当初の実験計画とは異なった状態を解析してしまう可能性がある. また，リボソームは1秒あたり数コドン分移動してしまうため[10]，作業中にも刻一刻とリボソーム位置は変わってしまう. これらの理由から，リボソームをmRNA上に固定化する翻訳伸長阻害剤（シクロヘキシミドなど）を添加した細胞溶解液で処理するまでの作業を迅速に行う必要がある. 培養細胞の場合は，無理に一度に複数サンプルを同時処理するのではなく，ディッシュ1枚ずつ作業を行うことを推奨する.

試薬調製

- 細胞溶解液（Tris-HCl pH7.5 20 mM, NaCl 150 mM, MgCl$_2$ 5 mM, DTT 1 mM, TritonX-100 1％, クロラムフェニコール 100 μg/mL, シクロヘキシミド 100 μg/mL）
  - ※使用直前に調製し，氷冷しておく

細胞破砕

❶ 10 cmディッシュの培養細胞を氷冷したPBS 5 mLでリンスし，PBSを捨て，細胞溶解液を600 μL入れて全体に広げる
  - ※PBSによるリンスはすばやく行うこと

❷ ピペッティングで細胞を剥がし，1.5 mLチューブに回収する

❸ Turbo DNase I（AM2238, サーモフィッシャーサイエンティフィック社）を7.5 μL加え，氷上で10分間静置する

❹ 20,000×g, 4℃で10分間遠心し，上清を新しい1.5 mLチューブに回収し，液体窒素で瞬間凍結後，−80℃で保存
  - ※濃度測定用に5 μLを1本，残りは150 μLずつ分注しておくと便利（使用するまで−80℃保存）

❺ Qubit RNA BR Assay Kit（Q10210, サーモフィッシャーサイエンティフィック社）によりRNA濃度を測定する

RNase消化〜超遠心〜リボソームの精製

試薬調製

- Sucrose chshion（sucrose 1 M, Tris-HCl pH7.5 20 mM, NaCl 150 mM, MgCl$_2$ 5 mM, DTT 1 mM, クロラムフェニコール 100 μg/mL, シクロヘキシミド 100 μg/mL）
  - ※氷上で冷やしておき，使用直前にSUPERase・In（AM2694, サーモフィッシャーサイ

エンティフィック社）20 U/mLとなるように加える.

RNase処理

❶ RNA濃度測定結果をもとに，1.5 mLチューブにRNA量が10 μgになるように分注し，細胞溶解液で300 μLにする

❷ RNase I（N6901K，Epicentre社）を2 μLを加え，ヒートブロックを用いて25℃で45分間処理する

　　※サンプル間で反応時間に差が出ないように注意する

❸ すぐに氷上に移し，SUPERase·Inを10 μL加える

❹ 超遠心用チューブ（362305，ベックマン・コールター社）にサンプル300 μLを移す

❺ 調製しておいたsucrose cushion 900 μLをサンプルの下から2層になるようにゆっくり注入する

❻ TLA110ローター（ベックマン・コールター社）で543,000×g，4℃で1時間遠心する

❼ ペレットを崩さないよう，上清を液面の上部から吸い捨てる

　　※液を捨てた後の方がペレットは見えやすい

❽ TRIzol reagent（15596018，サーモフィッシャーサイエンティフィック社）300 μLを入れて，ペレットが見なくなるまでピペッティングでよく溶解し，新しい1.5 mLチューブに移す

Direct-zol MicroPrep kit（Zymo Research社，R2062）による精製

❶ TRIzolサンプル300 μLに等量のエタノール300 μLを混合し，これを付属カラムに移して12,000×g，4℃で1分間遠心する

❷ PreWash buffer 400 μLを加え，12,000×g，4℃で1分間遠心する．再度この過程をくり返し，計2回行う

❸ Wash buffer 700 μLを加え，12,000×g，4℃で1分間遠心する

❹ 12,000×g，4℃で2分間，空遠心を行い，残った液をとり除く

❺ RNase-free water 7 μLを加え，12,000×g，4℃で2分間遠心し，RNAを溶出する．これに2×RNA Loading buffer（182-02571，富士フイルム和光純薬社）を7 μL加える

フットプリントの精製

試薬調製

・RNAサイズマーカー

10 μM 34 nt RNA（NI-801）	0.5 μL
10 μM 26 nt RNA（NI-800）	0.5 μL
10 μM 17 nt RNA（SI-029）	0.5 μL
RNase Free Water	5.5 μL
2× RNA Loading Buffer	7.0 μL
Total	14 μL

```
NI-801：5′-AUGUACACUAGGGAUAACAGGGUAAUCAACGCGA/3Phos/-3′
NI-800：5′-AUGUUAGGGAUAACAGGGUAAUGCGA/3Phos/-3′
SI-029：5′-AUGUUAGGGAUAACAGG/3Phos/-3′
```

※それぞれRNAオリゴヌクレオチド合成によって準備する．/3Phos/は3′末端リン酸修飾を示す．

・Optional RNAサイズマーカー

Low Range ssRNA Ladder	3 μL
RNase-free Water	4 μL
2×RNA Loading Buffer	7 μL
Total	14 μL

※Low Range ssRNA Ladder（N0364S，ニュー・イングランド・バイオラボ社）を用いる．

変性UREA PAGEによるゲル精製

❶ RNAサイズマーカーとサンプルを，ヒートブロックで3分間95℃で変性処理し，2分間氷冷する

❷ SuperSep RNA 15％ゲル（194-15881，富士フイルム和光純薬社）にサンプルをアプライする．1×TBE（35440-31，ナカライテスク社）中，コンスタント10 mAで50分間泳動する

　　※ゲル切り出しの際にコンタミすることを防ぐために，RNAサイズマーカーや各サンプル間は1レーンずつ空ける

❸ 1×TBE 40 mLにSYBRGold（S11494，サーモフィッシャーサイエンティフィック社）4 μL（10,000倍希釈）を加え，ゲルを移し，シェーカーで3分間振盪して染色する

❹ ブルーライトで露光し，RNAサイズマーカー（17〜34 nt）に該当するゲル領域を切り出し（図2），1.5 mLチューブにゲル切片を回収する．また，RNAサイズマーカーも切り出し，サンプルとは別の1.5 mLチューブに回収する

　　※サンプル間のクロスコンタミネーションを防ぐために，サンプル毎に切り出しに使うカミソリは交換するのが望ましい

❺ ゲルをペッスル（1-2955-01，VIOLAMO社）で潰す．ペッスルに付着したゲル断片をTE 200 μLで洗い込み，1.5 mLチューブ中に回収する

❻ −80℃で30分間，または液体窒素で凍結し，室温で一晩転倒混和する

❼ Spin-Xカラム（8160，CoStar社）を1.5 mLチューブにセットし，これに先太チップ（2069GPK，ART）でゲル溶液を全量移す

❽ 10,000×g，4℃で1分間遠心する

❾ ゲル抽出液200 μLに3M酢酸ナトリウム（pH5.2）20 μL，Dr. GenTLE Precipitation Carrier（9094，タカラバイオ社）3 μLを混合する．さらにエタノール500 μLを加え，よく混ぜる

❿ 20,000×g，4℃で30分間遠心し，上清を捨てる

⓫ 70％エタノール700 μLを入れ，20,000×g，4℃で3分間遠心し，上清を捨てる．さ

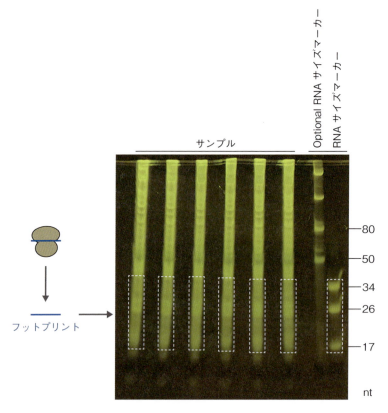

図2　フットプリントのゲル精製
フットプリント精製のためのゲル電気泳動画像．17〜34 ntのRNAサイズマーカーのフットプリントサイズに対応しており，この長さに該当するRNA領域（点線部分）のゲルを切り出す．

　らにスピンダウンし，残った液を完全にとり除く

❶❷ 遠心エバポレーターでペレットを乾燥させる
　　※3分間程度で十分乾燥する

❶❸ 10 mM Tris-HCl pH7.5を 7.5 µL入れ，RNAを溶解させる
　　※チューブの壁面にもRNAがついていることがあるので，ピペッティングして，壁面も洗い込む

リンカーの準備

　リンカー配列をDNAオリゴヌクレオチド合成によって準備する．
　サンプル毎に異なるリンカーを使い，サンプル間で異なるバーコードを付与する．

・リンカー配列一覧

```
Primer名 バーコード 配列 （アンダーラインがバーコード配列に該当）
NI-810   ATCGT 5′ -/5Phos/NNNNNATCGTAGATCGGAAGAGCACACGTCT-
GAA/3ddC/-3′
NI-811   AGCTA 5′ -/5Phos/NNNNNAGCTAAGATCGGAAGAGCACACGTCT-
GAA/3ddC/-3′
NI-812   CGTAA 5′ -/5Phos/NNNNNCGTAAAGATCGGAAGAGCACACGTCT-
GAA/3ddC/-3′
NI-813   CTAGA 5′ -/5Phos/NNNNNCTAGAAGATCGGAAGAGCACACGTCT-
GAA/3ddC/-3′
NI-814   GATCA 5′ -/5Phos/NNNNNGATCAAGATCGGAAGAGCACACGTCT-
GAA/3ddC/-3′
NI-815   GCATA 5′ -/5Phos/NNNNNGCATAAGATCGGAAGAGCACACGTCT-
GAA/3ddC/-3′
NI-816   TAGAC 5′ -/5Phos/NNNNNTAGACAGATCGGAAGAGCACACGTCT-
GAA/3ddC/-3′
NI-817   TCTAG 5′ -/5Phos/NNNNNTCTAGAGATCGGAAGAGCACACGTCT-
GAA/3ddC/-3′
```

※ /5Phos/ は 5′ 末端リン酸修飾, /3ddC/ は 2′, 3′ -dideoxycytidine を示す. N はランダム塩基を示す.

リンカーの preadenylation 反応

❶ PCR チューブに以下の溶液を調製する. Mth RNA Ligase in 5′ Adenylation Kit （E2610S, ニュー・イングランド・バイオラボ社）を用いる

100 µM リンカー	1.2 µL
10×5′ DNA Adenylation reaction buffer	2 µL
1 mM ATP	2 µL
Mth RNA Ligase	2 µL
RNase Free Water	12.8 µL
Total	20 µL

❷ サーマルサイクラーを使い, 65℃, 1 時間その後 85℃, 5 分, 反応させる

Oligo clean & Concentrator（D4060, Zymo Research 社）による精製

❸ サンプル 20 µL に RNase-free water 30 µL, Binding buffer 100 µL を混合し, これにエタノール 400 µL 加える

❹ 付属カラムに移して, 12,000×g, 4℃で 1 分間遠心する

❺ Wash buffer を 750 µL 入れ, 4℃で 1 分間遠心する

❻ 12,000×g, 4℃で 2 分間空遠心する

❼ RNase-free water 6 µL 加え, 12,000×g, 4℃で 1 分間遠心し溶出する

※ 使用するまで -20℃で保存しておく

脱リン酸化とリンカーライゲーション

脱リン酸化

❶ ゲル切り出し済みのRNAサイズマーカーおよびサンプル（7 µL）をそれぞれPCRチューブに移し，95℃で2分間変性処理し，3分間氷冷する

❷ 以下の反応液を準備する．T4 polynucleotide kinase（M0201S，ニュー・イングランド・バイオラボ社）を用いる

RNAサイズマーカーまたはサンプル	7 µL
10× T4 PNK buffer	1 µL
T4 PNK	1 µL
SUPERase・In	1 µL
Total	10 µL

❸ サーマルサイクラーで37℃，1時間反応させる

リンカーライゲーション

❹ 以下の溶液を調製し，脱リン酸化後のサンプルに9 µLずつ分注する．T4 RNA Ligase 2, truncated KQ（M0373S，ニュー・イングランド・バイオラボ社）を用いる

50 % PEG-8000	7 µL
10×T4 RNA ligase buffer	1 µL
T4 RNA Ligase 2, truncated KQ（200U/µL）	1 µL
Total	9 µL

❺ さらにサンプル毎にそれぞれ別のリンカーを1 µLずつ加える．RNAサイズマーカーにはどのリンカーを加えてもよい

❻ サーマルサイクラーで22℃，3時間させる

　　※一晩の反応も可

Oligo clean & Concentratorによる精製

❼ サンプル20 µLにRNase-free Water 30 µL，Binding buffer 100 µLを混合し，これにエタノール400 µL加える．前述と同じように精製を行い，RNase-free water 7 µLで溶出後，2×RNA Loading bufferを7 µL加える

変性UREA PAGEによるゲル精製

❽ リンカーのみを含むマーカーコントロールを作製する

Preadenylation済みリンカー（20 µM）	1 µL
RNase-free water	6 µL
2×RNA Loading buffer	7 µL
Total	14 µL

❾ 調製したリンカーマーカーコントロールおよびリンカーライゲーション後のRNAサイズマーカーとサンプルを，ヒートブロックで95℃3分間変性処理し，2分間氷冷する

❿ SuperSep RNA 15%ゲル（194-15881，富士フイルム和光純薬社）にサンプルをア

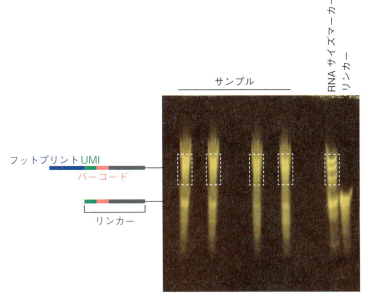

図3　リンカーライゲーション後のゲル精製
リンカーライゲーション後のサンプル精製のためのゲル電気泳動画像．RNAサイズマーカーを参考に，該当する核酸領域（点線部分）のゲルを切り出す．

　　プライする．1×TBE中，コンスタント10 mAで50分間泳動する
　　　※マーカーとサンプル間は少なくとも1レーン空ける．プールする予定のサンプルは既に隣どうしのレーンで泳動できる

⓫ 1×TBE 40 mLにSYBRGold 4 μL（10,000倍希釈）を加え，ゲルを移し，シェーカーで3分間振盪して染色する

⓬ ブルーライトで露光し，RNAサイズマーカーに該当するゲル領域を切り出し（図3），1.5 mLチューブにゲル切片を回収する．以降の作業を簡便にするため，1つのチューブに4サンプル分まとめることができる．また，RNAサイズマーカーも切り出し，サンプルとは別の1.5 mLチューブに回収する

⓭ ゲルをペッスルで潰す．ペッスルに付着したゲル断片をTE 200～350 μLで洗い込み，1.5 mLチューブ中に回収する

⓮ −80℃で30分間，または液体窒素で凍結し，室温で一晩転倒混和する

⓯ Spin-Xカラムを1.5 mLチューブにセットし，これに先太チップでゲル溶液を全量移す

⓰ 10,000×g，4℃で1分間遠心する

⓱ ゲル抽出液200～350 μLに3M酢酸ナトリウム（pH 5.2）20～35 μL，GlycoBlue（AM9515，サーモフィッシャーサイエンティフィック社）3 μLを混合する．さらにエタノール500～875 μLを加え，よく混ぜる．その後，冷凍庫（−30℃）で30分間冷やす
　　　※経験的に，冷やした方がペレットが見えやすい

⑱ 20,000×g，4℃で30分間遠心し，上清を捨てる

⑲ 70％エタノール 700 µL を入れ，20,000×g，4℃で3分間遠心し，上清を捨てる．さらにスピンダウンし，残った液を完全にとり除く

⑳ 遠心エバポレーターでペレットを乾燥させる
    ※3分間程度で十分乾燥する

㉑ 10 mM Tris-HCl pH7.5 を 14.5 µL を入れ，RNA を溶解させ，氷上に置く．RNA サイズマーカーは 10 mM Tris-HCl pH7.5 を 10.5 µL に溶解し，氷上に置いておく
    ※チューブの壁面にも RNA がついていることがあるので，ピペッティングして，壁面も洗い込む
    ※リンカーを付けたサンプルをすべてプールするため，チューブが複数ある場合，1つのチューブのペレットを溶かした後，同じ液で別のチューブのペレットも溶かす．GlycoBlue により，溶出後の液は薄い青色になる

rRNA の除去

実験サンプルの生物種に応じた Ribosomal RNA probe を使用する．本プロトコールではヒト培養細胞を仮定し，RiboPool ribo-seq kit（dp-K024-000042, siTOOLs Biotech 社）を用いる．

プローブのハイブリダイゼーション

❶ PCR チューブに以下の溶液を調製する

サンプル	14 µL
Hybridization Buffer	5 µL
Ribosomal RNA probe	1 µL
Total	20 µL

❷ サーマルサイクラーで68℃，10分間その後－3℃/分の速度で冷却し，37℃で保温する

SMB ビーズの準備

❸ PCR チューブにサンプル数分の SMB ビーズ90 µL用意する

❹ マグネットスタンド（cat. no. FG-SSMAG2, FastGene 社）に PCR チューブを立てて1分間静置した後，上清を捨てる

❺ Depletion Buffer（DB）を80 µL加え，ビーズを再浮遊させる

❻ マグネットスタンドに立てて1分間静置した後，上清を捨てる

❼ DBを80 µL加え，ビーズを再浮遊させる

❽ ハイブリダイズ後のサンプル20 µLにビーズを加えてよく混ぜる

❾ サーマルサイクラーで，37℃，15分，その後50℃，5分反応させる

❿ マグネットスタンドに立てて2分間静置した後，上清を新しい1.5 mL チューブに移す

Oligo clean & Concentrator による精製

⓫ サンプル約100 µLにBinding buffer 200 µLを混合し，これにエタノール800 µL加える

⓬ 前述した方法と同じように精製を行う．RNase-free Water 11.5 µL で溶出する

逆転写

逆転写反応

❶ PCRチューブにリンカーライゲーション後のRNAサイズマーカー10 µLとサンプル10 µLをそれぞれ分注し，これらに1.25 µM RT primer NI-802（5′-/5Phos/NNAGATC-GGAAGAGCGTCGTGTAGGGAAAGAG/iSp18/GTGACTGGAGTTCAGACGTGTGCTC-3′）を2 µL 加える

> ※DNAオリゴヌクレオチド合成によって準備する．/5Phos/は5′末端リン酸修飾を示す．/iSp18/は hexa-ethyleneglycol spacer 修飾を示す．Nはランダム塩基を示す

❷ サーマルサイクラーで65℃，5分処理し，氷上へ移す

❸ PCRチューブに以下の溶液を調製する．ProtoScript Ⅱ（M0368L，ニュー・イングランド・バイオラボ社）を用いる

5× Protoscript Ⅱ buffer	4 µL
10 mM dNTPs	1 µL
10× DTT	1 µL
SUPERase•In	1 µL
Protoscript Ⅱ	1 µL
Total	8 µL

❹ 上記溶液をPCRチューブに加えて混合し，サーマルサイクラーで50℃30分間反応させる

❺ 1 M NaOHを2.2 µL加え混合し，サーマルサイクラーで70℃20分間処理して，RNAを加水分解する

Oligo clean & Concentrator による精製

❻ RNase-free waterを28 µL加え，Binding buffer 100 µLを混合し，これにエタノール400 µL加える

❼ 前述した方法と同じようにカラム精製する．RNase-free water 7 µLに溶出後，2× RNA binding buffer 7 µLを加える

変性UREA PAGEによるゲル精製

❽ RNAサイズマーカーとサンプルを，ヒートブロックで95℃5分間変性処理し，2分間氷冷する

❾ 前述した方法と同じように変性UREA PAGE分離，染色後，RNAサイズマーカーとサンプルを切り出し，それぞれ別の1.5 mLチューブに回収する（図4）

❿ ゲルをペッスルで潰す．ペッスルに付着したゲル断片をTE 200 µLで洗い込み，1.5 mLチューブ中に回収する

⓫ −80℃で30分間，または液体窒素で凍結し，室温で一晩転倒混和する

⓬ Spin-Xカラムを1.5 mLチューブにセットし，これに先太チップでゲル溶液を全量移す

⓭ 10,000×g，4℃で1分間遠心する

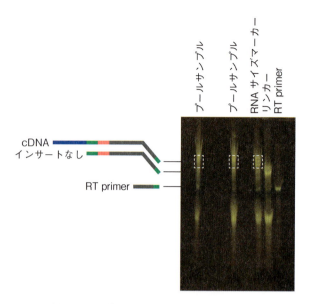

図4　逆転写後のゲル切り出し
逆転写後のサンプル精製のためのゲル電気泳動画像．RNAサイズマーカーを参考に，該当する核酸領域（点線部分）のゲルを切り出す．

⓮ ゲル抽出液200 μLに3 M酢酸ナトリウム（pH5.2）20 μL，GlycoBlue 3 μLを混合する．さらにエタノール500 μLを加え，よく混ぜる．その後，冷凍庫（−30℃）で30分間冷やす

　　※経験的に，冷やした方がペレットが見えやすい

⓯ 20,000×g，4℃で30分間遠心し，上清を捨てる

⓰ 70％エタノール700 μLを入れ，20,000×g，4℃で3分間遠心し，上清を捨てる．さらにスピンダウンし，残った液を完全にとり除く

⓱ 遠心エバポレーターでペレットを乾燥させる

　　※3分間程度で十分乾燥する

⓲ 10 mM Tris-HCl pH7.5を12.5 μLを入れ，RNAを溶解させ，氷上に置く

　　※チューブの壁面にもRNAがついていることがあるので，ピペッティングして，壁面も洗い込む

環状化反応

❶ 溶出したRNAサイズマーカーとサンプルを全量，それぞれPCRチューブに移す

❷ 以下の溶液を調製し，8 μLずつ加える．CircLigase II ssDNA ligase（Epicentre社，CL9025K）を用いる

10× CircLigase II buffer	2 µL
5 M Betine	4 µL
50 mM MnCl$_2$	1 µL
CircLigase II（100 U/µL）	1 µL
Total	8 µL

❸ サーマルサイクラーで60℃で1時間，その後80℃で10分間反応させた後，氷上へ静置する

PCR増幅とバーコード付与

PCR primer

DNAオリゴヌクレオチド合成によって準備する．Rv primerは必要に応じて（プールしたサンプルが複数ある場合など）別々のものを使うことで，付与するバーコード配列を変えることができ，マルチプレックス化することが可能である．

Fw primer

NI-798：5′-AATGATACGGCGACCACCGAGATCTACACTCTTTCCCTACACGACGCTC-3′

Rv primer一覧

```
Primer名  バーコード  配列  （アンダーラインがバーコード配列に該当）
NI-799   ATCACG  5′-CAAGCAGAAGACGGCATACGAGATCGTGATGTGACTG-
GAGTTCAGACGTGTG-3′
NI-822   CGATGT  5′-CAAGCAGAAGACGGCATACGAGATACATCGGTGACTG-
GAGTTCAGACGTGTG-3′
NI-823   TTAGGC  5′-CAAGCAGAAGACGGCATACGAGATGCCTAAGTGACTG-
GAGTTCAGACGTGTG-3′
NI-824   TGACCA  5′-CAAGCAGAAGACGGCATACGAGATTGGTCAGTGACTG-
GAGTTCAGACGTGTG-3′
NI-825   ACAGRG  5′-CAAGCAGAAGACGGCATACGAGATCACTGTGTGACTG-
GAGTTCAGACGTGTG-3′
NI-826   GCCAAT  5′-CAAGCAGAAGACGGCATACGAGATATTGGCGTGACTG-
GAGTTCAGACGTGTG-3′
```

PCRによる増幅

❶ 以下の溶液を調製する．Phusion polymerase（M0530S，ニュー・イングランド・バイオラボ社）を用いる

5× Phusion HF buffer	20 μL
10 mM dNTPs	2 μL
10 μM NI-798 Fw primer	5 μL
10 μM Rv primer	5 μL
環状化cDNA template	5 μL
H_2O	62 μL
Phusion polymerase（2 U/μL）	1 μL
Total	100 μL

❷ 100 μL系で反応液を作製し，PCRチューブ50 μLずつ分注，2つのサイクル数を試しつつ，下記の条件でサーマルサイクラーで反応させる．RNAサイズマーカーは8サイクルのみでよい

温度	時間
98℃	30s
98℃	10s
65℃	10s×6, 8, or 10
72℃	5s
72℃	5s
4℃	∞

非変性PAGEによるゲル精製

❸ PCR後サンプル（50 μL系）に6×non-denaturing purple dye（B7024S，ニュー・イングランド・バイオラボ社）10 μLを加え，1レーンに20 μLずつ（計3レーンずつになる），SuperSep DNA 15％ゲル（190-15481，富士フイルム和光純薬社）にアプライする．1×TBE（35440-31，ナカライテスク社）中，コンスタント20 mAで1時間20分泳動する

　※サイクル数が違うサンプル間は1レーン空ける
　※ゲルにアプライ前に熱変性処理はしない
　※これまで使っていた変性UREA PAGEのゲルとは異なる点に注意する

❹ 前述したようにゲル染色を行う

❺ 最適サイクル数の条件を選択し，DNAをゲルから切り出す（図5）
　※増幅率が高くかつ非特異的バンドの少ないサイクル数を選ぶ．PCR duplicateによるノイズを減らすために，解析に使うサンプルはPCRのサイクル数が少ないものを優先する．サイクル数の違うサンプル同士は混ぜないことを推奨
　※同じサイクル数の3レーン分のゲル片を1つの1.5 mLチューブに入れる

❻ ゲルをペッスルで潰す．ペッスルに付着したゲル断片をTE230 μLで洗い込み，1.5 mLチューブ中に回収する

❼ −80℃で30分間，または液体窒素で凍結し，室温で2時間以上転倒混和する
　※一晩の転倒混和も可

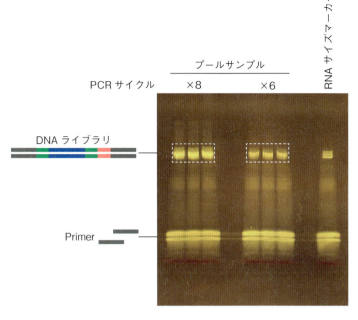

図5 PCR後のゲル切り出し
PCR増幅後のサンプル精製のためのゲル電気泳動画像．最適なPCRのサイクル数を確認した後，RNAサイズマーカーを参考に，該当するDNA領域（点線部分）のゲルを切り出す．

❽ Spin-Xカラムを1.5 mLチューブにセットし，これに先太チップでゲル溶液を全量移す

❾ 10,000×g，4℃で1分間遠心する

NucleoSpin Gel and Clean（740609.250，タカラバイオ社）による精製

❿ DNA抽出液230 μLにBuffer NT1 460 μL加え，混合する

⓫ 付属カラムに移して，11,000×g，4℃で1分間遠心する

⓬ NT3 buffer 680 μLを添加し，11,000×g，4℃で1分間遠心する．これをもう一度行い，計2回行う

⓭ 11,000×g，4℃で5分間空遠心する

⓮ NE bufferを17 μL加えて，11,000×g，4℃で1分間遠心して，溶出する

サイズチェック

MultiNA（島津製作所）超高感度モード

※特殊な設定が必要であるため，メーカー（島津製作所）に要相談．代替機器としてTapeStation（アジレント・テクノロジー社）が使用可能である

試薬調製

- 1/25 Gel Star（50535，ロンザ社）（TEで25倍希釈）

- 1/5 DNA-1000 Marker solution（292-27911-91，島津製作所）（H_2Oで5倍希釈）
- 1/50 100 bp DNA Ladder（740609.250，タカラバイオ社）（TEで50倍希釈）

MultiNAによる解析

❶ 以下の溶液（Separation buffer液）を準備する．DNA-1000 kit（292-27911-91，島津製作所）を用いる

　　※Separation buffer必要量はサンプル数によって変わるので，解析設定時にMultiNAに表示された量を参照する

Separation buffer（DNA-1000）	398 µL
1/25 Gel Star	2 µL
Total	400 µL

❷ 以下の溶液（サンプルおよびラダー）を準備する

サンプル or 1/50希釈ラダー	2 µL
1/5希釈 DNA-1000 Marker solution	4 µL
Total	6 µL

❸ MultiNA指定のプロトコールに従い，DNAライブラリを測定し，DNAサイズ，濃度（mol濃度）を確認する

Ribo-Seqから得られるデータ

　　得られたデータセットから付加したバーコードをもとにしたデータのマルチプレックス，得られたリードのマッピングなどはRNA-Seqや関連の解析と基本的に同様である．リンカーや逆転写プライマーに用いたランダム塩基はいわゆるunique molecular identifier（UMI）として用いることができ，これによりPCRの異常増幅を補正できる．

　　Ribo-Seqでは，リボソームに囲まれたmRNAを精製しているため，mRNAのCDS（コーディングシークエンス）にリードが蓄積するのが特徴である．また，翻訳伸長反応は1コドンずつ進行するので，実験手技がうまくいっていれば，フットプリントの蓄積に3塩基の周期性がみられるはずである（図6）．また，ORFの開始コドンや終止コドン周辺により高いフットプリントの蓄積がみられる．

おわりに

　　本稿では基本的なRibo-Seqのプロトコールについて紹介したが，近年ではさまざまなRibo-Seqの亜種的手法が開発されている．本研究室でも，リボソームの渋滞によって生じる2個のリボソームが衝突したダイソーム特異的なRibso-Seq法[11]，微量のサンプルからライブラリ作製を可能とするThor（T7 High-resolution Original RNA）-Ribo-Seq[12]，外部標準としてリボソームが2個あるいは3個のったmRNAを加えることで1つのmRNAに何個のリボソームがのって

実験デザインからわかる　マルチオミクス研究実践テキスト

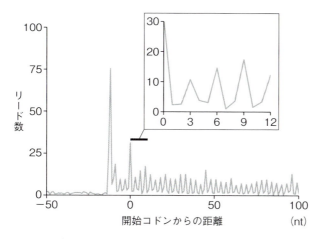

図6 Ribo-seqのデータの特徴
リードの5′末端をあらわしたmetagene plot．リボソームはmRNAの開始コドンから終止コドンまでのCDS（コーディングシークエンス）を翻訳するため，フットプリントもCDSに蓄積する．加えて，翻訳伸長は1コドンずつ進むことから，フットプリントの蓄積にも3塩基の周期性がある．データはマウス脳組織から取得したもの．（文献15より引用）

いるかという絶対定量を可能にするRibo-Calibration[13]，ミトコンドリア内翻訳特化型手法[14]などを開発している．Ribo-Seqを組合わせたマルチオミクス解析により，多様な生命現象と翻訳制御の関連が明らかになることが今後も期待される．最後に，本稿を作成するにあたり快く添削していただいたテクニカルスタッフの水戸麻理さんに感謝の意を表します．

◆ 文献

1) Ingolia NT, et al：Science, 324：218-223, doi:10.1126/science.1168978（2009）
2) Ingolia NT：Cell, 165：22-33, doi:10.1016/j.cell.2016.02.066（2016）
3) 七野悠一，岩崎信太郎：実験医学，35：1868-1873（2017）
4) 木村悠介，岩崎信太郎：実験医学，37：3055-3062（2019）
5) 市原知哉，他：実験医学，40：2003-2010（2022）
6) 戸室幸太郎，他：実験医学，41：2369-2375（2023）
7) Steitz JA：Nature, 224：957-964, doi:10.1038/224957a0（1969）
8) Wolin SL & Walter P：EMBO J, 7：3559-3569, doi:10.1002/j.1460-2075.1988.tb03233.x（1988）
9) Mito M, et al：STAR Protoc, 1：100168, doi:10.1016/j.xpro.2020.100168（2020）
10) Ingolia NT, et al. : Cell, 147：789-802, doi:10.1016/j.cell.2011.10.002（2011）
11) Han P, et al：Cell Rep, 31：107610, doi:10.1016/j.celrep.2020.107610（2020）
12) Mito M et al. : BioRxiv, doi:10.1101/2023.01.15.524129（2023）
13) Tomuro K et al. : BioRxiv, doi:10.1101/2023.06.20.545829（2024）
14) Wakigawa T et al. : BioRxiv, doi:10.1101/2023.07.19.549812（2024）
15) Yamashita A, et al：iScience, 26：106229, doi:10.1016/j.isci.2023.106229（2023）

各オミクスによるデータ取得
5. プロテオミクスのデータ取得

松本雅記

> **ポイント**
> 質量分析計を用いたプロテオーム解析は成熟期を迎え，マルチオミクス計測において欠かすことができない手法となりつつある．現在，タンパク質を酵素消化してLC-MSで解析するショットガンプロテオミクスが主流であるが，質量分析の手法や試料調製法はさまざまなものが利用されており，はじめて実施する際にはいささか混乱を招く状況である．本稿では，各種質量分析の測定モードや試料調製法の特徴を解説するとともに，最も基本的な細胞や組織の総プロテオームを対象とした発現解析に関して，われわれが最も頻繁に利用している，data-independent acquisition（DIA）によるラベルフリー定量法の実施例を紹介する．

はじめに

　生命現象における実行因子としてのタンパク質の重要性からプロテオーム解析への期待度や注目度は高い．その反面，これまで，プロテオーム解析といえば，スループット・網羅性・感度の面で次世代シークエンサー（NGS）を使ったトランスクリプトーム解析に水をあけられた状況が長く続いたことから，NGSに比べて利用に対する躊躇や不安が大きい節がある．

　プロテオーム研究に液体クロマトグラフィー連結タンデム質量分析計（いわゆるLC-MS/MS）がとり入れられて以来，20年間以上にわたって基本的に同じプラットフォームが利用されてきた[1)2)]．筆者も含めて，プロテオーム研究のブレークスルーは質量分析以外の原理の登場で一変するのではないかと考えていた研究者も少なくはなかったであろう．しかしながら，プロテオーム研究はこれまでの質量分析技術をさらにブラッシュアップするという方向で着実にその能力を向上させ現在，十分にマルチオミクス計測において中心になり得る技術へと発展した．

　本稿では質量分析計でのプロテオーム解析のためのわれわれの標準プロトコールを公開する．見ていただければわかるが，プロテオーム解析のための試料調製は特別な試薬や設備を必要としない，簡単な生化学実験である．質量分析計は高価な設備であるため，誰でも直接簡単にアクセスできる状況ではないかもしれないが，昨今では民間での受託分析に加え，さまざまな研究設備の共用化や共同研究支援事業などがさかんになっており，試料さえ調製すれば比較的安価な実費で測定が可能になりつつある．本稿が，マルチオミクス計測にプロテオーム解析をとり入れる一助となれば幸いである．

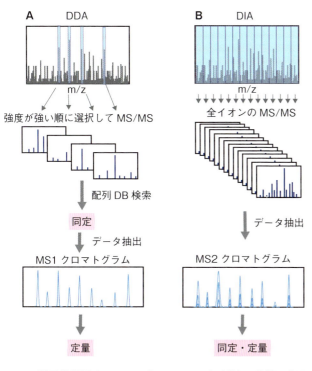
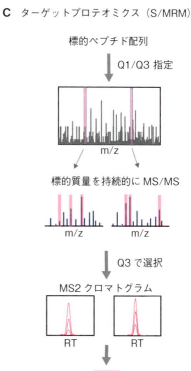

図1 質量分析計を用いたプロテオーム解析法の分類と概要

プロテオーム解析はノンターゲットとターゲット分析に分けることができる．さらにノンターゲットプロテオミクスでは，異なる測定モードであるDDAとDIAが利用できる．

プロテオミクス概論

　質量分析計を用いたプロテオミクスでは，一般的にタンパク質を酵素消化して得られるペプチドをLC-MS/MSにて解析する．この手法はボトムアップあるいはショットガンプロテオミクスとよばれ，タンパク質の同定から定量まで広く利用されている．一方，ペプチド消化をすることなくタンパク質のまま解析する方法をトップダウンプロテオミクスとよぶが，今回はより一般的に使われるショットガンプロテオミクスに限定して原理や手法の解説を行いたい（図1）．ショットガンプロテオミクスは，その目的からさらにノンターゲットおよびターゲットアプローチに分けることができる（ショットガンプロテオミクス＝ノンターゲットアプローチという認識が定着しているが，ショットガンプロテオミクスは本来，酵素消化したペプチドを解析することを指すので注意いただきたい）．ノンターゲットアプローチはその名の通り，試料中に含まれるタンパク質を網羅的・探索的に同定・定量する技術である．一方，ターゲットプロテオミクスはすでに何らかの方法で見るべきタンパク質を決めておき，それらのタンパク質を狙い撃ちで定量的に計測する．一度に定量できるペプチドの種類は限られるので，ターゲットプロテオミクスは検証目的に利用されることが多い．

1. プロテオーム解析の2つのアプローチ

ノンターゲットプロテオミクス

　ノンターゲットプロテオミクスは長年data-dependent acquisition（DDA）とよばれる測定モードが使われてきた（図1A）．DDAとは，プリカーサーイオンスペクトル（MS1）の取得と，そこで検出されたイオンを選択・開裂させプロダクトイオンスペクトル（MS2）を自動的に取得する手法であり，ほぼすべてのタンデム質量分析計で実施が可能な汎用性が高い手法である．DDAによるプロテオミクスは，検索エンジンやデータの信頼性評価の手法も充実しており，標準的な手法でもある．特に，翻訳後修飾部位の同定や比較的複雑性の低い試料で確実にタンパク質を同定したい場合には有用である．また，iTRAQ™やTMT™などの同重体タグ（isobaric tag）を用いたマルチプレックス定量プロテオーム解析においては，いまのところDDAしか利用できない[3]．DDAは，原理的に存在量がタンパク質から優先的に同定されてくる傾向があるため，全細胞消化物のようなきわめて複雑性が高い試料では，低発現タンパク質の検出が困難である．そのため，より網羅的なタンパク質同定を行うためには，試料を前もって分画するなどの方策が必要となる．

　一方，最近急速に普及したdata-independent acquisition（DIA）は低発現タンパク質検出の課題を解消できる有効な手法である[4]~[6]．DIAでは特定プリカーサーイオンの選択をせずに，一定質量幅中に含まれるイオンをすべて開裂させてプロダクトイオンスペクトルを取得するため，基本的に検出感度を超えていればすべてのプロダクトイオン情報が含まれるデータを取得できる（図1B）．この原理は，低発現タンパク質のとりこぼしを極力抑えつつ，分析時間を短くしても同定タンパク質数をある程度維持できるなどの利点がある．当初，DDAによって得られた結果に基づくスペクトルライブラリーをDIA取得後のデータ解析に利用する必要があったが，近年，全プロテオームを含むアミノ酸配列情報からin silico予測で予想スペクトルライブラリーの構築が可能となり，一気に使い勝手や網羅性が向上した[7][8]．一方，現時点で一般的に行われているデータ解析の手法では同定信頼性の評価（つまりどの程度が真の同定なのか）が課題であり，結果の解釈は慎重になる必要がある．また，翻訳後修飾を見たい場合などは適用できる解析ツールが限定されている．

ターゲットプロテオミクス

　ターゲットプロテオミクスは測定前に質量分析計にイオンリストを読み込ませ，指定したイオンのみを継続的にモニターする手法であり，定量性が高いという利点がある[9]．一般的に，三連四重極型質量分析計を用いることで，特定プリカーサーイオンを開裂させて得られるプロダクトイオンを選択してモニタリングする，いわゆるs/MRM（selected/multiple reaction monitoring）とよばれる測定モードが利用される（図1C）．また，最近ではQqTOF型やQqFT型などのハイブリッド型高分解能質量分析計を用いて，プロダクトイオンを高分解能スペクトルとして取得し，モニターするプロダクトイオンをデータ解析の段階で抽出するpseudo-MRMあるいはPRM（parallel reaction monitoring）とよばれる手法も広く利用されている．また，同位体標識等を行った内部標準ペプチドを添加することでより精度の高い定量もしばしば実施される．

表　プロテオーム解析を拡張するさまざまな前処理技術

目的	手法	原理や特徴
タンパク質発現情報	全細胞抽出	バイアスなくタンパク質を抽出することが必要
	細胞画分（オルガネラなど）	界面活性剤への可溶性や密度勾配遠心法など
	血清・血漿など体液	アルブミンなどの高含有量タンパク質の除去が必要
タンパク質間相互作用情報	免疫沈降法	タグを付与したタンパク質の発現と非変性条件での回収
	近位依存的標識法	変異ビオチンリガーゼと融合タンパク質の発現．ビオチン化タンパク質の回収
	共溶出プロファイリング	サイズ排除クロマトグラフィー等による非変性条件での分画
翻訳後修飾情報	個別タンパク質の修飾解析	SDS-PAGE などによる単一タンパク質の精製後に詳細な質量分析
	修飾部位のアフィニティー精製	金属アフィニティーによるリン酸化や抗体による各種各種修飾ペプチドの濃縮
構造情報	タンパク質限定分解	非変性条件でのプロテアーゼによる限定分解で立体構造特異的ペプチドの定量
	熱安定性評価	さまざまな温度下で不要化による損失を計測
動態情報	pulsed SILAC 法	安定同位体標識アミノ酸取り込みの経時変化
	AHA 標識法	メチオニン類似体をタンパク質合成時に取り込ませ，クリック反応で回収

2. プロテオーム解析で何を知りたいか？

　前述したようにプロテオミクスにおける質量分析のやり方は多様でありやや複数であるが，網羅性，同定の確かさ，定量精度など計測性能は異なるものの，いずれもタンパク質の同定や定量を行うという基本目的は同じである．一方，タンパク質に関するどのような情報を読みとりたいかは，質量分析の前段階の処理に依存する．例えば，特定の状態で発現しているタンパク質を見つけたいというということであれば，全タンパク質をアンバイアスに抽出してくる必要がある．もし，タンパク質間相互作用を知りたいのであれば，非変性条件でタンパク質を抽出し，複合体を保持したまま免疫沈降でタンパク質を回収する方法が広く使われている．また，変異体ビオチン化酵素を融合させたタンパク質を細胞に発現させることで相互作用するタンパク質を細胞内でビオチン化する近位依存的標識法も普及しはじめている[10]．さらに，よりプロテオームワイドにタンパク質間相互作用をみる目的で，非変性条件下でのサイズ排他クロマトグラフィー等による分画後に共溶出を指標に複合体を同定することも可能になっている[11][12]．特定の翻訳後修飾を網羅的に調べる場合は当該修飾ペプチドを含むペプチドをアフィニティー精製などで濃縮して解析する．例えばリン酸化は金属アフィニティー精製によって容易に精製ができるため広く生物学研究に利用されている[13]．一方，特定タンパク質にどのような修飾が起きているかを調べるには当該タンパク質を精製し，さまざまな修飾情報を加味して検索を実施する必要がある．また，最近では，同位体標識法による半減期解析[14]や熱安定性プロファイリング[15]などタンパク質の構造や存在様式[16]などを網羅的に計測する技術も開発されており，より機能的な情報の取得が可能である．表に目的別プロテオーム解析法をまとめたので参考にしていただきたい．

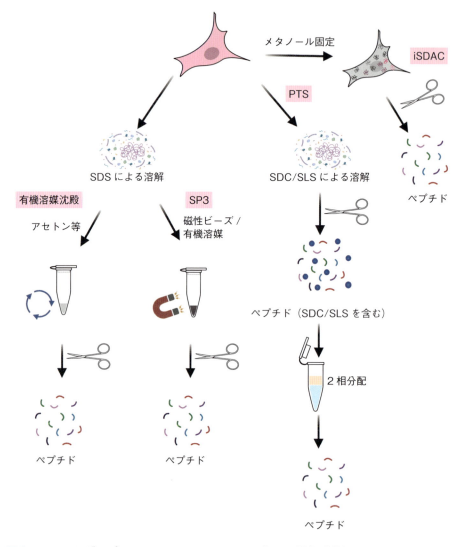

図2 ショットガンプロテオミクスのためのさまざまな試料調製法
SDSなどの変性作用が強い界面活性剤（特にイオン性界面活性剤）はタンパク質を効率よく抽出できるが，酵素消化の前に沈殿やSP3法などで除去が必要である．一方，PTS試薬は希釈するだけで酵素消化可能であり，消化後に液相分配によって除去が可能である．iSDAC法はタンパク質の抽出を必要とせず，手順が最小である．

3. 酵素消化法

　　タンパク質はその構造や局在が多様である．そのため，ショットガン法によるプロテオーム解析ではいかに人工的なバイアスを減らしてタンパク質を一様に抽出するか，またそれをいかに定量的に消化するかということがとても重要なポイントとなる．すなわち，タンパク質を確実に抽出し変性させるかということに注意を払う必要があり，そのためにさまざまな方法が開発されてきた（図2）．最も強力な変性剤としてSDSが多用されているが，SDSはかなり強固な構造をもつタンパク質でも変性できるという利点があるが，SDSの存在は酵素消化やその後

の質量分析に悪影響を及ぼすため，酵素消化前の除去が必須である．変性剤の除去にはアセトンなどの有機溶媒や酸によるタンパク質沈殿[17]や磁性ビーズを[18][19]用いた非特異的なタンパク質回収がしばしば用いられている．一方，酵素消化後に変性剤を除去することも可能である．例えば，尿素によるタンパク質抽出を行った場合は，タンパク質抽出後に酵素が働ける濃度まで希釈してから消化を実施する．尿素は酵素消化後に逆相担体による固相抽出で容易に除去が可能であるが，われわれのこれまでの経験では，尿素によるタンパク質抽出には若干のバイアスがかかることがあり，手法としての手軽さはあるもののあまりおすすめできない．また，デオキシコール酸やラウロイルサルコシンなどのphase transfer surfactant（PTS）とよばれる界面活性剤を使った手法も普及している[20]．これらの界面活性剤はタンパク質抽出後に0.2％程度の濃度まで下げることでそのまま酵素消化が可能であり，酵素消化後にトリフルオロ酢酸存在下での酢酸エチルによる液相分配によって除去可能である．利点としては膜タンパク質等の消化効率が高くよりアンバイアスな解析が可能になることがあげられる．一方，酵素消化後の手順が若干煩雑であり，多検体での実施には工夫が必要であろう．最近，われわれは，タンパク質の抽出を必要としない酵素消化法を開発した[21]．この方法は，細胞や組織をメタノールなどの有機溶媒で固定した後，消化バッファー中に懸濁してから直接酵素を添加するものであり，SDSで可溶化後アセトン沈殿してから酵素消化を行う一般的な方法と比較して，作業工程が大幅に減少できることが利点である．また，消化効率や検出されるタンパク質の種類も同等である．一方，添加する酵素量を算出するために，出発材料に含まれるタンパク質量の推定を必要とし，これが不可能な試料においては実施が困難である．

　このように，発現プロファイリングを実施するためのタンパク質抽出法はいくつも存在し，どれも一長一短あるため，試料の種類や状態に応じて適宜選択する必要がある．今回紹介する実例は，最も典型的な発現解析例であり（図2の一番左側に相当），培養細胞から組織まで広く利用できるプロトコールとなっている．

準備

- [ ] trypsin（03708969001，メルク社）
- [ ] Benzonase（71205-3CN，メルク社）
- [ ] 溶解バッファー（1％SDS in 100 mM Tris-HCl, pH8.8）
- [ ] 消化バッファー（100 mM HEPES, pH8.0）
- [ ] BCA protein assay kit（A55864，サーモフィッシャーサイエンティフィック社）
- [ ] アセトン（01-0460-3-3L-J，メルク社）
- [ ] TCEP-HCl（サーモフィッシャーサイエンティフィック社，20490）
- [ ] 2-Chloroacetamide（CAA）（C0086，TCI社）
- [ ] EVOTIP pure（EVOSEP社）
- [ ] 超音波細胞破砕器（BioRuptor Ⅱ，ビーエム機器社）
- [ ] 微量高速冷却遠心機（MDX310，トミー精工）
- [ ] 卓上高速遠心機（AlegraXR30，ベックマン・コールター社）（スイングローター装着）

☐ 質量分析計（Orbitrap Exploris 480，サーモフィッシャーサイエンティフィック社）
☐ 液体クロマトグラフィー（EVOSEP ONE，EVOSEP社）

プロトコール

タンパク質発現プロファイリングの実施例

❶ 回収した細胞（PBS洗浄済み）をPBSに懸濁した後，細胞数を数え10^6細胞となるように1.5 mLチューブにとり分ける

スイングローター遠心機にて遠心（350 g×5分）後，そのままアングルローター装着遠心機に移して，さらに800 g×5分程度遠心分離を行い，上清を捨てる（一部残して，再度遠心機でフラッシュして丁寧に吸いとる）．

❷ 100 µLの溶解バッファーを添加し，そのままピペットでほぐし，すぐに95℃でボイルする（3〜5分）

❸ Benzonaseを25〜100 unit/µLとなるように添加し37℃で5分ほどインキュベーション後，BioRuptorにてDNAを剪断する（30秒×3回程度）

❹ BCAアッセイによってタンパク質を定量する（キットのプロトコール参照）

❺ 一定量（20 µg以上が望ましい）を1.5 mLチューブにとり分け，10 mMになるようにNaClを加え，細胞溶解液を用いて100 µLにメスアップする

❻ 最終濃度2.5 mM TCEP-HClを添加し85℃15分インキュベーション後，CAAを最終濃度12.5 mM添加して室温で30分インキュベーションする

❼ アセトンを500 µL添加しボルテックスでよく撹拌し，室温にて10分放置後，遠心し上清を除去する

スイングローターにて16,000 g×5分，その後アングルローターで20,000 g×5分遠心する．上清を除去後，再度アングルローターで20,000 g×1分遠心し，丁寧に残った上清を除去する．

❽ 1,000 µLの90％アセトンにて洗浄を行う

90％アセトン添加後，超音波細胞破砕器にて沈殿を粉砕し，❻と同様に遠心にて再沈殿させ，上清を除去する．

❾ タンパク質濃度が1 mg/mLとなるように消化バッファーを添加し，超音波細胞破砕器にて沈殿を懸濁後，試料タンパク質量の1/50相当のtrypsinを添加し，37℃で16時間インキュベーションする

trypsinは1 mg/mLの濃度で10 mM塩酸に溶かしたものを使用し，4℃で保存（凍結保存はしない．4℃で2週間ほど安定）．

❿ 100 µg/mLになるように0.1％蟻酸溶液に希釈し5 µL（500 ng）をEVOTIPに導入する（方法はメーカー指定のプロトコールに従った）

EVOSEP ONEを用いる場合はEVOTIPに導入するが，通常型のnano LCで分析する場合は，Stagetipを用いて脱塩処理を行うことが望ましい．Stagetipから溶出されたペプチドは高有

機溶媒濃度となっているため，いったん遠心濃縮機を使いドライアップし，測定前に0.1％蟻酸（トラップカラム型の場合は0.1％TFAでもよい）に再可溶化してLC-MSの試料とする．

LC-MS（DIA）解析

われわれのこれまでの経験では，DIAメソッド上で特に重要なパラメーターは以下の3つである．

①DIA

DIA windowは狭いほど感度や同定数が向上する傾向があるが，狭くすると1サイクルで取得するMS/MS回数が増える（つまりサイクルタイムが伸び，クロマトグラムのデータポイント数の低下を招く）．そのため，分析時間に適した最適DIA windowサイズを決める必要がある．

②質量レンジ

trypsin消化の場合，生じるペプチドは7〜30アミノ酸がボリュームゾーンである．実際，350〜1,600のMSレンジでDDAによるプロテオーム解析を実施すると，400〜1,000で多くのペプチドが同定される．DIAの場合，広いレンジを狭いDIA window幅で解析することは困難であるため，質量レンジを狭めるか，DIA window幅を広く設定するかの2択となる．われわれの経験だと，同じ分析時間で設定した場合，より網羅性の高いデータの取得のためには，質量レンジを狭めに設定し，DIW window幅を最小にする方が効果的であった．

③maximum injection time（MaxIT）

通常はautoに設定しているが，auto設定ではorbitrap resolutionとmax injection timeが連動する．すなわち，orbitrap resolutionが高い場合は自動設定されるMaxITが長くなる．

以下，われわれが通常使っている高周波Orbitrap型質量分析計でのDIAメソッドのパラメーターセットを以下に示す．

分析時間	約20分（60 sample per day）
DIA window	12 unit
DIA質量レンジ	480〜880
MaxIT	auto（MS/MS resolution 30,000）

分析時間	約90分（15 sample per day）
DIA window	4 unit
DIA質量レンジ	480〜880
MaxIT	auto（MS/MS resolution 30,000）

また，QExactiveなど高周波数型でないorbitrapを実装した装置でも分析時間は90分を基本として以下のパラメータを使用することで十分な性能が得られる（装置が異なるためパラメーターの種類も異なるので注意）．

DIA window	20 unit
DIA 質量レンジ	480〜880
MaxIT	50 msec （MS/MS resolution 35,000）
AGC target	10^6

ベンチマーク

LC-MSによる解析において，比較的短期間で生じるカラムやスプレーチップの劣化は常にモニターする必要がある．また，長期で見ると本体の汚染による感度低下も避けることはできない．このようなことから，質量分析計性能評価を常に実施することが望ましい．われわれは，HeLa細胞の全細胞消化物を大量調製し，分注して使用している．標準試料を少なくとも実試料の前に1回は測定し，同定数やクロマトグラムの形状などを確認することは，データ品質を一定に保つうえできわめて重要である．また，実試料測定の合間に合成ペプチドなど複雑性の低い試料を測定することも感度モニターという意味で有効であろう．

データ解析

データ解析に関しては，使用する質量分析計や目的に応じて異なるが，ここではわれわれの研究室で実施している主なデータ解析に関して紹介する．DIAのデータ解析にはフリーソフトウェアであるDIA-NNを使用している[8]（インストールおよび使用法等に関してはhttps://github.com/vdemichev/DiaNNを参照のこと）．DIA-NNのパラメーターはデフォルト値を基本としているが，Precursor m/z rangeやPeptide length rangeはDIAの測定条件に合わせている．一方，特殊な修飾等の検索が必要な場合はFragpiple（https://fragpipe.nesvilab.org）を用いて，DIAumpireSE[22]とMSFragger[23]を組合わせたワークフローで解析を実施している．また，データの統計処理や可視化にはPythonやRを用いている（ChatGPTを用いればスクリプト作成も容易である）．これが困難な場合はデータ処理（クリーニングやノーマライズなど）や可視化（VolcanoプロットやPCA，階層クラスタリングなど）を実行できるフリーソフトウェアであるPerseus[24]（https://maxquant.net/perseus/）も有用であろう．図3に実際のデータ可視化の例を示す．通常条件ならびにグルコース飢餓培地で培養を行ったHeLa細胞の総プロテオームをDIAにて計測し，DIA-NNによって同定・定量を行った結果をvolcano plotで示している（図3A）．有意に変化したタンパク質リストを用いてp-Profiler（http://biit.cs.ut.ee/gprofiler/gost）を用いてエンリッチメント解析を実施した（図3B）．グルコース飢餓によって発現が減少したタンパク質は細胞周期関連の経路にかかわるものが多く，一方，発現が増加したタンパク質ではrRNAプロセシングやアミノ酸トランスポートが有意に濃縮されていた．

おわりに

本稿では全細胞抽出物を対象とした全プロテオーム発現プロファイル法を紹介した．本方法は特別な試薬等を必要としないラベルフリーの手法であり，最初の段階のタンパク質抽出のステップを変えることで非常に汎用的に利用できる．一方，ラベルフリー定量では消化効率等を

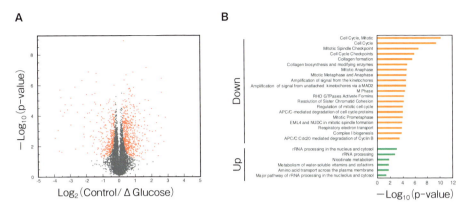

図3 定量プロテオームデータ解析例
通常およびグルコース飢餓条件で24時間培養したHeLa細胞の発現プロテオーム比較を行った．今回紹介した試料調製プロトコールおよびDIAによる測定パラメーターにて解析を実施し，統計処理を行い可視化した．有意に変化したタンパク質のリストを用いてパスウェイエンリッチメント解析を行った．

サンプル間で揃える必要がある．また，データ取得後の統計処理において，可能な限り多数の生物学的レプリケートデータを取得することが望ましい．プロテオーム解析を成功させるためには，再現性の高い試料調製を心がけ，質量分析計の管理をきちんと行うことが必要であろう．

コラム：プロテオミクスにおけるブレークスルー

筆者は長年にわたり質量分析計を用いたプロテオミクスに関する技術変遷を現場で見てきたが，ここ数年に起きたDDAからDIAへのシフトはおそらく最も大きな変革だったと思う．DDAに頼っていたほんの数年前までは網羅性とスループットが完全にトレードオフであり，例えばヒトの培養細胞で5,000タンパク質以上のプロテオームデータを得ようと思うと，1サンプルの測定に1日以上をかける必要があった．この規模で複数の検体の比較を行うにはマシンタイムの確保はもちろん，装置のご機嫌をとりながらの測定はある意味苦行であった．それが，現在では1日7,000タンパク質以上の深度で数十検体のプロテオームデータを得ることも日常的になっている．このスループットの飛躍的な向上は質量分析計の使い方そのものを大きく変えてしまった．筆者のラボではノックダウンやノックアウトの評価にウエスタンブロットを使うことはまずなくなったし，例えば時系列や機能プロテオミクスなどで必要となる数百規模の計測を現実的に計画できるようになった．この規模感とコスパの良さ（NGSでは多検体を揃えれば低コストだが，都度解析は実質できない）は生物学や医学研究にとって重要な駆動力となることは間違いないであろう．

◆ 文献
1） Aebersold R & Mann M：Nature, 537：347-355, doi:10.1038/nature19949（2016）
2） Ahrens CH, et al：Nat Rev Mol Cell Biol, 11：789-801, doi:10.1038/nrm2973（2010）

3 ） Ross PL, et al：Mol Cell Proteomics, 3：1154-1169, doi:10.1074/mcp.M400129-MCP200 （2004）

4 ） Ludwig C, et al：Mol Syst Biol, 14：e8126, doi:10.15252/msb.20178126 （2018）

5 ） Meier F, et al：Nat Methods, 17：1229-1236, doi:10.1038/s41592-020-00998-0 （2020）

6 ） Bekker-Jensen DB, et al：Mol Cell Proteomics, 19：716-729, doi:10.1074/mcp.TIR119.001906 （2020）

7 ） Gessulat S, et al：Nat Methods, 16：509-518, doi:10.1038/s41592-019-0426-7 （2019）

8 ） Demichev V, et al：Nat Methods, 17：41-44, doi:10.1038/s41592-019-0638-x （2020）

9 ） Lange V, et al：Mol Syst Biol, 4：222, doi:10.1038/msb.2008.61 （2008）

10） Qin W, et al：Nat Methods, 18：133-143, doi:10.1038/s41592-020-01010-5 （2021）

11） Havugimana PC, et al：Cell, 150：1068-1081, doi:10.1016/j.cell.2012.08.011 （2012）

12） Heusel M, et al：Mol Syst Biol, 15：e8438, doi:10.15252/msb.20188438 （2019）

13） Nakatsumi H, et al：Cell Rep, 21：2471-2486, doi:10.1016/j.celrep.2017.11.014 （2017）

14） McShane E, et al：Cell, 167：803-815.e21, doi:10.1016/j.cell.2016.09.015 （2016）

15） Mateus A, et al：Proteome Sci, 15：13, doi:10.1186/s12953-017-0122-4 （2016）

16） Schopper S, et al：Nat Protoc, 12：2391-2410, doi:10.1038/nprot.2017.100 （2017）

17） Nickerson JL & Doucette AA：J Proteome Res, 19：2035-2042, doi:10.1021/acs.jproteome.9b00867 （2020）

18） Hughes CS, et al：Nat Protoc, 14：68-85, doi:10.1038/s41596-018-0082-x （2019）

19） Batth TS, et al：Mol Cell Proteomics, 18：1027-1035, doi:10.1074/mcp.TIR118.001270 （2019）

20） Masuda T, et al：Mol Cell Proteomics, 8：2770-2777, doi:10.1074/mcp.M900240-MCP200 （2009）

21） Hatano A, et al：J Biochem, 173：243-254, doi:10.1093/jb/mvac101 （2023）

22） Tsou CC, et al：Nat Methods, 12：258-64, 7 p following 264, doi:10.1038/nmeth.3255 （2015）

23） Kong AT, et al：Nat Methods, 14：513-520, doi:10.1038/nmeth.4256 （2017）

24） Tyanova S, et al：Nat Methods, 13：731-740, doi:10.1038/nmeth.3901 （2016）

◆ 参考図書

「実験医学別冊 決定版 質量分析活用スタンダード」（馬場健史，松本雅記，松田史生，山本敦史／編），羊土社（2023）

第2章 各オミクスによるデータ取得
6.1 細胞グライコームのデータ取得

舘野浩章

ポイント　糖鎖は，核酸，タンパク質，脂質とともに生命に必須の生体分子である．糖鎖は細胞の最表層を覆い，生体分子のなかで最も複雑・多様な構造をもつ．細胞に発現する糖鎖の総体，グライコームを解析するために，従来の技術では少なくとも数千個以上の細胞が解析に必要であった．そのため1細胞ごとのグライコームを解析することができなかった．最近われわれは，DNAバーコード標識レクチンと次世代シークエンサーを用いることで，1細胞ごとのグライコームとトランスクリプトームを同時解析する1細胞糖鎖・RNAシークエンス（scGR-Seq）法を開発した．本稿では，本技術を中心に1細胞グライコームデータ取得法について概説する．

はじめに

　糖鎖は，核酸，タンパク質，脂質とともに，生命に必須の生体分子である．核酸やタンパク質に比べ，糖鎖の多様性ははるかに大きい．これは，単糖の多様性，修飾，分岐，異性体，さらに糖鎖複合体形成（糖タンパク質，糖脂質，プロテオグリカン）によるものである．細胞表面糖鎖は生物進化に伴い構造的複雑度が増加しており，糖鎖が多様な機能を獲得してきたことを示している．哺乳類に存在する約10種類の単糖の化学結合とアノマー異性体を考慮して計算すると，6単糖の組合わせの多様性は1.9×10^{11}と推定されている．この数は，6核酸（4,096通り）やヘキサペプチド（6.4×10^7通り）と比べ，圧倒的に大きい[1]．

　糖鎖の解読が難しい理由として，mRNAにコードされるタンパク質と異なり，糖鎖は鋳型非依存的である点があげられる．細胞や組織に発現する糖鎖を解析するために，質量分析（MS），高速液体クロマトグラフィー（HPLC），核磁気共鳴（NMR），キャピラリー電気泳動（CE）などが用いられてきた．しかし，これら技術は糖鎖の構造決定が可能である一方，比較的大量の試料が解析に必要とされるとともに，解析に時間がかかる，などの課題があった．さらに，熟練した技術が解析に必要であり，専門家のみが解析可能であった．こうしたなかで，2005年に開発されたレクチンマイクロアレイ（LMA）を用いると，糖鎖の構造を決定できないものの，簡便・迅速・高感度に複数のレクチンとの反応パターンから，糖鎖の特徴（糖鎖プロファイル）を取得することができる[2]．しかしLMAを含めて従来の糖鎖解析技術では，1細胞ごとのグライコーム情報を取得することができなかった．そこで最近われわれが世界に先駆けて開発した技術が1細胞糖鎖・RNAシークエンス（scGR-Seq）法である．本稿ではわれわれが開発したscGR-Seqを用いたデータ取得法について紹介する．

77

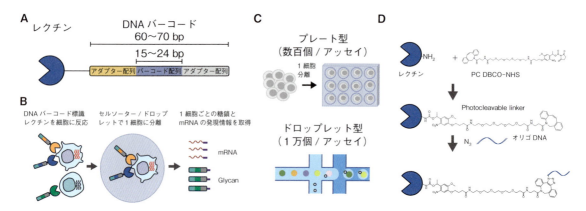

図1　1細胞糖鎖・RNAシークエンス（scGR-Seq）法

A）DNAバーコード化レクチンの模式図．B）1細胞糖鎖・RNAシークエンス（scGR-Seq）法の流れ．C）プレート型とドロップレット型．D）DNAバーコード標識レクチンの作製の流れ．（文献3～5，7をもとに作成）

1細胞糖鎖・RNAシークエンス（scGR-Seq）法

❶ scGR-Seq法の原理

　なぜ1細胞ごとのグライコーム情報を取得することが難しいのか？糖鎖は鋳型非依存的に合成されるため，ポリメラーゼ連鎖反応（PCR）で増幅できないためである．一方，核酸はPCRで容易に増幅できる．そこでわれわれは，レクチンにDNAバーコード（オリゴDNA配列）をタグとして結合させることで，糖鎖情報を遺伝情報に変換，PCRで増幅し，次世代シークエンサーで解析可能になるのではないかと考えた．そして2021年，われわれはDNAバーコード標識レクチンと次世代シークエンサーを用いて，1細胞ごとのグライコームとトランスクリプトームを同時解析する1細胞糖鎖・RNAシークエンス（scGR-Seq）法を世界に先駆けて発表した[3]．本技術では，さまざまなレクチンに任意のオリゴDNA（約60～70 bp）を標識したDNAバーコード標識レクチンを解析に利用している[3,4]．オリゴDNA配列をタグとして結合させることで，糖鎖情報をDNA情報に変換し，PCRによる糖鎖情報の増幅と，次世代シークエンサーでの測定が可能となった（図1）．糖鎖情報を次世代シークエンサーで取得できるため，トランスクリプトームと同時に解析することも可能である．シアリル化，ガラクトシル化，GlcNAcyl化，マンノシル化，フコシル化糖鎖など，さまざまな糖鎖構造に反応するレクチン30～40種を選抜し，それぞれに固有のDNAバーコードを導入したライブラリーを構築した（表）．次にこのDNAバーコード標識レクチンライブラリーを細胞集団に反応させ，1個の細胞に結合したレクチンの種類と分子数，および1個の細胞内に存在するRNAを次世代シークエンサーで解析することで，細胞外の糖鎖と，細胞内のRNAの発現情報を1細胞ごとに取得した（図1）．まずプレート型を開発し，次にドロップレット型の1細胞糖鎖・RNAシークエンス（scGR-Seq）法を開発した（図1）．

❷ プレート型scGR-Seq法

　プレート型scGR-Seq法では，レクチンにDNAバーコードを，光切断リンカーを介して標識した[4]．レクチンのアミノ基に光分解性ジベンジルシクロオクチン-N-ヒドロキシスクシンイミドエステル（PC DBCO-NHS）をアミンカップリングで導入し，次に5′末端にアジド基を導入したDNAバーコードをクリックケミストリーで反応させることで，DNAバー

表 DNAバーコード化レクチンライブラリー

レクチン	由来生物	起源	特異性
rPVL	*Psathyrella velutina*	*E.coli*	Sia, GlcNAc
SNA	*Sambucus nigra*	Natural	α 2-6Sia
SSA	*Sambucus sieboldiana*	Natural	α 2-6Sia
TJAI	*Trichosanthes japonica*	Natural	α 2-6Sia
rPSL1a	*Polyporus squamosus*	*E.coli*	α 2-6Sia
rDiscoidin II	*Dictyostelium dicodeum*	*E.coli*	LacNAc, Gal β 1-3GalNAc（T）, α GalNAc（Tn）
rCGL2	*Coprinopsis cinerea*	*E.coli*	GalNAc α 1-3Gal（A）, polylactosamine
rC14	*Gallus gallus domesticus*	*E.coli*	Branched LacNAc
GSLII	*Griffonia simplicifolia*	Natural	Bisecting GlcNAc
rSRL	*Sclerotium rolfsii*	*E.coli*	GlcNAc, Gal β 1-3GalNAc（T）,
rF17AG	*Escherichia coli*	*E.coli*	GlcNAc
rGRFT	*Griffithia sp.*	*E.coli*	Man
ConA	*Canavalia ensiformis*	Natural	Man
rOrysata	*Oryza sativa*	*E.coli*	Man α 1-3Man, High-man, biantenna
rPALa	*Phlebodium aureum*	*E.coli*	Man5, biantenna
rBanana	*Musa acuminata*	*E.coli*	Man α 1-2Man α 1-3（6）Man
rCalsepa	*Calystegia sepium*	*E.coli*	Biantenna with bisecting GlcNAc
rRSL	*Ralstonia solanacearum*	*E.coli*	α Man, α 1-2Fuc（H）, α 1-3Fuc（Le^x）, α 1-4Fuc（Le^a）
rBC2LA	*Burkholderia cenocepacia*	*E.coli*	α Man, High-man
rAAL	*Aleuria aurantia*	Natural	Fucose
rRSIIL	*Ralstonia solanacearum*	*E.coli*	α Man, α 1-2Fuc（H）, α 1-3Fuc（Le^x）, α 1-4Fuc（Le^a）
rPhoSL	*Pholiota squarrosa*	*E.coli*	α 1-6Fuc
rAOL	*Aspergillus oryzae*	*E.coli*	α Man, α 1-2Fuc（H）, α 1-3Fuc（Le^x）, α 1-4Fuc（Le^a）
rBC2LCN	*Burkholderia cenocepacia*	*E.coli*	Fuc α 1-2Gal β 1-3GlcNAc（GalNAc）
UEAI	*Ulex europaeus*	Natural	Fuc α 1-2Gal β 1-4GlcNAc
TJAII	*Trichosanthes japonica*	Natural	Fuc α 1-2Gal β 1-4GlcNAc, GalNAc β 1-4GlcNAc
rGC2	*Geodia cydonium*	*E.coli*	α 1-2Fuc（H）, α GalNAc（A）, α Gal（B）
rMOA	*Marasmius oreades*	*E.coli*	α Gal（B）
rPAIL	*Pseudomonas aeruginosa*	*E.coli*	α, β Gal, α GalNAc（Tn）
rGal3C	*Homo sapiens*	*E.coli*	LacNAc, polylactosamine
rLSLN	*Laetiporus sulphureus*	*E.coli*	LacNAc, polylactosamine
HPA	*Helix pomatia*	Natural	α GalNAc（A, Tn）
rPPL	*Pleurocybella porrigens*	*E.coli*	α, β GalNAc（A, Tn, LacDiNAc）
rCNL	*Clitocybe nebularis*	*E.coli*	α, β GalNAc（A, Tn, LacDiNAc）

WFA	*Wisteria floribunda*	Natural	Terminal GalNAc, LacDiNAc
rABA	*Agarics bisporus*	*E.coli*	Gal β 1-3GalNAc（T）, GlcNAc
rDiscoidin I	*Dictyostelium Discodeum*	*E.coli*	Gal
rMalectin	*Homo sapiens*	*E.coli*	Glca1-2Glc
CSA	*Oncorhynchus keta*	Natural	Rhamnose, Gala1-4Gal
mIgG	*Mus musculus*	*Mus musculus*	
gIgG	*Ovis aries*	*Ovis aries*	

（文献3〜5をもとに作成）

コード標識レクチンを作製した（図1D）[4)5)]．DNAバーコード標識レクチンライブラリーを細胞集団に反応させ，キャピラリーやセルソーターで1細胞ごとに分離した．そして光照射することで，それぞれのレクチンからDNAバーコードを切り離し，PCR増幅後，1個の細胞に結合したレクチンの種類と分子数を次世代シークエンサーで計測することで，1個の細胞の糖鎖プロファイルを取得した．さらに，残存した1細胞からRNAを抽出し，既存の1細胞遺伝子発現解析法（scRNA-Seq）で解析することで，1細胞ごとに発現する糖鎖と遺伝子の同時プロファイリングを実現した[3)]．1細胞からのRNAの抽出とライブラリー作製にはRamDA-Seq（1細胞完全長total RNA-Seq解析）を用いた[6)]．RamDA-Seqを用いることで，原理的にはゲノムDNAから転写されたすべてのRNAについて，ポリA型・非ポリA型を問わず，全長を偏りなく計測できると同時に，糖鎖発現の情報を取得することができる．プレート型では細胞を1個ずつチューブに分注して解析する．そのため，もともと細胞数が少ない試料，例えば事前に別の方法で分離した血中循環腫瘍細胞（CTC）やがん幹細胞などの少数細胞の解析に適している．しかし1度の実験で解析できる細胞数は数百個が限界であるため，組織に含まれる多数の細胞のデータを一斉取得できないという課題があった．

❸ ドロップレット型scGR-Seq法

プレート型scGR-Seq法のスループットの課題を解決するために，ドロップレット技術を導入したscGR-Seq法を考案し，1細胞ごとの糖鎖とRNAの発現データ，約1万個分を1回の実験で取得するドロップレット型scGR-Seq法を開発した[7)]．さまざまな糖結合特異性を有する30種のレクチンを選抜し，それぞれに固有の短い塩基配列の目印（DNAバーコード）を結合させたDNAバーコード標識レクチンを作製した．そしてドロップレット技術を用いて，マイクロ流路により1個のエマルジョンに1個の細胞と1個のビーズを封入した．ビーズには異なるDNAバーコードが細胞の目印（細胞タグ）として含まれており，それぞれの細胞で得られる情報を識別できるようにしてある．細胞タグには，レクチンに修飾されているDNAバーコードとmRNAに結合する塩基配列が含まれている．細胞タグが結合したDNAバーコードとmRNAの情報をPCRで増幅することで，1個の細胞に結合したレクチンの種類と相対分子数，およびmRNAを次世代シークエンサーで解析し，1細胞ごとの糖鎖とmRNAの発現情報を同時に取得することが可能である．

プロトコール

　プロトコールは3つの主要なステップ，1細胞糖鎖シークエンス（scGlycan-Seq），1細胞RNAシークエンス（scRNA-Seq），統合データ解析（scGR-Seq），で構成される[4)][5)]．ここではscGlycan-SeqとscRNA-Seqのプロトコールを紹介する（図2）．

1. DNAバーコード修飾レクチンの作製

❶ 100 μLのレクチン（PBS中1 mg/mL）を10倍濃度の光分解性ジベンジルシクロオクチン-N-ヒドロキシスクシンイミドエステル（PC-DBCO-NHS）と混合し，暗所，20℃で1時間インキュベートする

❷ 1 M Tris-HCl（pH8.0）10 μLを加え，暗所で20℃で15分間インキュベートして過剰なPC-DBCO-NHSをブロックする

❸ インキュベーション後，G-25脱塩ミニチュアカラムを使用して遊離PC-DBCO-NHSを除去する

❹ PC-DBCOレクチンに200 μMの5′-アジド-DNA（10倍濃度）を加えて，DNAバーコード化レクチンを精製する

❺ 糖を固定化したセファロースCL-4Bカラム（ミニチュアカラム1 mL）を4℃で1 mLのPBSEで洗浄する

❻ DNAバーコード化レクチン溶液にPBSE100 μLを加え，糖固定化セファロースCL-4Bカラムに流し込む．フロースルー画分（100 μL）を回収する

❼ 糖固定化セファロースCL-4Bカラムを400 μLのPBSEで3回洗浄する．各洗浄画分（各400 μL）を回収する

❽ 各レクチンに適した糖を含むPBSEを含む溶出溶液400 μLを加える（表）．この手順を3回くり返す．各溶出画分（各400 μL）を回収する

❾ DNAバーコード化レクチンをSDS-PAGEで分析する（図2）．精製ステップ（レクチンのみ，フロースルー，洗浄，溶出）の各画分4 μLをSDSサンプルバッファー4 μLと混合する

❿ サンプル8 μLと染色済みタンパク質サイズマーカー5 μLを17％SDS-PAGEゲルにロードする．SDSランニングバッファーを使用して100Vで20分間SDSPAGEを実行する

⓫ SDS-PAGEゲルをGelRedで染色する．遊離DNAバーコードだけでなくレクチン結合DNAバーコードも染色できる

⓬ SDS-PAGEゲルを銀染色試薬で染色する．GelRed染色に使用したゲルは銀染色にも使用できる

⓭ 溶出画分を回収し，Tube-O-Dialyzer，Medi 8 kDを使用して，精製されたDNAバーコード化レクチンを0.1×PBS（透析用）に対して透析する

⓮ 10 kDa分子量カットオフの遠心フィルター（Amicon ultra 0.5 mL 10 K）を使用して，DNAバーコード化レクチンを濃縮する

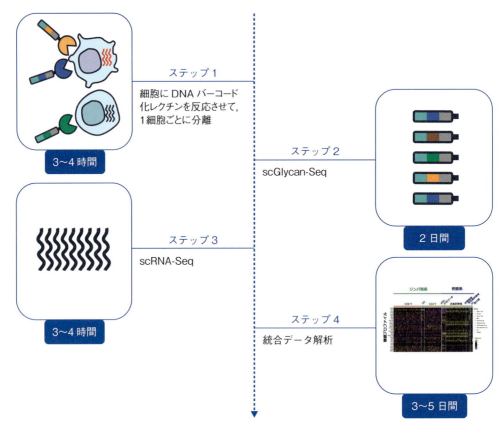

図2　1細胞糖鎖・RNAシークエンス（scGR-Seq）法のプロトコルの全体像
（文献4，5をもとに作成）

- ⑮ BradfordおよびQuant-iT OliGreen ssDNA試薬キットを使用してそれぞれタンパク質とDNAの濃度を定量し，DNAとレクチンの比率を決定する
- ⑯ 41個のDNAバーコード化プローブ（各レクチンにつき5 µg/mL，最終濃度）（表）を1.5 mLチューブに混合し，PBS/BSAで100 µLまで満たす
- ⑰ -30℃で保管する

2. 1細胞糖鎖シークエンス（scGlycan-Seq）[3]

- ❶ DNAバーコード修飾レクチンとともに細胞をインキュベートする
- ❷ セルソーターや顕微操作により単一細胞をチューブに分注する
- ❸ 4℃で3,549×gで30秒間遠心分離し，上清を氷上に置いた新しい0.2 mL 8本チューブストリップに移す
- ❹ チューブに細胞溶解バッファー2.5 µLを加え，キャップでチューブを覆う
- ❺ スピンダウンして-80℃で保存する（次の項「3. 1細胞RNAシークエンス」を参照）

❻ PCRを実行して，DNAバーコードを増幅する

PCR反応条件

ステップ	温度	時間	Cycles
初期変性	98℃	45s	1
変性	98℃	10s	25～35
アニーリング・伸長	65℃	50s	
伸長	65℃	5min	1
保持	4℃		

❼ PCR産物を精製する

❽ PCR産物を濃縮する

❾ 溶出画分6.5 µLを使用して，マイクロチップ電気泳動システム（MultiNA with DNA-500キット）を製造元の指示に従って使用し，PCR産物のサイズと量を分析する．DNAライブラリが正常に構築されると，150～175 bpの間に単一のバンドが表示される

❿ ライブラリDNAの変性

⓫ 変性PhiX

⓬ 540 µLのライブラリDNA（ステップ29）を130 µLの8 pM PhiX（ステップ30）と混合する

⓭ 96℃で2分間加熱し，すぐに氷上で冷却し，その後5分間インキュベートする

⓮ ライブラリミックスの600 µLをMiSeq試薬キットの試薬カートリッジにロードし，製造元の指示に従ってセットアップを実行する

3. 1細胞RNAシークエンス（scRNA-Seq） [6]

重要：RNaseおよびDNAによる汚染は，実験に重大な影響を及ぼす．すべての実験は，バイオセーフティキャビネット内，暗所で実施し，手袋，マスク，ゴーグルなどの個人用保護具を着用すること．実験に使用したすべての器具（ピペット，遠心分離機，ミキサー，サーマル サイクラー，実験台など）を，RNase除去剤RnaseAwayで拭くこと．すべての試薬をとり扱う際は，RNaseによる汚染を防ぐために細心の注意を払うこと．RNaseを不活性化して酵素活性を維持するために，特に指定がない限り，すべての試薬を氷上で準備して分注する．

❶ 製造元の指示に従って，単一細胞から全長トータルRNAシークエンス法〔ランダム置換増幅シークエンス（RamDA-Seq）〕を使用してcDNAライブラリを準備する

❷ 製造元の指示に従って，マイクロチップ電気泳動システム（MultiNA with DNA-12000キット）を使用して，単一細胞から得られた個々のサンプルからライブラリDNAを定量する．DNAライブラリが正常に構築されると，150～600 bpのバンドが表示される

❸ 各ライブラリDNAをプールして混合し，50～100 fmolを1.5 mLチューブに移す

❹ シークエンサーのガイドラインに従って，Novaseq6000などの次世代シークエンサーを

使用して，混合ライブラリDNAをシークエンスする

ヒト末梢血単核細胞の解析例

　ドロップレット型scGR-Seq法を用いて，ヒト末梢血単核細胞，約1万個の1細胞ごとの糖鎖とRNAの発現を解析した．得られた1細胞ごとの糖鎖とRNAの統合データを用いて，次元圧縮法の一種であるUMAP（Uniform Manifold Approximation and Projection）で細胞を分類した結果，リンパ球系と骨髄系で2つの大きなクラスターに分類されることがわかった[7]．すなわち，リンパ球系と骨髄系で大きく糖鎖とRNAの発現が異なっていることを示している．さらに糖鎖とRNAの2つの統合オミクス情報を用いることで，T細胞（CD4$^+$T，CD8$^+$T），メモリーB細胞，単球（古典的，中間，非古典的），樹状細胞（DC，pDC），血小板など，細胞型ごとに細胞を明確に分類できた．糖鎖の情報を加えることにより，RNA情報だけでは同定できなかった，血液中にわずかしか含まれない希少な細胞であるpDC（形質細胞様樹状細胞）を識別できた．1細胞ごとの糖鎖プロファイル（レクチンの反応パターン）を図3Aに示す．糖鎖プロファイルは，細胞型ごとに異なっていた．また同じ細胞型内でも，1細胞ごとに糖鎖プロファイルの多様性があることがわかった．さらに，血液細胞の分化系譜における糖鎖プロファイル変化を明らかにすることができた（図3B）．ドロップレット型scGR-Seqを用いると，組織を構成するさまざまな細胞型の糖鎖プロファイルを一斉取得できるのだ．

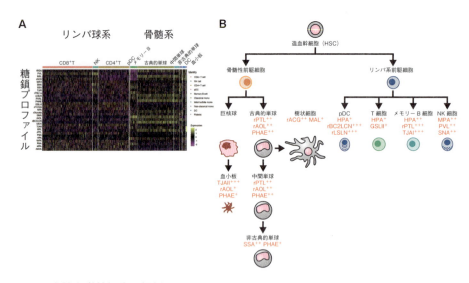

図3　末梢血単核細胞の解析
A）1細胞ごとの糖鎖プロファイルのヒートマップ図．黄：強い反応性，黒：中間の反応性，紫：弱い反応性．B）血液細胞系譜における糖鎖プロファイル変化．（文献7をもとに作成）

おわりに

　scGR-Seq法を用いることで組織などの細胞集団に含まれるさまざまな細胞型のグライコームを1回の実験で，一斉取得できるようになった[7]．がん微小環境や神経ネットワークなど，複雑な細胞集団を構成する個々の細胞のグライコーム情報を取得できる．またがん幹細胞や血中循環腫瘍細胞などの希少細胞のグライコーム情報を取得することができ，創薬標的探索への応用が期待される．さらに再生医療用細胞を解析することで，細胞の規格設定や評価法の開発，そして治療効果の高い再生医療用細胞の培養技術の開発への展開が期待される．本技術はヒトの細胞のみならずすべての生物を構成する細胞の解析に利用できる[8]．誰もが簡単に次世代シークエンサーで糖鎖発現情報を取得できる．シングルセルグライコミクス時代の到来といえ，糖鎖生物学にパラダイムシフトを引き起こすだろう．

◆ 文献

1）Copoiu L & Malhotra S：Curr Opin Struct Biol, 62：132-139, doi:10.1016/j.sbi.2019.12.020（2020）
2）Hirabayashi J, et al：Chem Soc Rev, 42：4443-4458, doi:10.1039/c3cs35419a（2013）
3）Minoshima F, et al：iScience, 24：102882, doi:10.1016/j.isci.2021.102882（2021）
4）Odaka H, et al：STAR Protoc, 3：101179, doi:10.1016/j.xpro.2022.101179（2022）
5）Odaka H & Tateno H：Curr Protoc, 3：e777, doi:10.1002/cpz1.777（2023）
6）Hayashi T, et al：Nat Commun, 9：619, doi:10.1038/s41467-018-02866-0（2018）
7）Keisham S, et al：Small Methods, 8：e2301338, doi:10.1002/smtd.202301338（2024）
8）Oinam L, et al：ISME Commun, 2：1, doi:10.1038/s43705-021-00084-2（2022）

◆ 参考図書

「マルチオミクス　データ駆動時代の疾患研究」（大澤　毅／編），羊土社（2023）
「糖鎖生命科学の最前線」，ファルマシア（2024）

各オミクスによるデータ取得
7. メタボロームのデータ取得

曽我朋義

> **ポイント**
> すべての代謝物質を測定できるメタボローム解析のゴールドスタンダードはいまだに開発されておらず，各種の分離分析手法と質量分析計を組合わせた方法やNMRを利用した方法が用いられている．しかし，それぞれの手法に得意，不得意の代謝物質が存在し，測定試料も臨床検体，生体試料，培養細胞，動物や植物の組織，微生物など多様である．したがって，正確に代謝物質の濃度を測定するためには，適切なサンプル調製と測定手法の選択が不可欠である．ここでは，われわれが開発したキャピラリー電気泳動−質量分析計（CE-MS）によるメタボロームの測定例を中心にメタボローム解析を実施するうえで重要なポイントについて解説する．

はじめに

オミクス解析は，生体内に存在する遺伝子，タンパク質，代謝物質などの生体分子を網羅的に測定し，得られた大量のデータから生命事象を包括的に理解しようとする研究である．代謝物質を網羅的に測定するメタボローム解析は，代謝物質の機能や代謝経路，代謝調節機構，未知遺伝子やタンパク質の機能，生体分子と物質の相互作用，疾患や薬効などのマーカー分子，腸内細菌が産生する代謝物質，食品の栄養成分や呈味成分の探索など広い分野で用いられている．

現在，メタボローム測定技術として，ガスクロマトグラフィー／質量分析計（GC/MS），液体クロマトグラフィー−質量分析計（LC-MS），キャピラリー電気泳動−質量分析計（CE-MS）などの分離分析手法と質量分析計を組合わせた方法や，核磁気共鳴分析（NMR）が使われている．さらに，測定対象となる試料もヒトや動物の血液，尿，唾液，組織，糞便から培養細胞，植物組織，微生物と多岐にわたる．したがって，正確に代謝物質の濃度を測定するためには，適切に検体から代謝物質を抽出し，目的の代謝物質に合ったメタボローム測定技術を用いることが必要である．

本稿では，各メタボローム測定技術の特徴，サンプル調製法，およびわれわれが行っているCE-MSメタボローム解析のプロトコールおよび大腸がん組織のオミクス解析例を中心に紹介したい．

メタボローム測定法の特徴

　4種類のヌクレオチドからなるゲノム解析やトランスクリプトーム解析，20種類のアミノ酸からなるプロテオーム解析とは異なり，親水性から疎水性まで物理的化学的性質が似通った物質から全く異なる数千種類を一斉に測定しようとするメタボローム解析の技術開発は難しく，いまだにすべてのメタボロームを測定できる方法論は確立されてはいない．これまでにGC/MS，LC-MS，CE-MSなどの分離分析手法と質量分析計を組合わせた方法や，NMRがメタボローム解析には広く使われている．それぞれの測定技術には特徴があり，得手不得手とする代謝物質も存在するので，以下に概括する．各種のメタボローム測定手法の詳細についてはメタボロミクス実践ガイド（参考図書）などの成書を参考にされたい．

GC/MSによるメタボローム測定法

　GC/MS法は高感度，高分離能を有する汎用性の高い気体成分の測定技術であり揮発性の代謝物質の測定に最適の手法である．しかしGC/MS法は，熱分解を防止する，さらには不揮発性の代謝物質を気化させる目的で，メトキシアミン塩酸塩，トリメチルシリル化試薬などで二段階の誘導体化反応（2時間程度）を行うことが必要である[1]．一方，誘導体化を行っても気化しない代謝産物も多く，LC-MS法やCE-MS法に比べて限られた代謝産物しか測定することができない．

LC-MSによるメタボローム測定法

　LC-MS法は，幅広い範囲の代謝産物を測定できる分析手法である．LC-MSで一般に用いられる逆相系の分離カラムは，脂質のような疎水性の高い代謝産物の測定には適している一方，中心炭素代謝経路に多く存在する親水性の代謝産物の分離を苦手としている．近年，親水性の代謝産物の分離に適した親水性相互作用カラムも開発され，LC-MS法でカバーできる代謝産物の種類は増えてきた[2]．ただ，代謝産物の種類に応じて分離カラムや測定条件を選ばなければならない，GC/MS法，CE-MS法に比べて理論段数が低く分離能が劣る，質量分析計で問題となるイオンサプレッションの影響を受けやすく定量性が乏しい[3]，など，LC-MS法もメタボローム解析においてはいくつかの課題が残っている．

CE-MSによるメタボローム測定技術

　CE-MS法は，われわれによって開発されたメタボローム測定技術であり，細長い中空のキャピラリーに試料を注入後，電気泳動により各代謝物質を分離し，質量分析計によって検出する方法である[4]．陽イオン性代謝産物はすべて陰極方向に，反対に陰イオン性代謝産物はすべて陽極方向に電気泳動するため，2種類の測定条件で数千種類のイオン性代謝産物の一斉分析を可能にする[4][5]．CE-MS法は高分離能を有し，定量性も高いが，中性や脂溶性の代謝物質を測定することができない，注入できる試料量が少ないためLC-MS法やGC/MS法より感度が若干劣る．

NMRによるメタボローム測定法

　NMRは試料の調製が比較的容易であり，代謝物質を分離せずに直接測定できるという大きな

利点がある[6]. しかし，質量分析計を用いた他の分析法と比べて感度と分離能が乏しく，測定可能な代謝産物はせいぜい数十種類である.

サンプルからの代謝物質の抽出法

メタボローム解析では，サンプル調製がきわめて重要であり，試料中の代謝物質を正確に定量するためには次の点に留意しなければならない. ①常温では代謝は驚くほど迅速に進行するため，瞬時に代謝酵素を失活させ，代謝を止める必要がある. ②熱や酸性あるいは塩基性条件で分解しやすい物質や酸化や還元を受けやすい代謝物質も多く存在するので，測定対象とする代謝物質に応じてサンプル処理を行う必要がある. ③組織，血液，糞便などの生体試料には，タンパク質，核酸，糖，脂質などが存在し，分離カラムを劣化させたり，検出器の感度を低下させたりするため，測定の妨げになる夾雑物はあらかじめ除去しなければならない. ④植物，腎臓，乳腺，筋肉などの組織は抽出液に溶解しにくいためジルコニアビーズなどで組織を破砕する必要がある. ⑤培養細胞では，培地成分のコンタミネーションを防がなければならない.

これらは，メタボローム解析を行ううえでの一般的な代謝物質の抽出法の注意点であるが，優れた分離や正確な定量値を得るために，各測定法によっては特別なサンプル調製が必要である. 各メタボローム測定法のサンプル調製の詳細についてはメタボロミクス実践ガイド（参考図書）などの成書を参考にされたい. ここでは，われわれが行っているCE-MSによるメタボローム測定法でのサンプル調製法について概説する. 重要なポイントは，メタノールで代謝酵素を失活させること，限外濾過フィルターで親水性の低分子以外は除去すること，培養液のコンタミネーションを防ぐこと，内部標準を加えて，抽出効率と質量分析計の感度の補正を行うことである.

組織，糞便

図1に組織や糞便からの代謝物質の抽出方法のフローを示した.
1) 代謝は急速に進行するため，臨床検体や動物などの組織や糞便は採取後，すみやかに液体窒素などで凍結し，−80℃のディープフリーザで保存する
2) 1.5 mLマイクロチューブに，凍結組織や糞便10 mg，内部標準として各20 μMになるようにL-メチオニンスルフォン，2-（N-モルフォリノ）エタンスルフォン酸，D-カンフル-10-スルフォン酸ナトリウム塩を加えたメタノール500 μL（この3種類を内部標準1とする），ジルコニアビーズ（φ5 mmを2個，φ3 mmを4個）を加えて多検体破砕機で撹拌（1,500 rpm，1分）する. この処理の後，メタノールを加えると代謝酵素は失活する
3) 続いて1.5 mLマイクロチューブに，クロロホルム500 μLとMilli-Q水200 μLを加えて，遠心分離機（4℃，4,600×g，15分）で撹拌し液々分離させる
4) 上清の水層300 μLを採取し，分画分子量5 kDaの遠心限外濾過フィルター（ヒューマン・メタボローム・テクノロジーズ社）に移し，遠心分離（20℃，9,100×g，2時間）する. ③④の処理により，親水性の低分子代謝物質以外は除去される
5) 濾液を減圧乾燥（40℃，3時間）後，各200 μMになるように3-アミノピロリジン二塩酸塩と1,3,5ベンゼントリカルボン酸（この2種類が内部標準2）を加えたMilli-Q水50 μLを加

実験デザインからわかる　マルチオミクス研究実践テキスト

えて溶解し，そのうちの8 µLをCE-MS用サンプルバイヤルに入れ，CE-TOFMS法で測定する

血漿

血漿については40 µLを前述の内部標準入りメタノール液360 µLに加え，撹拌後クロロホルム400 µLとMilli-Q水160 µLを加えて，遠心分離する．その後の処理は，組織，糞便と基本的に同じ．

尿

尿はヒトによって，また同じヒトでも体の状態によって濃度差があるため，あらかじめ酵素法でクレアチニン量を測定して尿の濃度を把握する．その後，各尿のクレアチニンの濃度が同じになるように各2 mMの内部標準1が入ったMilli-Q水で希釈後，分画分子量5 kDaの遠心限外濾過フィルターで，遠心分離（4℃，9,100×g, 1時間）し，濾液をCE-TOFMSに供する．

培養細胞

培養細胞は，培養液に高濃度のアミノ酸などの代謝物質が含まれているため，それらのコンタミネーションを受けないようにすることが重要である．接着細胞の場合はシャーレの培養液を捨て，5％マンニトール水溶液10 mLで2回洗浄した後，各25 µM内部標準1入りメタノール液1 mLを加えて酵素を失活させる．このメタノール溶液400 µLにクロロホルム400 µLとMilli-Q水200 µLを加えて液々分離させる．その後の操作は図1と同じ．

浮遊細胞は，遠心チューブに入れ，遠心分離（4℃，2,380×g, 3分）し上清を捨てる．その後5％マンニトール水溶液10 mLで細胞を洗浄後，遠心分離（4℃，2,380×g, 3分）し上清みを捨てる．この操作を2回行った後，各25 µM内部標準1入りメタノール液1 mLを加えて酵素を失活させる．このメタノール溶液400 µLにクロロホルム400 µLとMilli-Q水200 µLを加えて液々分離させる．その後の操作は図1と同じ．

CE-MS法によるメタボローム測定法

CE-MS法では陽イオン測定法と陰イオン測定法の2種類の分析条件で親水性のイオン性代謝物質であれば，ほとんど測定することが可能であるが[5]，良好な結果を得るための重要な点を以下に記す．

①陽イオン測定では，フューズドシリカキャピラリーを用いて，1M蟻酸を泳動バッファに用いるとほとんどの陽イオン性代謝物質を測定できる[5,7]

②陰イオン測定では，陽イオン性ポリマーでコーティングされたキャピラリーにより電気浸透流を反転させる方法を用いると短時間にすべてのイオン性代謝物質を測定できる[8,9]

③CEに使用する電極についてはステンレススチール製を使用すると電気分解によって電極が腐食したり，析出する鉄錆によってキャピラリーが詰まったりするので，白金製のものを使用する[9]

④CEの出口の電極をグランドにしているタイプの質量分析計（アジレント・テクノロジー社

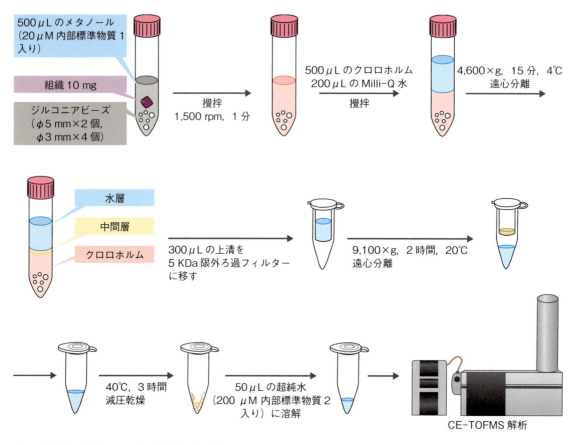

図1 組織や糞便からの代謝物質の抽出方法

組織や糞便約10 mgに内部標準1入りのメタノールに入れ，ジルコニアビーズを加えて，多検体破砕機で撹拌してホモジナイズする．その後，クロロホルムとMilli-Q水を加えて，液々分離を行う．上清をとり，5 kDaの限外濾過フィルターで遠心分離後，濾液を減圧乾燥させ，内部標準2入りのMilli-Q水を加え，その液をキャピラリー電気泳動-飛行時間型質量分析計（CE-TOFMS）で測定する．（内部標準1：L-メチオニンスルフォン，2-（N-モルフォリノ）エタンスルフォン酸，D-カンフル-10-スルフォン酸ナトリウム塩，内部標準2：3-アミノピロリジン二塩酸塩，1,3,5ベンゼントリカルボン酸）

やブルカー社など）の方が，測定の制限が少ない

⑤ CE-MS法で良好なピークを得るためには，サンプルの導電率を泳動バッファの導電率よりも低くしなければならない．ピークが検出されない，ピーク形状が悪いなどの場合は，サンプルを超純水で希釈することが必要である

準備

□ キャピラリー電気泳動（G7100A，アジレント・テクノロジー社，以下a〜cを含む）
    a）G1603A CE-MSアダプターキット
    b）G1607A CE-ESI-MSスプレイヤーキット
    c）G7100-60007 白金電極

- ☐ 1100アイソクラティックポンプ（シース液送液用，アジレント・テクノロジー社）
- ☐ 飛行時間型質量分析計（G6230B，アジレント・テクノロジー社）
- ☐ 卓上型ビーズ式破砕装置（BMS-M10N21シェイクスマスターネオ，バイオメディカルサイエンス社）
- ☐ 冷却遠心濃縮機（LABCONCO7310020型，朝日ライフサイエンス社）

陽イオン性代謝物質分析

CE測定条件

- ☐ キャピラリー：フューズドシリカキャピラリー（内径50 µm，長さ100 cm，モレックス社）
- ☐ 泳動バッファ：1M蟻酸

  > 新品キャピラリーの洗浄：泳動バッファで900 mbar，20分

  > プレコンディショニング：泳動バッファで50 mbar，4分

  > 印加電圧：positive 30 kV

- ☐ 温度：20℃
- ☐ サンプル注入量：加圧注入法50 mbar，5秒（約5 nL）

MS条件

- ☐ Ion Source：ESI
- ☐ Polarity：positive
- ☐ Capillary voltage：4,000V
- ☐ Fragmentor：75V
- ☐ Skimmer：50V
- ☐ OCT RFV：500V
- ☐ Drying gas：nitrogen, 10 L/min
- ☐ Drying gas temp.：300℃
- ☐ Nebulizer gas press.：7 psig
- ☐ Sheath liquid：0.01 µM HEXAKISを含む50%（v/v）メタノール／水，Flow rate：10 µL/min
- ※HEXAKISの正式名は，hexakis（2,2-difluoroethoxy）phosphazene

陰イオン性代謝物質分析

CE測定条件

- ☐ キャピラリー：COSMO（＋）キャピラリー（内径50 µm，長さ100 cm，ナカライテスク社）
- ☐ 泳動バッファ：50 mM 酢酸アンモニウム，pH8.5
- ☐ 新品キャピラリーの洗浄：泳動バッファで900 mbar，20分

  > プレコンディショニング：50 mM 酢酸アンモニウム（pH3.4）50 mbar 2分，

  > 次に泳動バッファ50 mbar 5分

  > 印加電圧：negative 30 kV

- ☐ 温度：20℃

☐ **サンプル注入量**：加圧注入法50 mbar，30秒（約30 nL）

MS条件

☐ **Ion Source**：ESI

☐ **Polarity**：negative

☐ **Capillary voltage**：3,500V

☐ **Fragmentor**：100V

☐ **Skimmer**：50V

☐ **OCT RFV**：200V

☐ **Drying gas**：nitrogen, 10 L/min

☐ **Drying gas temp.**：300℃

☐ **Nebulizer gas press.**：7 psig

☐ **Sheath liquid**：0.1 μM HEXAKIS を含む50%（v/v）メタノール/5 mM酢酸ナトリウム水溶液，Flow rate：10 μL/min

マルチオミクス解析への応用例

　がん細胞は解糖系を亢進してATPを産生する（ワールブルグ効果）[10] など，古くから，がん細胞が代謝をリプログラミングすることが知られていた．しかし，どのような機序でがんが代謝をリプログラミングするか長らく不明であった．われわれは，大腸がん患者275例から採取された腫瘍/正常組織のペアを用いてマルチオミクス解析を行うことによってその機序の解明にとり組んだ．CE-MS法によるメタボローム解析，マイクロアレイ解析を実施した結果，代謝産物の濃度（図2A）や代謝酵素遺伝子の発現（図2B）は，良性腫瘍ですでに変化しており，がんのステージによらず一定であった[11]．次に，腫瘍組織のがん遺伝子，がん抑制遺伝子のホットスポットのゲノム変異解析を行い，メタボローム解析データを用いて主成分分析を行った（図2C）．その結果，APC，KRAS，TP53など腫瘍組織で見つかった遺伝子の変異では，代謝産物の濃度は変化しないことが判明した[11]．

　腫瘍組織ではミトコンドリア異常が観察され，ミトコンドリアの生合成に関与する転写活性化因子PGC-1 α やオートファジーのマスターレギュレーターの転写因子TFEBの遺伝子発現が有意に低下していた[11]．これらの遺伝子の発現は，がん遺伝子産物であるMYCによって制御されていることや，MYCが大腸がんの代謝リプログラミングの中心的な役割を担い，がん細胞の増殖や進展に必要なDNA，RNA，タンパク質，脂質，リン脂質の前駆体などを活発に産生していることが判明した．

　この研究では，メタボローム解析，トランスクリプトーム解析，ゲノム解析などによって，大腸がんの代謝は良性腫瘍の段階で変化する，がん組織で見つかった遺伝子の変異では代謝は変化しない，MYCが代謝プログラミングのレギュレーターである，などの知見を得ることができ，マルチオミクス解析の有用性が示された[11]．

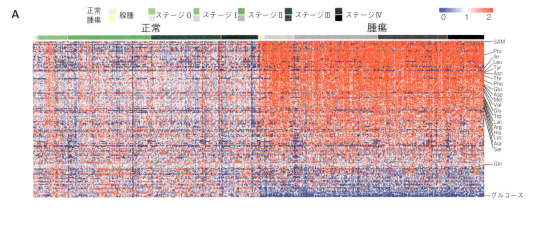
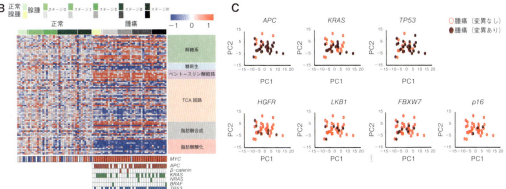

図2 大腸がんの正常/腫瘍組織のマルチオミクス解析結果

A) 275例の大腸がん患者から採取された正常/腫瘍組織のメタボローム解析結果．右側に腫瘍の組織を腺腫からがんのステージ順に並べ，ペアの正常組織を同じ順で左に並べた．ほとんどの代謝物質の濃度は，腺腫で変化し，ステージによらず一定であった．**B)** 40例の大腸がん患者の正常/腫瘍組織の代謝酵素の遺伝子発現結果と次世代シークエンサーによる腫瘍組織のがん遺伝子とがん抑制遺伝子の変異解析結果．代謝酵素の遺伝子発現も腺腫で変化し，ステージが進行しても変動しなかった．**C)** 腫瘍組織で見つかった各がん遺伝子，がん抑制遺伝子の変異の有無で代謝物質の濃度が変動するか全メタボロームデータを用いて主成分分析した結果．（文献11より引用）

おわりに

モデル生物のゲノム配列が続々と決定されると，ゲノムのみならず大規模に遺伝子，タンパク質，代謝物質などの生体分子を測定し，得られた大量のデータから生命現象を俯瞰して理解しようとするオミクス解析が注目されるようになった．生体や細胞の代謝物質を網羅的測定する方法論としてメタボローム解析が誕生し，広く使われるようになった．しかし，メタボローム解析は，いまだ完成された技術ではない．代謝産物をすべて測定できる分析技術の開発，1細胞や1オルガネラのメタボローム解析を実現するためのさらなる高感度化，成分名を特定できる代謝物を増やすことなど今後達成すべき課題も多く残っており，さらなるメタボローム解析技術の進化が求められている．

コラム：CE-MS分析を成功させるポイント

CE，LC，GCなどの分離分析法では，サンプルを注入すると，サンプルはある程度の長さのバンドでキャピラリーや分離カラムに入る．このまま分離を行うとピークにならないばかりか何も検出できない場合が多い．分離分析法では，分離が開始される前にサンプルのバンド幅を細くしない限りは，シャープなピークを得ることはできない．LCやGCの場合は，分離カラムに先端濃縮することが必須であり，LCは先端濃縮が可能なサンプル溶媒を選択することによって，GCでは温度を下げてサンプルを液体に保つことによって分離カラムに先端濃縮を行っている．CEの場合は，泳動バッファよりも導電率の低い溶媒にサンプルを溶解することでサンプルのスタッキング（先端濃縮）が可能になる．CE-MSで血液，尿などの生体試料を測定する際に，原液に近い状態で測定するとピークが全く検出できないことがある．これは，生体試料の導電率が泳動バッファのそれよりも高いことが原因である．そのような場合は，サンプルをMilli-Q水などの超純水で10倍から100倍希釈するとよい．サンプルの導電率が低下してスタッキングが起こり，サンプル幅が細くなることによって，シャープなピークが得られるのである．

◆ 文献

1) Miyagawa H & Bamba T：J Biosci Bioeng, 127：160-168, doi:10.1016/j.jbiosc.2018.07.015（2019）
2) Tang DQ, et al：Mass Spectrom Rev, 35：574-600, doi:10.1002/mas.21445（2016）
3) Hirayama A, et al：J Chromatogr A, 1369：161-169, doi:10.1016/j.chroma.2014.10.007（2014）
4) Soga T, et al：J Proteome Res, 2：488-494, doi:10.1021/pr034020m（2003）
5) Soga T, et al：J Biol Chem, 281：16768-16776, doi:10.1074/jbc.M601876200（2006）
6) Reo NV：Drug Chem Toxicol, 25：375-382, doi:10.1081/dct-120014789（2002）
7) Soga T & Heiger DN：Anal Chem, 72：1236-1241, doi:10.1021/ac990976y（2000）
8) Soga T, et al：Anal Chem, 74：2233-2239, doi:10.1021/ac020064n（2002）
9) Soga T, et al：Anal Chem, 81：6165-6174, doi:10.1021/ac900675k（2009）
10) Warburg O, et al：Biochem Z, 152：309-344（1924）
11) Satoh K, et al：Proc Natl Acad Sci U S A, 114：E7697-E7706, doi:10.1073/pnas.1710366114（2017）

◆ 参考図書

「メタボロミクス実践ガイド」（馬場健史，平山明由，松田史生，津川裕司／編），羊土社（2021）

第2章 各オミクスによるデータ取得

8. ノンターゲットリピドミクスのデータ取得

内野春希, 有田　誠

ポイント

計測技術の向上やデータの解析環境（ソフトウェアやデータベース）の進歩によって，生体から得られるリピドーム情報は飛躍的に増加してきた．一方で，質の高いデータ取得には闇雲にサンプルを装置へ打ち込むのではなく，事前検討を経て使用装置に適した検体量を見定めることや標準化可能なサンプル調製法，そして計測の確からしさを担保するクオリティーコントロールの準備が鍵となってくる．本稿では，1検体から500〜1,000分子種の脂質多様性を捉えるためのノンターゲットリピドミクスのデータ取得について，実際のプロトコールと実践上での重要なポイントを紹介する．

はじめに

　脂質は生体に必須の化合物群であり，三大栄養素の1つ（エネルギー源）であることに加えて，生体膜の構成成分・シグナル分子・バリア機構の生理機能が知られている[1]．脂質分子の構造解析であるリピドミクスは，脂質のもつさまざまな生理機能とその分子構造との関係を解き明かしてきた[2]．一般に，脂質は水に不溶な物性の分子を総称する用語であるが，その分子構造は種々の基本骨格・極性基・アシル基などの組合わせから45,000種を超える構造多様性をもち[3]，実際の物性も高極性から低極性の分子まで幅広く存在している（図1A〜C）．実際にわれわれを含めた国際研究グループは，本稿で紹介するノンターゲットリピドミクスの技術を軸に，マウス多臓器・植物・腸内細菌・ヒト血漿などの大規模サンプルから，生体内の脂質に約8,000種類の構造多様性（リポクオリティ）が存在することを実験的に明らかにしてきた[4]．

　脂質の構造解析には，液体クロマトグラフィー（LC）とタンデム質量分析（MS/MS）を接続したLC-MS/MSが広く用いられている．そのなかで，あらかじめ計測対象を定める手法をターゲットリピドミクス（ターゲット解析），計測対象を定めないノンバイアスな手法をノンターゲットリピドミクス（ノンターゲット解析）とよんでいる．脂質の分子構造・物性は多岐にわたることに加えて，MS装置の検出できるシグナル強度範囲が10^5スケールであるのに対して，生体内脂質の存在量は種類ごとに約10^9オーダーの隔たり（pM〜mM）があるため[5]，全リピドームを一斉に計測することは困難である．しかし，本稿のノンターゲットリピドミクスを実施することで（もちろん検体の脂質組成にもよるが），1検体から脂肪酸やリン脂質，スフィンゴ脂質など幅広い脂質種を含めた500〜1,000分子種の脂質プロファイルが取得され（図1D），トランスクリプトームやプロテオームなど各種オミクス層との統合解析へと利活用することができる．

95

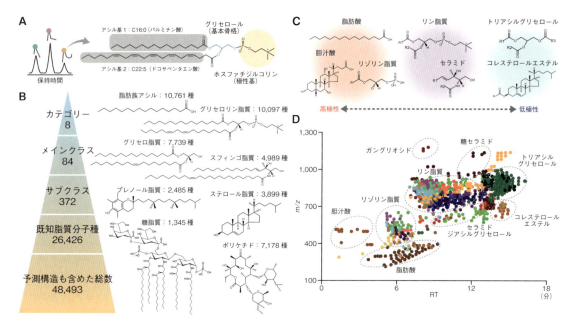

図1 脂質の分子構造およびその構造多様性の概要

A) 脂質の分子構造は，グリセロールやコレステロールなどの基本骨格，ホスファチジルコリンやホスファチジルエタノールアミンなどの極性基，パルミチン酸などの脂肪酸からなるアシル基などを構造単位として形成される．**B)** 脂質分子構造の階層的分類（LIPID MAPS・文献3に準拠）．カテゴリーは基本骨格，メインクラスは極性基，サブクラスはアシル基の結合様式などから主に分類される（48,493種，2024年6月末時点）．**C)** 脂質種と極性の概要．極性基の種類や側鎖の炭素組成および官能基の有無・種類によって同じ脂質種内でも極性は変化する．**D)** ノンターゲットリピドミクスで捉えられた874脂質分子種のm/zおよび保持時間（RT）の散布図（マウス腎臓）．本稿の逆相系LCの条件で高極性～低極性分子までを幅広く分析できることがわかる．

ノンターゲットリピドミクスを実施するために

リピドミクスで使用するLC-MS/MSは高感度・高精度な計測機器であることから，過剰濃度や夾雑物の多いサンプルの分析は，LCおよびMS装置のさまざまなエラー・故障の原因（LC装置の配管やバルブ・カラムの詰まり，MS装置イオン源等の汚染による感度低下など）となり，いずれのケースも解析に値するデータ取得には至らない．すなわち，ターゲット・ノンターゲット解析を問わず適切なサンプル調製がデータ取得には必須である．さらに高品質かつ再現性の高いデータの取得には，標準化可能なサンプルの調製に加えて，各種のクオリティコントロール（QC）を準備し分析バッチ内に組込むことも重要となってくる．リピドミクスデータの標準化ガイドラインについては，国際コンソーシアムであるLipidomics Standards Initiative（LSI）によって策定されている[6]（https://lipidomics-standards-initiative.org/）．

1. 必要な検体量について

われわれの経験上，ノンターゲットリピドミクスでは臓器であれば1～5 mg，細胞であれば1.0×10^6個，血漿であれば20 μL程度の検体量からまずは脂質抽出を検討することが望ましい[4]．これらのサンプル量を目安に脂質抽出を行い，後述する「本計測のための事前計測」の結果か

ら脂質抽出にもち込むべき適切な試料量を見定めることが，装置の性能を安定的に発揮した本計測，すなわち質の高いデータの取得には重要である．この事前計測は，計測経験のない検体に加えて，計測経験のある組織であっても脂質組成の変動が推測される実験条件の検体（高脂肪食給餌したマウス組織など）の場合にも推奨される．

2. クオリティーコントロールについて

　質量分析では，微量サンプルを用いた高感度計測が可能であるが，同一検体の連続測定であっても10％前後のデータ変動（イオン強度値の摂動）が起こる．加えて，LCから共溶出した化合物が互いのイオン化効率に影響する「マトリックス効果」も検出分子のイオン強度値に影響する．そこでLSIでは，後述する生体サンプルへの内部標準品の添加に加えて，4種の試料を分析系のクオリティーコントロール（QC）として分析バッチごとに計測することを推奨している．1つ目はsolvent blankであり，本稿で用いる逆相系のLC条件では主にA溶媒と同じ溶液をバックグラウンドやキャリーオーバーの影響を評価するために使用する．2つ目はinternal standard blankであり，主に標準品の混合試料を計測の品質管理（分析バッチ間での定量値の感度や化合物のLC保持時間の安定性の評価など）のために使用する．3つ目はextraction blank（procedure blank）であり，これは生体サンプルと同じ抽出から分析までの行程をトレースした「空の」試料を作成し，プロトコール・実験操作中で混在する夾雑物の評価を行う．4つ目はquality control sample（標準試料）であり，測定する全検体から均等に少量を集めた混合試料を主に使用する．先の3つは分析バッチのはじめと終わりに計測し，標準試料はおよそ6時間毎など一度の割合で分析に供する．以上のQCによって，分析中に生じる装置の感度変動を評価し，必要に応じて補正関数を適用して感度増減の調整ができるようになる．

3. 本計測のための事前計測

　本計測では複数のbiological replicatesを設けることが多いが，事前計測では各組織や摂動条件別に1つずつ検体を供して持ち込み量の検討を行う．検体の脂質量が多いと予想される場合には，慎重を期して，目安量の抽出液から5〜100倍の希釈系列を作成して低濃度順に計測を行う．一方で非常に微量な検体の場合において，本事前検討は一定のリピドーム情報を得るに足るサンプル量の推定や，（サンプル量の増加が難しい場合には）抽出液量を減らす濃縮操作および装置へのインジェクション量を考える判断材料となる．

　一般にMS装置のダイナミックレンジ（検出できるシグナル強度の範囲）は10^5程度であるが，装置ごとにイオン強度値の実測値とレンジは前後するため，使用装置での適切な検出シグナル範囲を把握しておく必要がある．事前計測では，検体データの全イオンクロマトグラム（total ion chromatogram：TIC，各計測内に検出されたイオン（マススペクトルピーク）の強度値の合計値）を確認することが簡便でよい．具体的に，われわれの使用装置（TripleTOF 6600，エービー・サイエックス社）では，今までの経験も踏まえてTICが$2.0 \sim 3.0 \times 10^7$程度となる検体量・抽出条件を基準として運用している（TICが5.0×10^7を超える場合は，過剰量なので見直しが必要である）．この事前検討の結果を確認してから，本計測用のサンプル調製を計画するのがよい．

サンプル準備・脂質抽出の実例

　まず組織のサンプリングに関しては，データのばらつきにも影響するため，周辺の脂肪組織やマウスの毛など目的以外の組織が混入しないように注意が必要である．培養細胞については，ディッシュから培地をとり除いた後にPBSで洗浄を行い，トリプシン–EDTAなどで剥がして懸濁液をチューブに回収，遠心によってペレットとして上清を除いた状態にする．いずれの検体も回収後に液体窒素で瞬間凍結を行い，–80℃以下で抽出まで保管している．脂質抽出の計画やデータ解析における補正のために，組織であれば重量を，細胞であれば細胞数をそれぞれ記録しておく．

　代表的な脂質抽出法にはBligh & Dyer法やFolch法があげられる．しかし，これらは水層と油層の2層分離での抽出となり，一部の高極性分子（脂肪酸など）が水層に移行するため幅広いリピドームを1検体に回収することは困難である．そこで，ノンターゲットリピドミクスに適した抽出法として，われわれはメタノール，クロロホルム，水の体積比を2：1：0.2とする1層系を採用している[4]．通常はこの1層抽出系を総液量320 μLで実施しているが，試料濃度の増加が必要な場合は，試料のもち込み量を増やすことに加えて，抽出液量を減らすことで4倍程度までの濃縮が簡便に行える．さらに，この脂質抽出において一定量の内部標準（internal standard：IS，試料中に存在しない構造の脂質標準品）を各検体に添加することが，後のデータ解析での濃度算出や差分解析には必須である．われわれは，主要な脂質サブクラス13種類の重水素ラベル体の混合液（EquiSPLASH®）と重水素ラベルされた脂肪酸を内部標準として使用している．LSIのガイドラインでは，LC-MS/MSデータからの濃度算出に対して次の3つのレベルが設けられており，特に論文で使用するリピドミクスデータでは定量値レベルの記載が義務付けられている．

　　・Level 1：脂質代謝物の濃度を，その対象代謝物と同一構造のISで求める
　　・Level 2：同一脂質クラスに属する分子種の濃度を，その脂質クラスを代表するISで求める
　　・Level 3：脂質分子種の濃度を，その脂質クラス以外に属する分子種のISで求める

　本稿の脂質抽出プロトコールでデータ取得を実施することで，構造アノテーションできた数百分子種の脂質分子に対して，LSI Level 2-3の相対定量値の算出が可能となる．本稿ではノンターゲットリピドミクスでの標準的なプロトコールの1つを記載するが，最適な検体の採取方法および抽出条件は対象の組織や計測目的によってさまざまである．より各論的な詳細については参考図書1を参照されたい．

準備

共通

□ QTofMS用メタノール（#130-18545，富士フイルム和光純薬社）
□ HPLC用クロロホルム（#033-08631，富士フイルム和光純薬社）
□ 超純水（Milli-Q，メルク社）

☐ EquiSPLASH®（#330731-1EA，Avanti Polar Lipids社）

☐ Palmitic acid-d3（#BX-224，SRL社）

☐ Stearic acid-d3（#BX-225，SRL社）

☐ ガラスコーティングチューブ2 mL（特注品，ジーエルサイエンス社）

☐ 不活性化ガラスインサート250 μL（#5181-8872，アジレント・テクノロジー社）

☐ スクリューバイアル2 mL（#5182-0716，アジレント・テクノロジー社）

組織検体の凍結破砕で必要なもの

☐ 液体窒素

☐ マルチビーズショッカー（MB3000シリーズ，安井器械社）

☐ 3 mL破砕用チューブ（#ST-0320PCF，安井器械社）

☐ 3 mLメタルコーン（#MC-0316（S），安井器械社）

プロトコール

組織の凍結粉砕

❶ 凍結保存している組織を破砕用チューブに入れ，さらに上からメタルコーンを入れてふたをする

❷ 液体窒素に破砕チューブを漬けて再冷却を行う

❸ フリーザーで冷却しておいたマルチビーズショッカー用アルミブロックを機器内に置き，破砕チューブをアルミブロックにセットして，凍結粉砕〔2,500 rpm（1,500×g），15秒×2回〕を行う

❹ 氷上で冷やしておいたメタノールを適量，破砕チューブに加える

❺ 組織懸濁液が均一になるよう，ボルテックス（1分）と超音波処理（1分）を行う

❻ 磁石を用いて，メタルコーンをとり除く

組織サンプルの脂質抽出

表1　脂質抽出における各液量の計算例

	臓器1	臓器2	臓器3
重量（mg）	40	60	50
懸濁用メタノール（μL）	400	600	500
持ち込み組織量（mg）	3	3	3
抽出する組織液（μL）	30	30	30
内部標準液（μL）	50	50	50
調製分メタノール（μL）	120	120	120
クロロホルム（μL）	100	100	100
超純水（μL）	20	20	20

濃度が一定になるよう各臓器重量に合わせて懸濁用メタノールを凍結破砕した組織粉末に添加する（表1の場合は10 mg/100 μL）．EquiSPLASHは総抽出液量320 μLに対して5 μL，脂肪酸ラベル体は終濃度10 μMとなるように内部標準液（メタノール溶媒）を調製する．内部標準液の調製時と滴下までの保管はon iceで行う．抽出する組織液・内部標準液・調製分メタノールの3種類のメタノール溶液の総量が200 μLとなるようにする．

❶ 組織懸濁液から各サンプルの臓器量が同じになるようにガラスコーティングチューブへと適量を移す

❷ 内部標準液を加えて，さらに合計量が200 μLとなるようにメタノールを加える

❸ 遮光して氷上で2時間インキュベーションする

❹ ガラスチップでクロロホルムを100 μL入れ，遮光して氷上で1時間インキュベーションする

❺ 超純水を20 μL加えて，遮光して10分間インキュベーションする

❻ ボルテックス（10秒）を行い，2,000×g, 10分，室温（20℃）で遠心する

❼ ガラス製パスツールピペットで上清150 μL程度をインサート入りのスクリューバイアルへと入れる

　　※この際に，沈殿物を混入させないように注意する

❽ 計測まで-30℃で保管（長期保管の場合は-80℃）

細胞サンプルの脂質抽出

❶ ガラスコーティングチューブに回収した細胞ペレットに，一定量の内部標準液を加えた後，200 μLとなるまでメタノールを加える

❷ ボルテックス（1分）と超音波処理（1分）を行い，遮光して氷上で2時間インキュベーションする

　　以降は組織サンプルの手順（❹～❽）と同じ．

血漿サンプルの脂質抽出

❶ ガラスコーティングチューブへ20 µLの血漿を入れる

❷ 内部標準液を加えて，さらに合計量が200 µLとなるようにメタノールを加える

❸ 遮光して氷上で2時間インキュベーションする

❹ ガラスチップでクロロホルムを100 µL入れ，遮光して氷上で1時間インキュベーションする

❺ ボルテックス（10秒）を行い，2,000×g，10分，室温（20℃）で遠心する

　以降は組織サンプルの手順（❼～❽）と同じ.

液体クロマトグラフィータンデム質量分析の計測法

液体クロマトグラフィー

　液体クロマトグラフィー（LC）部では，検体中の分子をその極性（順相系）や疎水性（逆相系）によって分離しMS装置へと導入する．順相系ではカラム固定相のシリカゲルなどと脂質分子の極性頭部との相互作用，逆相系ではカラム固定相のオクタデシル基などと脂質分子のアシル側鎖との相互作用によって分離する．そのため，順相系では脂質クラス（極性基の違い）ごとに分子が溶出され，先述したマトリックス効果を比較的抑えることができるため定量性に利点がある．一方で逆相系では，20分程度のグラジエント条件で高極性分子（脂肪酸など）から低極性分子（トリアシルグリセロールなど）までを幅広く溶出でき（図1D），多くの脂質種においてアシル基の炭素組成の違いまでを分離できる点が優れている．そのため，われわれは逆相系LCをノンターゲットリピドミクスのMS前段の分離系として採用している．

準備

使用装置・器具・試薬

☐ ACQUITY UPLC I-class システム（日本ウォーターズ社）

☐ ACQUITY UPLC Peptide BEH column 2.1 mm×50 mm, 1.7 µm（#186003554, 日本ウォーターズ社）

☐ QTOfMS用アセトニトリル（#018-26225, 富士フイルム和光純薬社）

☐ QTOfMS用メタノール（#130-18545, 富士フイルム和光純薬社）

☐ QTOfMS用2-プロパノール（#164-27515, 富士フイルム和光純薬社）

☐ 超純水（Milli-Q, メルク社）

☐ HPLC用1M酢酸アンモニウム（#018-21041, 富士フイルム和光純薬社）

☐ HPLC用EDTA（#346-01971, 富士フイルム和光純薬社）

プロトコール

分析条件

以下の分析条件で計測を行う.

表2 液体クロマトグラフィーの設定

Column temp.	45℃
Flow rate	0.3 mL/min
Injection vol.	1-3 μL
Solvent A	アセトニトリル：メタノール：水＝1：1：3 （＋酢酸アンモニウム5 mM, EDTA 10 nM）
Solvent B	2-プロパノール （＋酢酸アンモニウム5 mM, EDTA 10 nM）

表3 液体クロマトグラフィーのグラジエント条件

時間（min）	A（%）	B（%）
0	100	0
1	100	0
5	60	40
7	36	64
12	36	64
12.5	17.5	82.5
19	15	85
20	5	95
20.1	100	0
25	100	0

タンデム質量分析

タンデム質量分析装置には，三連四重極型（tripleQ）や四重極-飛行時間型（QTOF）などがある．より高感度な計測に適した三連四重極型はターゲット解析に，スキャン速度が高速で高い質量分解能をもつ四重極-飛行時間型はノンターゲット解析でよく使用されている．LCで分離された分子はMSにおいて気相イオン化され，まずは全イオンの質量電荷比（m/z）が取得される（MS1情報）．次いで2段階目の質量分析として，イオンをフラグメンテーション（断片化）することで分子の部分構造情報（フラグメントイオン・断片化イオン）をもつMS/MSスペクトル（MS2情報）を取得する（図2A）．ノンターゲット解析におけるMS/MSスペクト

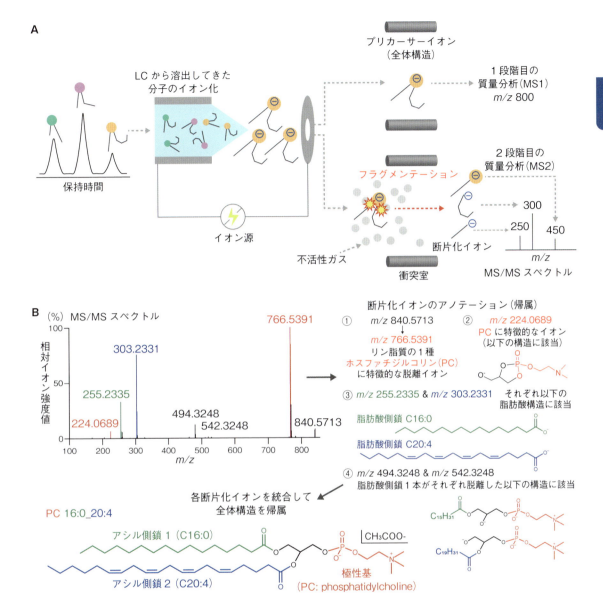

図2 タンデム質量分析とMS/MSスペクトルを用いた脂質構造のアノテーション

A) タンデム質量分析の概略図．**B)** MS/MSスペクトルによる脂質分子の構造アノテーションの例．各精密質量から，① m/z 840.5713 → m/z 766.5391の脱離（付加体である[CH_3COO]- とコリンメチル基の合計値 74.0368 Da）と② m/z 224.0689の断片化イオンは脂質クラスとしてホスファチジルコリン（PC）を示し，③ m/z 255.2335 と m/z 303.2331 は C16:0（炭素数16・不飽和度0）とC20:4の脂肪酸を示す断片化イオンであると解釈できる．各断片化イオンを帰属することで，このMS/MSスペクトルが示す化合物はC16:0とC20:4を側鎖にもつPCであることがわかる（脂質の構造表記として PC 16:0_20:4）．

ル取得には，data dependent acquisition（DDA）モードとdata independent acquisition（DIA）モードが存在する．DIAモードは全イオンのMS/MSスペクトルが取得できる一方で，MS/MSスペクトルのデコンボリューションが必要となりデータ解析が複雑になる．そのため，MS1で得たプリカーサーイオンの強度値から上位10程度の一定数のイオンに絞ってMS/MSス

ペクトルを取得するDDAモードが主に使用される．脂質の構造多様性を捉えるためには，いかに情報量のあるMS/MSスペクトルを取得できるかが鍵となる．代表的なフラグメンテーションに衝突誘起解離（CID）があり，本手法ではイオン化した分子に衝突エネルギー（CE）を加え，不活性ガス（アルゴンや窒素）の充満した衝突室中を通過させることでイオンを解離させる．CEの値にもよるが，CIDフラグメンテーションは比較的弱い共有結合を解離する特徴があるため，脂質のもつグリセロ骨格やスフィンゴ骨格周辺のヘテロ原子（窒素，酸素，リン）を含むエステル結合やアミド結合などを解離する．そのため，CID-MS/MSスペクトルを解析することで，脂質の基本骨格・極性基・側鎖の炭素組成（炭素数と不飽和度）までの構造アノテーションができる（図2B）．

準備

使用装置・器具・試薬

☐ TripleTOF 6600 システム（エービー・サイエックス社）

プロトコール

分析条件

以下の分析条件で計測を行う．

表4 タンデム質量分析の設定

Polarity	Positive/Negative	MS2 設定	
Cycle time	1,300 ms	High sensitivity mode	～20,000（FWHM）
イオンソース設定		MS2 mass ranges	m/z 70～1250
Curtain gas	30	MS2 accumulation time	100 ms
Ion source gas1	40(+) / 50(−)	Dependent production scan number	10
Ion source gas2	80(+) / 50(−)	intensity threshold	100
Temperature	250℃(+) / 300℃(−)	Exclusion time of precursor ion	
Ion spray voltage floating	+5.5 / −4.5 kV	Collision energy	+40 / −42 eV
Declustering potential	80 V	Collision energy spread	15 eV
MS1 設定		Mass tolerance	20 ppm
High resolution mode	～35,000 full width at half maximum (FWHM)	Ignore peaks	within m/z 200
MS1 mass ranges	m/z 70～1250	Dynamic background substraction	On
MS1 accumulation time	250 ms		

ノンターゲットリピドミクスデータの解析方法

ノンターゲットリピドミクスでは，LCからの保持時間・プリカーサーイオンのm/z・MS/MSスペクトルなどに基づき構造をアノテーションする．現在のMS装置では，1検体の測定から数千のピークが保持時間とともに検出され，約半数のピークに対してMS/MSスペクトルの紐づいた多次元データが得られる．ノンターゲットリピドミクスのデータ解析には，各MSメーカーの有償ソフトウェアに加えて，高機能なフリーソフトウェアであるMS-DIAL[7]（https://systemsomicslab.github.io/compms/msdial/main.html）を用いるのが便利である．誌面の都合上詳細は割愛するが，MS-DIALを使用すれば各質量分析メーカーの生データから直接にデータ処理ができ，脂質の構造アノテーションやさまざまなデータ可視化までが実施できる．（MS-DIALの詳しい使用方法は，参考図書2や前述のWebページを参照されたい）

おわりに

ノンターゲットリピドミクスによって，研究者は数百分子種の脂質データからその代謝ネットワークについての作業仮説をノンバイアスに得られるようになった．そして，遺伝子やタンパク質，脂質以外の代謝物（メタボローム）データとのマルチオミクス解析によって，研究者の予期しない新たな発見が得られることが期待される．本計測によって得られるバルクの脂質プロファイルは，CID以外の新規フラグメンテーション法による高深度構造解析[8]や質量分析イメージングによる空間リピドミクス[9]においても重要なリファレンスデータとなる．よって，本計測系の重要性は，より発展的な脂質解析とマルチオミクスの両方において今後ますます増していくであろう．本稿が，これからノンターゲットリピドミクスに挑戦する読者ならびにリピドームを含めたマルチオミクス研究の一助になれば幸いである．

◆ 文献

1）Harayama T & Riezman H：Nat Rev Mol Cell Biol, 19：281-296, doi:10.1038/nrm.2017.138（2018）
2）有田　誠：生化学，94：5-13（2022）
3）Liebisch G, et al：J Lipid Res, 61：1539-1555, doi:10.1194/jlr.S120001025（2020）
4）Tsugawa H, et al：Nat Biotechnol, 38：1159-1163, doi:10.1038/s41587-020-0531-2（2020）
5）Burla B, et al：J Lipid Res, 59：2001-2017, doi:10.1194/jlr.S087163（2018）
6）Liebisch G, et al：Nat Metab, 1：745-747, doi:10.1038/s42255 019 0094-z（2019）
7）Tsugawa H, et al：Nat Methods, 12：523-526, doi:10.1038/nmeth.3393（2015）
8）Uchino H, et al：Commun Chem, 5：162, doi:10.1038/s42004-022-00778-1（2022）
9）Kuroha S, et al：FASEB J, 37：e23151, doi:10.1096/fj.202300976R（2023）

◆ 参考図書

「脂質解析ハンドブック」（新井洋由，清水孝雄，横山信治／編），羊土社（2019）
「メタボロミクス実践ガイド」（馬場健史，平山明由，松田史生，津川裕司／編），羊土社（2021）

第3章 各オミクスにおけるデータ解析
1. ゲノム解析

中村　航，坂本祥駿，白石友一

> **ポイント**　次世代シークエンサーによる技術革新により，さまざまな分野でゲノム解析が活用されるようになった．さらに，「ロングリードシークエンス」が登場し，ゲノム解析は飛躍的な発展を遂げている．本稿では，ロングリードシークエンサーから得られたデータを用いたゲノム解析方法について，具体的なコマンドなどを中心に詳述する．

はじめに

1. マルチオミクスとゲノム解析

　ゲノムのコード領域での疾患関連遺伝子の発見がほぼ飽和状態に達しつつあり，新たな発見が難しくなってきた．そのため，プロモーター・エンハンサー・インスレーター・5′UTR・3′UTRなどのシスエレメントを含む配列変化やエピジェネティックな変化への関心が高まっている．これら非コード領域の変化が及ぼす影響を正確に捉えるためには，異なるプラットフォームを併用したマルチオミクス解析が重要である[1]．しかし，非コード領域を含む複雑なゲノム異常の検出能力はまだ不十分であり，新たな解析手法が求められている．そこで，ロングリードシークエンス技術を活用したマルチオミクス解析が期待されている．

2. ゲノム解析の背景

　2000年代後半から2010年代前半にかけてハイスループットなシークエンスプラットフォームの登場により，ヒトゲノムのシークエンスコストは約50,000分の1まで低下した．この技術は「次世代シークエンス技術」とよばれるようになり，1000人ゲノムプロジェクトなどを通じてさまざまな集団のヒトゲノム配列が決定された．また，多くの疾患に関連する新規変異が発見された[2]．ゲノム解析に用いられるシークエンス方法にはさまざまな種類があり，従来は，比較的短いリード長を読む「ショートリードシークエンス」とよばれる方法が主流だった．ショートリードシークエンスでは，ゲノム断片で伸長反応を引き起こし，一塩基ごとに蛍光強度を計測し塩基配列を推定する方法を採用しており，精度が非常に高く，かつ大量のデータ取得が可能である．しかしながら，リピート領域などのくり返し配列に対するアライメントや，複雑な構造異常の検出が困難であることなどが問題だった．

ロングリードシークエンスの原理・種類

　近年，数kbp以上の長いリード長を読むことができるロングリードシークエンス方法が登場した．ロングリードシークエンサーでは，リピート領域での曖昧なアライメントや構造異常検出性能の向上など，ショートリード技術に関連する問題の解決が期待されている．例えば，2003年に解読が宣言されていたヒトゲノムには，解読困難なゲノム領域の配列が未決定のまま残されていたが，2022年にThe Telomere-to-Telomere consortium（T2T consortium）がロングリードシークエンシング技術を用いて，これらの解読困難なゲノム領域を含む全ゲノムの完全解読に成功した[3]．代表的なシークエンス方法として，Pacific Biosciences（PacBio）社が提供するSMRT（single molecule real-time）シークエンスや，Oxford Nanopore Technologies（ONT）社が提供するナノポアシークエンスなどがある．これらの方法は長いリードをシークエンスできるメリットと引き換えに，高いエラー率と高いコストが問題とされてきた．

❶ SMRTシークエンス

　単一のDNA分子をライブラリで調製し，環状構造にしてからDNAポリメラーゼを結合させ，配列をくり返しシークエンスすることで，メチル化情報を含む配列情報をリアルタイムで読み込む方法をSMRTシークエンスとよぶ．読みとった配列から生成されるコンセンサス配列を決定したリードはHiFiリードとよばれ，SNVやINDELの検出においてQ30（99.9％）以上の非常に高精度な読みとりが可能である．また最大で25kbp程度のリード長を得られるため，de novoアセンブリなどの分野で非常に有用である．

❷ ナノポアシークエンス

　ナノポアとよばれる非常に小さい孔をDNA分子が通過する際の電位差を利用して，塩基を検出する．1つのフローセルに大量のポアが埋め込まれており，各ポアで同時に数十kbp以上のリード長のDNAの読み込みが可能である（図1）．また，5-メチルシトシンなどのDNA修飾情報も取得可能である[4]．最新のKit V14という試薬を用いることでQ20（99％）以上の精度でのシークエンスが可能となった．さらにDNA分子の両鎖にアダプターをとり付け，両側から配列を決定するONT duplex技術ではQ30（99.9％）の精度を達成した．加えて，最近のONT社のシークエンサーでは，DNA分子がターゲット領域の配列を含むかどうかをリアルタイムで判定し，DNA分子を受け入れてシークエンスを継続するか，あるいはDNA分子を排出しシークエンスを中断する「Adaptive sampling」という機能を備えている．

❸ Adaptive sampling

　前述の通りロングリードシークエンスの検出精度は向上しているが，依然として高いコストが大きな問題であった．これを解決する方法として期待を寄せられている方法がONT社が提供するAdaptive samplingである．Adaptive samplingでは，DNA断片がポアを通過する間に，DNA断片がターゲット領域に含まれているかどうかをリアルタイムに判定する．DNA断片がターゲット領域に含まれる場合，そのままシークエンスを継続するが，DNA断片がターゲット領域に含まれない場合は，DNA断片を排出してシークエンスを中断する．これをくり返すことで，比較的低コストで特定の領域に重点をおいたシークエンスデータが効率的に取得できるようになった（図2）[5][6]．さらに，ターゲット領域で高カバレッジのロングリードのシークエン

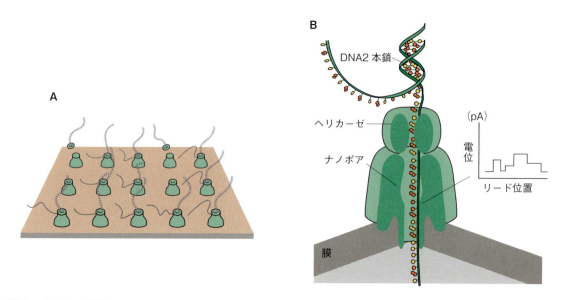

図1 ONTの原理
A）1つのフローセルには大量のポアが埋め込まれている．**B**）DNA分子がナノポアを通過する際の電位差を利用して塩基配列を決定する．（文献10より引用）

図2 Adaptive samplingの原理
DNA断片がターゲット領域に含まれているかどうかをリアルタイムに判定し，ターゲット領域に含まれている場合はシークエンスを継続し（**A**），ターゲット領域に含まれていない場合はDNA断片を排出してシークエンスを中断する（**B**）．（https://nanoporetech.com/document/adaptive-samplingより引用）

スデータが取得できるだけでなく，非ターゲット領域でもショートリードの低カバレッジのシークエンスデータが取得可能であり，さまざまな利用価値を含んでいる．さらに，アダプティブ

サンプリングでは，BEDファイル形式（ゲノム上のポジションを示すために用いられるファイル形式のことで，染色体，開始位置，終了位置の3つの情報を必須とするファイル）で指定するだけでターゲット領域を決定できるため，追加処理にかかるコストを削減できる点も重要な特徴である．Adaptive samplingを用いた解析は，疾患関連遺伝子が既知であり，かつ挿入や欠失を含む構造異常・融合遺伝子・コピー数異常・メチル化異常が想定される場合に特に有用である．例えば，神経筋疾患の原因であるリピート伸長病[7]や，融合遺伝子やコピー数異常が多くみられる小児白血病[8]の解析に活用されている．

　これまで，ロングリードシークエンスの原理・種類について紹介した．ロングリードシークエンスは，従来用いられてきたショートリードシークエンスのように確立された解析ワークフローはなく，各施設・研究室ごとで独自の解析方法がとられているのが現状である．そこで今回は，Adaptive samplingを用いて得られたデータに対する解析[9]を一例にとって解析コードを解説する．

準備

ソフトウェア

- [ ] POD5 v0.3.12 (https://github.com/nanoporetech/pod5-file-format)
- [ ] Samtools v1.19 (https://www.htslib.org)
- [ ] Dorado v0.7.2 (https://github.com/nanoporetech/dorado)
- [ ] PEPPER-Margin-DeepVariant r0.8 (https://github.com/kishwarshafin/pepper)
- [ ] Nanomonsv v0.7.2 (https://github.com/friend1ws/nanomonsv)
- [ ] Modkit v0.3.1 (https://github.com/nanoporetech/modkit)
- [ ] Python v3.12.0 (https://www.python.org)
- [ ] Apptainer v1.2.4 (https://apptainer.org)
- [ ] Rust v1.77.2 (https://www.rust-lang.org)

プロトコール

　ここでは，ONT社のデータを用いた場合の解析ワークフローを示す．入力ファイルは以前に使われていたFAST5，または現行のPOD5を想定している．解析内容はSV検出・SNV/INDEL検出，メチル化解析について絞った．

❶ ディレクトリの作成

```shell
$ mkdir genome_analysis
$ cd ./genome_analysis
$ mkdir data reference dorado pmdv nanomonsv
```

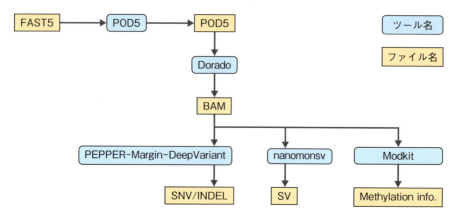

図3 解析ワークフロー
今回用いたワークフローでは入力ファイルをFAST5としたが，入力ファイルにPOD5を用いる場合はFAST5→POD5への変換は不要である．Doradoを用いて参照ゲノムへのアライメントを行い各種の異常検出を行った．

❷ サンプルデータのダウンロード

ここでは，acute megakaryoblastic leukemia細胞株（CMK-86）のFAST5データの解析を行う．Tutorial用のデータをダウンロードし，FAST5を data ディレクトリに移動する．また，nanomonsvのcontrolとして使用するacute monocytic leukemiaの細胞株（THP-1）のbamファイルおよびインデックスファイルも nanomonsv ディレクトリに移動しておく．

```shell
$ cd ./data
$ wget "https://zenodo.org/records/7867046/files/Tutorial.zip?download=1" -O Tutorial.zip
$ unzip Tutorial.zip
$ mv ./Tutorial/CMK-86_input_tutorial_TP53_range_5M.fast5 ./
$ mv ./Tutorial/THP-1_control_tutorial_TP53_range_5M.sorted.bam* ../nanomonsv/
$ rm Tutorial.zip
```

❸ POD5のインストール

FAST5とPOD5を変換するためのpythonモジュールであるPOD5をインストールする．ここでは，一例としてpythonモジュールであるvenvを使用した仮想環境を利用する．

```shell
$ python3 -m venv venv
$ ./venv/bin/pip install pod5
```

❹ FAST5からPOD5への変換

```shell
$ ./venv/bin/pod5 convert fast5 \
  CMK-86_input_tutorial_TP53_range_5M.fast5 \
  --output . \
  --one-to-one .
```

これで，CMK-86_input_tutorial_TP53_range_5M.pod5が得られる．

❺ 参照ゲノムの取得

Broad Instituteから公開されている参照ゲノム（GRCh38/hg38）をダウンロードする．

```shell
$ cd ../reference
$ wget https://storage.googleapis.com/genomics-public-data/
resources/broad/hg38/v0/Homo_sapiens_assembly38.fasta \
-O Homo_sapiens_assembly38.fasta
$ wget https://storage.googleapis.com/genomics-public-data/
resources/broad/hg38/v0/Homo_sapiens_assembly38.fasta.fai \
-O Homo_sapiens_assembly38.fasta.fai
```

❻ Doradoを取得し，モデルをダウンロードする

それぞれのシークエンス条件に合致するモデルをダウンロードする．DNAメチル化の検出には通常のベースコールに対するモデルと，DNAメチル化に対するモデルの2つが必要である．

```shell
$ cd ../dorado
$ wget https://cdn.oxfordnanoportal.com/software/analysis/dora ⏎
do-0.7.2-linux-x64.tar.gz
$ tar xvf dorado-0.7.2-linux-x64.tar.gz
$ rm dorado-0.7.2-linux-x64.tar.gz
$ export PATH=$PATH:./dorado-0.7.2-linux-x64/bin
$ dorado download --model dna_r9.4.1_e8_sup@v3.3
$ dorado download --model dna_r9.4.1_e8_sup@v3.3_5mCG_5hmCG@v0
```

❼ POD5を参照ゲノムにアライメントする

Doradoは基本的にGPUを搭載した環境下で最大のパフォーマンスを発揮するため，後述のようなshell scriptにしてGPUの使用が望ましい．CPUだと非常に時間がかかるため非推奨だが，CPUを使用する場合には，-x cuda:0を--device cpuに置き換える．また，最適なmodelが不明な場合，dna_r9.4.1_e8_sup@v3.3をsup（またはhac）に置き換えて，さらに

`--modified-bases-models dna_r9.4.1_e8_sup@v3.3_5mCG_5hmCG@v0`を`--modi-fied-bases 5mCG_5hmCG`に置き換える.

```shell
$ dorado basecaller \
  dna_r9.4.1_e8_sup@v3.3 \
  --reference ../reference/Homo_sapiens_assembly38.fasta \
  --modified-bases-models dna_r9.4.1_e8_sup@v3.3_5mCG_5hmCG@v0 \
  -x cuda:0 \ # CPUの場合は--device cpu
  ../data/CMK-86_input_tutorial_TP53_range_5M.pod5 \
  > CMK-86.unsorted.bam
$ samtools sort -@ 8 -O bam -o CMK-86.sorted.bam CMK-86.⏎
unsorted.bam
$ samtools index CMK-86.sorted.bam
$ rm CMK-86.unsorted.bam*
```

これで,`CMK-86.sorted.bam`が得られる.

❽ **PEPPER-Margin-DeepVariant を用いて,SNV/INDEL 検出を行う**

PEPPER–Margin–DeepVariant の apptainer image を作成する.

```shell
$ cd ../pmdv
$ mkdir image
$ apptainer pull ./image/pepper_deepvariant_r0.8.sif docker:// ⏎
kishwars/pepper_deepvariant:r0.8
```

PEPPER–Margin–DeepVariant の call_variant の実行.
下記オプションでは,variant call された`.vcf`ファイルの他に,phasing済の`.vcf`や,ハプロタグ情報が記載された`.bam`ファイルも出力される.

```shell
$ apptainer exec ./image/pepper_deepvariant_r0.8.sif \
  run_pepper_margin_deepvariant call_variant \
  -b ../dorado/CMK-86.sorted.bam \
  -f ../reference/Homo_sapiens_assembly38.fasta \
  -o ./output \
  -p CMK-86 \
  -t 8 \
  --ont_r9_guppy5_sup \
  --phased_output
```

出力：

変異コールされたvcfファイル：`./output/CMK-86.vcf.gz`

phase情報が記載されたbamファイル：`./output/CMK-86.haplotagged.bam`

❾ nanomonsvを用いてSV検出を行う

```shell
# nanomonsvのapptainer imageを作成する.
$ cd ../nanomonsv
$ mkdir image
$ apptainer pull ./image/nanomonsv_v0.7.2.sif docker:// ⏎
friend1ws/nanomonsv:v0.7.2
```

```shell
# コントロールパネルの取得
$ mkdir control_panel
$ wget \
  https://zenodo.org/api/files/08b52270-9f9b-47bd-b03d- ⏎
  81f5859d676f/hprc_year1_data_freeze_nanopore_guppy6_min ⏎
  imap2_2_24_merge_control_GRCh38.tar.gz \
  -O control_panel/hprc_year1_data_freeze_nanopore_guppy6_min ⏎
  imap2_2_24_merge_control_GRCh38.tar.gz
$ tar -xvf control_panel/hprc_year1_data_freeze_nanopore_guppy6_ ⏎
minimap2_2_24_merge_control_GRCh38.tar.gz \
  -C ./control_panel/
$ rm control_panel/hprc_year1_data_freeze_nanopore_guppy6_min ⏎
imap2_2_24_merge_control_GRCh38.tar.gz
```

```shell
# parseの実行（対象のデータ）
$ apptainer exec ./image/nanomonsv_v0.7.2.sif \
  nanomonsv parse \
  ../dorado/CMK-86.sorted.bam \
  ./output/CMK-86/CMK-86
```

```shell
# parseの実行（コントロールデータ）
$ apptainer exec ./image/nanomonsv_v0.7.2.sif \
  nanomonsv parse \
  THP-1_control_tutorial_TP53_range_5M.sorted.bam \
  ./control_data_output/THP-1/THP-1
```

```shell
# getの実行
$ apptainer exec ./image/nanomonsv_v0.7.2.sif \
  nanomonsv get \
  ./output/CMK-86/CMK-86 \
  ../dorado/CMK-86.sorted.bam \
  ../reference/Homo_sapiens_assembly38.fasta \
  --qv15 \
  --control_prefix \
  ./control_data_output/THP-1/THP-1 \
  --control_bam \
  THP-1_control_tutorial_TP53_range_5M.sorted.bam \
  --control_panel_prefix ./control_panel/hprc_year1_data_ ↵
  freeze_nanopore_guppy6_minimap2_2_24_merge_control_GRCh38/ ↵
  hprc_year1_data_freeze_nanopore_guppy6_minimap2_2_24_merge_ ↵
  control_GRCh38 \
  --use_racon \
  --single_bnd \
  --processes 8
```

nanomonsv getで得られた出力から, BreakpointがSimpleRepeat領域にあるSVを除外する.

```shell
# filterの実行
$ wget http://hgdownload.soe.ucsc.edu/goldenPath/hg38/database/ ↵
simpleRepeat.txt.gz
$ zcat simpleRepeat.txt.gz | cut -f 2-4 | \
sort -k1,1 -k2,2n -k3,3n > simpleRepeat.bed
$ bgzip -c simpleRepeat.bed > simpleRepeat.bed.gz
$ tabix -p bed simpleRepeat.bed.gz

$ wget \
  https://raw.githubusercontent.com/friend1ws/nanomonsv/master/ ↵
  misc/add_simple_repeat.py

$ apptainer exec ./image/nanomonsv_v0.7.2.sif \
  python3 add_simple_repeat.py \
  ./output/CMK-86/CMK-86.nanomonsv.result.txt \
  ./output/CMK-86/CMK-86.nanomonsv.result.filt.txt \
  simpleRepeat.bed.gz
```

```shell
$ head -n 1 ./output/CMK-86/CMK-86.nanomonsv.result.filt.txt \
    > ./output/CMK-86/CMK-86.nanomonsv.result.filt.pass.txt
$ tail -n +2 ./output/CMK-86/CMK-86.nanomonsv.result.filt.txt \
    | grep PASS \
    >> ./output/CMK-86/CMK-86.nanomonsv.result.filt.pass.txt
```

./output/CMK-86/CMK-86.nanomonsv.result.filt.txtが結果ファイルとして出力される．IGVでは，*TP53*遺伝子と*FXR2*遺伝子に切断点を有しており*TP53-FXR2*融合遺伝子が確認された（図4）．

❿ Modkitを用いて，メチル化検出を行う

```shell
# Modkitのインストール
# Modkitのインストールには
# あらかじめRustをインストールする必要がある
$ cd ../
$ git clone https://github.com/nanoporetech/modkit.git
$ cd modkit
$ cargo install --path .
```

ここでは，--preset traditionalを指定し，CG contextにおける5mCとCをカウントし，相補鎖のメチル化情報を統合する．

```shell
# Modkitの実行
$ modkit pileup \
    ../dorado/CMK-86.sorted.bam \
    output/CMK-86_pileup_cpg_traditional.bed \
    --log-filepath pileup_cpg_traditional.log \
    --ref ../reference/Homo_sapiens_assembly38.fasta \
```

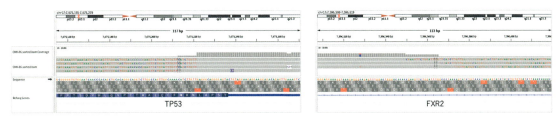

図4　CMK-86のIGV
nanomonsvを用いたSV解析で*TP53-FXR2*融合遺伝子が検出された．

```
--preset traditional
```

後述にメチル化検出結果を示す（5列目がメチルされているCpGのカウント，11列目がメチル化割合を示す）．

```shell
$ cat output/CMK-86_pileup_cpg_traditional.bed | sort -k5,5nr\
  | head -n3
chr17 11872905 11872906 m 32 . 11872905 11872906 255,0,0 32 ⏎
96.88 31 1 0 0 0 0 0
chr17 11732533 11732534 m 31 . 11732533 11732534 255,0,0 31 ⏎
93.55 29 2 0 1 2 0 1
chr17 11871789 11871790 m 31 . 11871789 11871790 255,0,0 31 ⏎
96.77 30 1 0 1 0 0 0
```

おわりに

　本稿では，近年急速に発展しているロングリードシークエンスを用いたゲノム解析の概要・方法について紹介した．ロングリードシークエンスは，複雑な構造異常やメチル化異常の評価に優れているが，非コード領域に由来するスプライシング異常やメチル化異常など，単独では病原性を特定できない異常も多い．そのため，異なるプラットフォームを組み合わせたマルチオミクス解析を用いることで，複雑なゲノム異常の解釈が可能となり，疾患の理解がより深まると考えられる．今回は，FAST5データのダウンロードからPOD5への変換，リファレンスゲノムへのアライメント，SNV/INDEL・SV検出，メチル化検出までの一連の基本的な解析方法を紹介した．本稿で使用したデータ以外にも，多くのゲノムデータがウェブ上から無料で手に入るので，本手法などを参考に他のデータでも試していただきたい．

コラム：仮想環境のススメ

スパコンなどのコンピュータークラスター環境では，さまざまなツールを用いた解析を行う．しかし，インストールしたツールの依存関係が複雑になり，特定のバージョンのライブラリが他のツールと競合することがある．この問題を避けるため，今回は，venvやApptainerイメージを利用した解析スクリプトを紹介した．

ゲノム解析を行う際には，必要なツールやソフトウェアがインストールできなかったり，正常に終了できなかったり，またサポートが終了して新たなツールやソフトウェアが推奨されていることがあるなど，本当にさまざまな困難が伴う．この稿をお読みいただいた皆様が，根気強くゲノム解析にとり組めるように心から願っている．

◆ 文献

1）Asada K, et al：Mol Cancer, 23：182, doi:10.1186/s12943-024-02093-w（2024）
2）Goodwin S, et al：Nat Rev Genet, 17：333-351, doi:10.1038/nrg.2016.49（2016）
3）Nurk S, et al：Science, 376：44-53, doi:10.1126/science.abj6987（2022）
4）Simpson JT, et al：Nat Methods, 14：407-410, doi:10.1038/nmeth.4184（2017）
5）Loose M, et al：Nat Methods, 13：751-754, doi:10.1038/nmeth.3930（2016）
6）Payne A, et al：Nat Biotechnol, 39：442-450, doi:10.1038/s41587-020-00746-x（2021）
7）Miyatake S, et al：NPJ Genom Med, 7：62, doi:10.1038/s41525-022-00331-y（2022）
8）Kato S, et al：Blood Cancer J, 14：145, doi:10.1038/s41408-024-01108-5（2024）
9）Nakamura W, et al：NPJ Genom Med, 9：11, doi:10.1038/s41525-024-00394-z（2024）
10）Wang Y, et al：Nat Biotechnol, 39：1348-1365, doi:10.1038/s41587-021-01108-x（2021）

第3章 各オミクスによるデータ解析

2. CustardPyを用いたゲノム立体構造解析

長岡勇也，中戸隆一郎

ポイント

真核生物のゲノムDNAは細胞核内で適切に折りたたまれ，階層的な立体構造をとる．その構造がゲノムの複製や転写などの諸機能に重要であるとされる．Hi-CおよびMicro-Cはゲノム立体構造を全ゲノム的に観測するための手法であり，そこで得られるコンタクト行列（接触行列）を解析することで，コンパートメントやTAD，クロマチンループなどさまざまな階層構造について分析することができる．本稿ではわれわれが開発したゲノム立体構造解析パイプラインCustardPyを例として，Hi-Cデータ解析と可視化の一般的な流れを解説する．

はじめに

ゲノム立体構造解析は，2002年にJoe Dekkerらによって3C（chromosome conformation capture）法が開発されたことで急速に発展してきた[1)2)]．2009年には全ゲノム領域を標的とした相互作用解析が可能なHi-C（high-throughput chromosome conformation capture）が開発され，この技術を用いた解析により，ゲノムDNAは複数の異なる階層に折りたたまれた形で立体構造をとっていることが明らかになってきている[3)]．

Hi-Cの原理

Hi-Cの原理を図1に簡潔に記した．まず細胞をホルムアルデヒドで固定し，ゲノムDNAと結合しているタンパク質やタンパク質間の相互作用を架橋する．この操作で物理的に近接するDNA同士が架橋される．次に，細胞から核を単離しゲノムDNAを6塩基または4塩基を認識する制限酵素（HindⅢ，DpnⅡ，MboI，Sau3AI，AluI，DpnⅡとHinfIなど）で処理し，得られたDNA断片の末端をビオチン付加した塩基で修復し，DNAリガーゼでビオチン化DNA断片の末端同士を結合させて環状化する．環状化DNAを精製し，ソニケーションで再度断片化した後，ビオチンプルダウンによってビオチン化DNA断片のみを回収する．最後に，回収したビオチン化DNA断片にシークエンス用アダプターを付加し，PCRで増幅してシークエンス用ライブラリーを作製，次世代シークエンサーを用いたペアエンドシークエンスを行う．結果としてゲノムDNAとDNA結合タンパク質間の接触を介してゲノム全体で空間的・物理的に接触している領域を同定することができる（参考図書1）．2015年には，制限酵素の代わりに

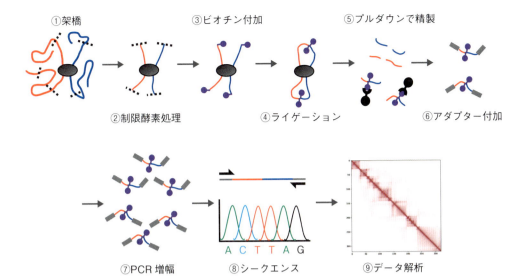

図1 Hi-C解析の原理と流れ

micrococcal nuclease を用いることで制限酵素の認識配列に依存しないDNAの断片化を可能にし，より高い解像度で相互作用領域を同定できる Micro-C が開発された[4]．他にも ChIP-Seq と Hi-C を組合わせて，標的タンパク質の未知のDNA結合領域と，その領域と相互作用するゲノム領域の探索に適した Hi-ChIP や[5]，標的ゲノム配列（例えばプロモーターやエンハンサー）に相補的なキャプチャーオリゴを用いて Hi-C・Micro-C ライブラリーを濃縮し，標的領域のみを対象とした相互作用解析を行う Capture Hi-C や Micro-Capture-C も提案されている[6,7]．

Hi-C・Micro-Cデータ解析の流れ

シークエンスデータはFASTQ形式で出力される．Hi-C・Micro-Cデータ解析はFASTQファイルに記載されているリード配列をリファレンスゲノムにマッピングすることからはじまる．マッピングファイルをもとに，どのゲノム領域が互いに接触しているかをあらわすコンタクト行列を作成し（図1⑨），それを用いてコンパートメントやTAD，クロマチンループを同定する（図2）．コンパートメントはコンタクト行列に対して主成分分析を行い，第一主成分の値の正負の符号に基づいて各ゲノム領域をコンパートメントA/Bの2つに分類することで同定される．TADやクロマチンループを検出するツールは数多く開発されているため詳細は文献を参照されたい[8,9]．

Hi-C・Micro-C解析はリードマッピング・コンタクト行列生成・各階層構造の算出・結果の可視化など複数の工程を含み，環境としても（用いるツールによるが）Python・Java・GPU演算環境などが要求されるため，初心者にとってはハードルがやや高い．われわれはこの問題を軽減するために，これらの工程を一貫して行えるDockerベースのパイプラインCustardPyを開発した[10]．CustardPyにはHi-C・Micro-C解析のために必要な既存ツール群が一通りインス

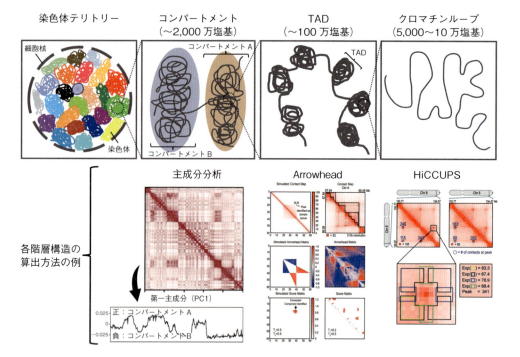

図2 ゲノムの各階層構造と算出方法の例
各階層は異なる制御因子（コヒーシンやCTCFなど）によって適切に制御されている．括弧内の塩基数は各階層の平均的なスケールを示す．CustardPyではTADの検出方法としてArrowheadを，クロマチンループの検出方法としてHiCCUPSを採用している．（Arrowhead, HiCCUPSの図は文献16より引用）

トールされているほか，独自のコマンドも実装されており，これをインストールするだけでHi-C・Micro-C解析全体をほぼカバーすることができる．本稿では例としてCustardPyを用いたHi-C解析の方法を紹介する．CustardPyの詳細についてはマニュアルを参照されたい[11]．また，ここで紹介するコマンドはCustardPyのチュートリアル[12]でも参照することができる．

1. コマンド実行に必要な解析環境

CustardPyはTADとクロマチンループを計算する際に64 GBの物理メモリーを，クロマチンループを計算する際にGPU演算を必要とするため，マシンパワーのある計算機での実行が望ましい．可視化のステップはラップトップPCでも実行可能である．本稿のコマンドすべてを実行した場合，合計で約525 GB〔CustardPy：17 GB, fastq：合計90 GB, 解析結果（一部ファイルの圧縮後）：合計418 GB〕のディスク容量を使用する．FASTQファイルをダウンロードしない場合は約40 GBのディスク容量ですむ．本稿で紹介するコマンドは，われわれのUbuntu Linux 22.04 サーバー（AMD EPYC 7702 64 Core processor, 256 CPU, 2 TBメモリー）およびラップトップPC（Intel® Core™ i5-1135G7 @ 2.40 GHz, 8 CPU, 8 GBメモリー）でテストしている．

2. Singularityについて

CustardPyはDockerイメージもしくはSingularityイメージファイルをダウンロードすることで利用できる．Dockerイメージの場合は約70 GB，Singularityの場合は約17 GBのディスク容量を使用する．本稿では容量がより小さく，使用方法も簡便なSingularityを使ったコマンドを紹介する．なおDockerとSingularityの詳細や，その違いについてはわれわれも総説を書いているので，そちらを参照してほしい（参考図書2）．

ここではSingularityがすでに利用可能であるとして話を進める．未インストール場合は公式HP[13] を参照しインストールされたい．本稿ではSingularity v3.8.5を使ってテストしている．

3. CustardPyのダウンロード

singularity buildを用いてDocker Hubから最新バージョンのCustardPyをダウンロードし，現在の作業ディレクトリ下（以降はディレクトリを / と表記する）にcustardpy.sifというファイル名でSingularityイメージファイルを保存する．

なお，コマンドとコマンドの出力を区別するため，コマンドには行冒頭に $ 記号を付している．#からはじまる行はコメント行である．参考までに各コマンドの所要時間を記載しているが，これはPCのスペックやネットワーク回線の速度に依存する．

```shell
# 最新バージョン（執筆時点ではv2.0.0）をダウンロード（所要時間：約45分）
$ singularity build custardpy.sif docker://rnakato/custardpy
# 特定のバージョンのCustardPyをダウンロードしたい場合は
# 以下のようにバージョンタグを付ける.
# バージョンを指定してダウンロード（ここではv2.0.0）
$ singularity build custardpy.2.0.0.sif docker://rnakato/cus ⏎
tardpy:2.0.0
```

以降では，ここで作成したcustardpy.sifを使用してCustardPyによるHi-C解析を行う．

トラブルシューティング1

singularityコマンドを実行時に以下のようなエラーが発生した場合，インストールされているSingularityのバージョンが低いことが原因であると予想される．Singularityのバージョンをアップグレードすることで解決する．

```shell
# エラーの例
FATAL: container creation failed: mount error: can't mount image
/proc/self/fd/8: failed to mount squashfs filesystem: invalid
argument
```

トラブルシューティング 2

CustardPy の GitHub サイト[14] にて作成済みの Singularity ファイルを公開しているので，上記コマンドがうまくいかない場合はこちらをダウンロードしてもよい．

4. サンプルデータのダウンロード

入力となるペアエンド FASTQ ファイルをダウンロードする．ここではわれわれが論文化した Hi-C データセットを用いる（GEO ID: GSE196034）．これはヒト網膜色素上皮（RPE）細胞に siRNA を導入し，CTCF（CCCTC-binding factor）と RAD21（Double-strand-break repair protein rad21 homolog）をそれぞれノックダウンしたものである[10]．

はじめに mkdir コマンドで現在の作業ディレクトリ下に fastq/ を作製し，さらにその下に Control/ と siCTCF/，siRad21/ を作製する．次に wget を使用して ENA（The European Nucleotide Archive）から各サンプルの fastq をダウンロードする．--nv はコマンド実行時の出力（ログ）を簡潔にするためのオプションである．

```shell
# サンプルデータを対応するディレクトリ下にダウンロードする
# （所要時間：各サンプル30分〜1時間程度）
$ mkdir -p fastq/siCTCF fastq/siRad21 fastq/Control
# Control
$ wget -nv ftp://ftp.sra.ebi.ac.uk/vol1/fastq/SRR178/018/ ⏎
SRR17870718/SRR17870718_1.fastq.gz -P fastq/Control
$ wget -nv ftp://ftp.sra.ebi.ac.uk/vol1/fastq/SRR178/018/ ⏎
SRR17870718/SRR17870718_2.fastq.gz -P fastq/Control
# siCTCF
$ wget -nv ftp://ftp.sra.ebi.ac.uk/vol1/fastq/SRR178/013/ ⏎
SRR17870713/SRR17870713_1.fastq.gz -P fastq/siCTCF
$ wget -nv ftp://ftp.sra.ebi.ac.uk/vol1/fastq/SRR178/013/ ⏎
SRR17870713/SRR17870713_2.fastq.gz -P fastq/siCTCF
# siRad21
$ wget -nv ftp://ftp.sra.ebi.ac.uk/vol1/fastq/SRR178/040/ ⏎
SRR17870740/SRR17870740_1.fastq.gz -P fastq/siRad21
$ wget -nv ftp://ftp.sra.ebi.ac.uk/vol1/fastq/SRR178/040/ ⏎
SRR17870740/SRR17870740_2.fastq.gz -P fastq/siRad21
```

ダウンロードが完了したら，正しくファイルがダウンロードされているか ls コマンドで確認しよう．-lh オプションを付けることで，アクセス権限やファイルサイズなどが確認できる．出力結果は以下のようになるはずである．

```shell
# ファイルの確認
$ ls -lh fastq/*
fastq/Control:
合計 31G
-rw-r--r-- 1 nagaoka nakatolab 16G 8月 3 2023 SRR17870718_1.⏎
fastq.gz
-rw-r--r-- 1 nagaoka nakatolab 16G 8月 3 2023 SRR17870718_2.⏎
fastq.gz
fastq/siCTCF:
合計 30G
-rw-r--r-- 1 nagaoka nakatolab 15G 8月 3 2023 SRR17870713_1.⏎
fastq.gz
-rw-r--r-- 1 nagaoka nakatolab 15G 8月 3 2023 SRR17870713_2.⏎
fastq.gz
fastq/siRad21:
合計 29G
-rw-r--r-- 1 nagaoka nakatolab 15G 8月 3 2023 SRR17870740_1.⏎
fastq.gz
-rw-r--r-- 1 nagaoka nakatolab 15G 8月 3 2023 SRR17870740_2.⏎
fastq.gz
```

5. リファレンスゲノムのダウンロードとインデックスファイルの作成

マッピングの際に使用するリファレンスゲノム（UCSC genome build hg38）をUCSC Genome Browserからダウンロードし，マッピングのためのインデックスファイルを作成する．すでにこれらのファイルをもっている場合はこのステップを省略することができる．

CustardPyにはチュートリアル用に gethg38genome.sh というコマンドが用意されており，これを用いるとゲノム配列のダウンロードの他，各染色体の長さを記載したゲノムテーブル（genometable）と遺伝子の座標を記載した遺伝子アノテーションファイル（refFlat）も同時に作成される．

では，作成した custardpy.sif を使ってCustardPyを実行してみよう．singularity exec custardpy.sif というコマンドで，（コンテナを立ち上げることなく）CustardPyをよび出し，以降に指定されたコマンド（今回は gethg38genome.sh）を実行できる．

```shell
# リファレンスゲノムのダウンロードとインデックスの作成所（要時間：5分程度）
$ singularity exec custardpy.sif gethg38genome.sh
```

ダウンロードされたリファレンスゲノムは genome.hg38.fa という名前で保存されている．次に bwa-indexes/ というディレクトリを作成し，bwa index コマンドでそのディレクトリ

のなかにインデックスファイルを作成する．indexdir=bwa-indexesはindexdirという名前の変数にbwa-indexesという文字列を代入するという意味である．定義した変数は$をつけてよび出す．

```shell
# BWA indexの作成（所要時間：5分程度）
$ indexdir=bwa-indexes
$ mkdir -p $indexdir
$ singularity exec custardpy.sif bwa index -p $indexdir/hg38 ⏎
genome.hg38.fa
# エイリアスの作成
$ ln -rsf genome.hg38.fa $indexdir/hg38
# こちらも同様にlsコマンドを使用してファイルの確認を行う
$ ls
bwa-indexes  genome.hg38.fa  genometable.hg38.txt
refFlat.hg38.txt
$ ls bwa-indexes/
hg38 hg38.amb hg38.ann hg38.bwt hg38.pac hg38.sa
```

トラブルシューティング3

Singularityはコマンド実行時にデフォルトでカレントディレクトリ，/home，/sys，/proc，/tmp，/var/tmp，/etc/resolv.conf，/etc/passwdなどのディレクトリをマウントし，利用可能にする．しかし，コマンドを実行する場所や参照したいファイルの所在が非マウントディレクトリである場合にはファイルが見つからないなどのエラーになる場合がある．その際は以下のように--bindを使用して該当するディレクトリをマウントすることで解決する．マウントしたいディレクトリは"，"区切りで複数指定できる．--bindを使用せず/home配下以外の場所でコマンドを実行した場合，書き込み権限の関係上/home下に結果が出力されることがあるので注意が必要である．

```shell
# /work, /work2ディレクトリをマウントしてコマンドを実行
$ singularity exec --bind /work, /work2 custardpy.sif <command>
```

6. マッピングとコンタクト行列の作成

ここまでの準備が完了したら，FASTQファイルのマッピングとコンタクト行列の作成を行うことができる．CustardPyではこの一連の解析をjuicer_map.shコマンドを用いて行う．juicer_map.shでは，BWAを用いてリードをリファレンスゲノムにマッピングし，Juicerを用いて.hicファイルを生成する．.hicファイルはinter.hic，inter_30.hicの2つが生成されるが，後者はマッピングスコアが低いリード（MAPQ<30）をフィルタリングしたもの

である．`juicer_map.sh` のコマンド例は以下のようになる．

```shell
$ juicer_map.sh <FASTQディレクトリ> <出力ディレクトリ> \
    <リファレンスゲノムの種類> <ゲノムテーブル> <BWAインデックス> \
    <制限酵素の種類> <FASTQファイルのpostfix>
```

FASTQファイルのpostfixとは，FASTQファイル名が*_1.fastq.gzの場合は_を，*_R1.fastq.gzの場合は_Rを指定するというものである．実際に実行するコマンドは以下のようになる．ここでは3つのサンプルそれぞれに `juicer_map.sh` を適用するためにforループを利用している．`cell` 変数で指定した3つのサンプル（Control，siCTCF，siRad21）について，forループ内のコマンドが順次適用される．`odir` 変数には `juicer_map.sh` コマンドの実行結果の出力先を指定している（Controlの場合はCustardPyResults_Hi-C/Juicer_hg38/Control/ に結果が出力される）．`juicer_map.sh` 実行時に使用されるCPU数はデフォルトで32である．変更したい場合は -p で指定することができる（例：16 CPUで行いたい場合は -p 16 を追加する）．`juicer_map.sh` のヘルプは `singularity exec custardpy.sif juicer_map.sh -h` で表示できるので不明な点がある場合はご確認いただきたい．

```shell
# マッピングとコンタクト行列の作成
# （所要時間：各サンプル19時間程度，ただし使用するCPU数に依存する）
# 簡単のため$記号は省略する． '\'はコマンド内改行を示す．
for cell in Control siCTCF siRad21
do
    odir=CustardPyResults_Hi-C/Juicer_hg38/$cell
    singularity exec custardpy.sif juicer_map.sh \
        fastq/$cell $odir hg38 genometable.hg38.txt \
        bwa-indexes/hg38 MboI "_"
done
```

コマンド終了後には各サンプルディレクトリ下に `aligned/`，`fastq/`，`splits/`，`juicer_map.log` が作成される．以降の解析では `aligned/inter_30.hic` を用いるので，`ls` で作成されているか確認しよう．`juicer_map.log` にはコンタクト行列作成までのログが出力されている．最終行に `Finished writing norms` と記載されていればエラーなく実行されている．

トラブルシューティング4

ここではFASTQファイルから，.hicファイルを生成したが，ここまでの作業はFASTQファイルのダウンロードも含めて多大な時間がかかり，生成されるファイルのサイズも大きい．時間やストレージ容量の都合上実行が難しい場合は上記コマンドをスキップし，GEO（Gene Expression Omnibus）に公開されている.hicファイルを直接ダウンロードし，以降の解析を

実施してほしい（実際，既存論文の再解析を行う場合はFASTQファイルではなく.hicファイルをダウンロードすることも多いだろう）．以下にダウンロードのコマンドを示す．ここでは各サンプルのURLと.hicの名称を変数で指定し，forループ内の条件分け（if～elif～fiの部分）で使用する変数を選択している．最後に，以降の解析に支障が出ないようにmvコマンドでjuicer_map.shの出力形式に合わせたファイル名に変更している．

```shell
# .hicファイルのダウンロード
#  （所要時間：各サンプル2時間程度，ただし回線速度に依存する）
# 簡単のため$記号は省略する
Control_url="https://ftp.ncbi.nlm.nih.gov/geo/series/GSE196nnn/
GSE196034/suppl/GSE196034%5FControl%5Fmerged.hic"
siCTCF_url="https://ftp.ncbi.nlm.nih.gov/geo/series/GSE196nnn/
GSE196034/suppl/GSE196034%5FCTCFKD%5Fmerged.hic"
siRad21_url="https://ftp.ncbi.nlm.nih.gov/geo/series/GSE196nnn/
GSE196034/suppl/GSE196034%5FRad21KD%5Fmerged.hic"
Control_hic="GSE196034_Control_merged.hic"
siCTCF_hic="GSE196034_CTCFKD_merged.hic"
siRad21_hic="GSE196034_Rad21KD_merged.hic"
for cell in Control siCTCF siRad21
do
  odir=CustardPyResults_Hi-C/Juicer_hg38/$cell/aligned
  mkdir -p $odir
  if [ "$cell" = "Control" ]; then
    url=$Control_url
    filename=$Control_hic
  elif [ "$cell" = "siCTCF" ]; then
    url=$siCTCF_url
    filename=$siCTCF_hic
  elif [ "$cell" = "siRad21" ]; then
    url=$siRad21_url
    filename=$siRad21_hic
  fi
  wget -P $odir $url
  mv $odir/$filename $odir/inter_30.hic
done
# 実行結果
$ ls -lh CustardPyResults_Hi-C/Juicer_hg38/*/aligned
CustardPyResults_Hi-C/Juicer_hg38/Control/aligned:
合計 4.4G
-rw-r--r-- 1 nagaoka nakatolab 4.4G 6月 9 2023 inter_30.hic
CustardPyResults_Hi-C/Juicer_hg38/siCTCF/aligned:
```

126　　実験デザインからわかる マルチオミクス研究実践テキスト

```
合計 3.7G
-rw-r--r-- 1 nagaoka nakatolab 3.7G 6月 9 2023 inter_30.hic
CustardPyResults_Hi-C/Juicer_hg38/siRad21/aligned:
合計 3.0G
-rw-r--r-- 1 nagaoka nakatolab 3.0G 6月 9 2023 inter_30.hic
```

7. 中間出力ファイルの圧縮（オプショナル）

Hi-Cデータの中間出力ファイルはサイズがきわめて大きいため，気になる場合は以下のコマンドで中間出力ファイルの圧縮を行うことを勧める．

`shell`

```
# ファイルの圧縮（所要時間：各サンプル2時間程度）
# 簡単のため$記号は省略する
for cell in Control siCTCF siRad21
do
  odir=CustardPyResults_Hi-C/Juicer_hg38/$cell
  singularity exec custardpy.sif juicer_pigz.sh $odir
done
```

8. コンパートメント・TAD・クロマチンループの算出

CustardPyの `custardpy_process_hic` コマンドを用いると，`.hic` ファイルを入力として以下①〜⑤の流れでコンパートメント，TAD，クロマチンループを一挙に推定できる．

①各染色体の接触行列を作成（Juicertoolsを使用，`Matrix/` に出力）
②コンパートメントの推定（HiC1dmetrics[15] を使用，`Eigen/` に出力）
③TAD境界を示すインシュレーションスコアの計算（`InsulationScore/` に出力）
④TADの検出（Arrowheadを使用，`TAD/` に出力）
⑤クロマチンループの検出（HiCCUPSを使用，GPUが必要，`loops/` に出力）

可視化のステップではこれらのディレクトリを自動で参照するため名称を変更してはならない．

`shell`

```
# ゲノム立体構造の推定（所要時間：各サンプル4時間程度）
for cell in Control siCTCF siRad21
do
  hicfile=CustardPyResults_Hi-C/Juicer_hg38/$cell/aligned/ ⏎
  inter_30.hic
  odir=CustardPyResults_Hi-C/Juicer_hg38/$cell
  # custardpy_process_hicコマンドの実行
```

```
singularity exec --nv custardpy.sif custardpy_process_hic \
  -g genometable.hg38.txt -a refFlat.hg38.txt -n SCALE \
  -r 25000 -p 32 $hicfile $odir
done
```

hicfileでは入力とする.hicファイルを指定し，odirでは結果の出力先を指定している．-gでゲノムテーブル，-aで遺伝子アノテーションファイル，-nでコンタクト行列の正規化手法，-rで行列の解像度を指定する．ここでは正規化手法としてSCALEを用いているが，VC，VC_SQRT，KRなど他の手法も利用できる．解析に使用するCPU数は-pで指定し，デフォルトは32である．HiCCUPSによるループ検出でGPUを利用するため，ここではsingularityコマンドに--nvオプションを付している．GPUが利用できない環境の場合HiCCUPSによるクロマチンループ検出は実行されず，以降のステップでループの位置は可視化されない（ループが可視化されないだけでTADなど他の項目は可視化される）．コマンドの詳しい使い方はsingularity exec custardpy.sif custardpy_process_hic -hで参照できる．

トラブルシューティング5

　古いバージョンのJuicerで生成された.hicファイルをcustardpy_process_hicに供するとエラーが発生することがある（トラブルシューティング4を用いて.hicをダウンロードした場合もエラーになる）．これは，custardpy_process_hicがデフォルトで使用しているJuicertools v1.22.01に後方互換性がなく，古いバージョンの.hicを解析できないためである．そのようなケースではcustardpy_process_hicに-oオプションを追加するとJuicertools v1.9.9を使うようになり，エラーなく解析できる．同様に，そのような.hicファイルでは正規化手法（-n）にSCALEを指定するとエラーになる可能性があるが，その場合はSCALEの代わりにKRやVC_SQRTなどを指定されたい．

解析結果の可視化

1. コンタクト行列

　custardpy_process_hicの実行後，さまざまな形式で結果を可視化することができる．Hi-C解析で最も一般的なものは図3Aのようなコンタクト行列である．CustardPyではdrawSquareMultiというコマンドで可視化PDFファイルを生成できる．

　drawSquareMultiではcustardpy_process_hicの出力先と図中で使用する名称（＜出力先＞：＜図中の名称＞の形式），--typeでcustardpy_process_hicで使用した正規化の方法，-rで解像度，-cで可視化したい染色体の番号，-startで開始位置，--endで終了位置を指定する必要がある．また-oで可視化結果の出力先とファイル名を指定することができる．-oを使用しない場合，PDFは現在の作業ディレクトリにoutput.pdfというファイル名で出力される．以降のコマンドではvisualization/ を作成し，そこにおのおの名称を付けて結果を出力している．ここでは20番染色体の8〜16 Mbpの領域を25 kbpの解像度で可視化する．

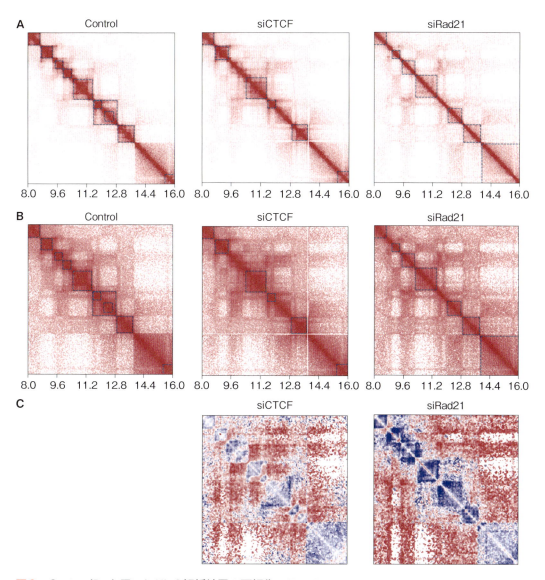

図3 CustardPyを用いたHi-C解析結果の可視化—その1
A）標準的なコンタクト行列．青線で囲まれた領域はTADを示す．B) logスケールのコンタクト行列．C) 相対接触頻度コンタクト行列．

```shell
# コンタクト行列の出力（所要時間：数秒）
$ mkdir -p visualization
# linear scale
$ singularity exec custardpy.sif drawSquareMulti \
  CustardPyResults_Hi-C/Juicer_hg38/Control:Control \
  CustardPyResults_Hi-C/Juicer_hg38/siCTCF:siCTCF \
  CustardPyResults_Hi-C/Juicer_hg38/siRad21:siRad21 \
```

```
  -o visualization/SquareMulti \
  -c chr20 --start 8000000 --end 16000000 --type SCALE -r 25000
```

drawSquareMultiでは--logを付けることでlogスケールのコンタクト行列を出力することができる．logスケールを用いることで，コンパートメント構造をあらわす格子模様のように微弱な相互作用がより視覚的に識別可能になる（図3B）．

```shell
# log scale
$ singularity exec custardpy.sif drawSquareMulti \
  CustardPyResults_Hi-C/Juicer_hg38/Control:Control \
  CustardPyResults_Hi-C/Juicer_hg38/siCTCF:siCTCF \
  CustardPyResults_Hi-C/Juicer_hg38/siRad21:siRad21 \
  -o visualization/SquareMulti.log \
  -c chr20 --start 8000000 --end 16000000 --type SCALE \
  -r 25000 --log
```

2. 相対接触頻度コンタクト行列

CustardPyのdrawSquareRatioMultiで2サンプル間の相対接触頻度（logスケール）を可視化する．以下では最初のサンプル（Control）を基準として，2番目（siCTCF）と3番目（siRad21）のサンプルに対して相対接触頻度を計算して結果を可視化している（図3C）．これにより，2種類の摂動間でどのように接触頻度が変化しているかを一目で識別することができる．

```shell
# 相対接触頻度コンタクト行列の出力（所要時間：数秒）
$ singularity exec custardpy.sif drawSquareRatioMulti \
  CustardPyResults_Hi-C/Juicer_hg38/Control:Control \
  CustardPyResults_Hi-C/Juicer_hg38/siCTCF:siCTCF \
  CustardPyResults_Hi-C/Juicer_hg38/siRad21:siRad21 \
  -o visualization/SquareRatioMulti \
  -c chr20 --start 8000000 --end 16000000 --type SCALE -r 25000
```

3. トライアングルプロット

Hi-Cのコンタクト行列は対称行列であり，上三角領域と下三角領域は同一の値をとる．つまり，コンタクト行列を対角線で区切った場合，その線の上部と下部は全く同じ図となる．そのためどちらか一方を見て結果を解釈すればよい．

CustardPyではdrawTriangleMultiを用いてこの三角形の図（トライアングルプロット）を出力できる（図4A）．

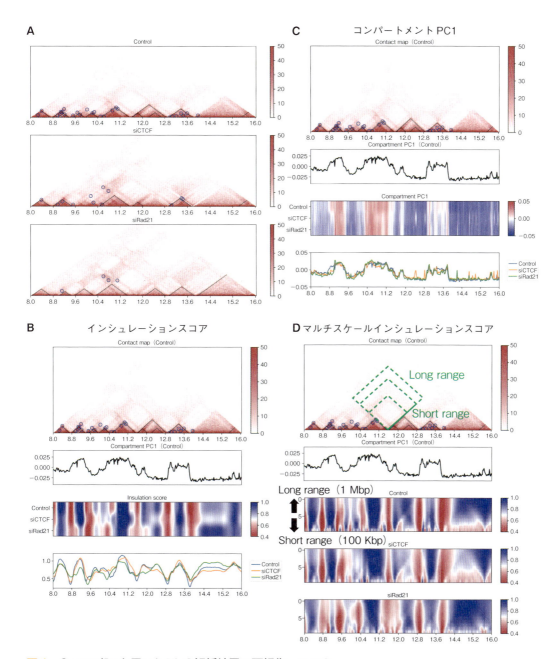

図4　CustardPyを用いたHi-C解析結果の可視化—その2

A) トライアングルプロット．黒点線で囲まれた三角形はTADを示し，青丸はクロマチンループを示す．**B)** 最上段はControlのトライアングルプロット．2段目はControlのコンパートメントPC1のラインプロット．3段目がインシュレーションスコアであり，値が低い（赤い）領域は周囲からより絶縁（相互作用が遮断）されていることを示す．**C)** 3段目がコンパートメントPC1のヒートマップで，4段目がラインプロット．**D)** 3段目以降がマルチスケールインシュレーションスコアのヒートマップ．ヒートマップの下側と上側はそれぞれ100 kbpから1 Mbpの距離を示す．

```shell
#トライアングルプロットの出力（所要時間：数秒）
$ singularity exec custardpy.sif drawTriangleMulti \
  CustardPyResults_Hi-C/Juicer_hg38/Control:Control \
  CustardPyResults_Hi-C/Juicer_hg38/siCTCF:siCTCF \
  CustardPyResults_Hi-C/Juicer_hg38/siRad21:siRad21 \
  -o visualization/TriangleMulti \
  -c chr20 --start 8000000 --end 16000000 --type SCALE -r 25000
```

4. plotHiCfeature によるさまざまな特徴量の可視化

plotHiCfeature コマンドを用いると，さまざまな立体構造の特徴量を可視化することができる．以下に基本的なコマンドと説明を記す．

```shell
# plotHiCfeatureの基本となるコマンド構成
$ singularity exec custardpy.sif plotHiCfeature [オプション] \
  <サンプルディレクトリ>:<ラベル名> -c <染色体番号> \
  -s <開始位置> -e <終了位置> \
  --type <正規化手法> -r <解像度> -o <出力先>/<ファイル名>
```

<サンプルディレクトリ>は custardpy_process_hic の出力先を指し，<ラベル名>は図中で使用するサンプルのラベル名である．-c は可視化したい染色体の番号，-s および -e は可視化したい領域の開始位置と終了位置である．--type は custardpy_process_hic で使用した正規化の方法である．-o は可視化結果の出力先とファイル名である．[オプション]の位置に以下で紹介するオプションを入力することでさまざまな特徴量を可視化できる．

1）インシュレーションスコア

デフォルト（[オプション]の位置に特定のオプションが指定されていない場合）では，plotHiCfeature は各サンプルのインシュレーションスコア（500 kbp解像度）を出力する．インシュレーションスコアは一定のウィンドウサイズを用いて，その領域内の相互作用の密度を計算する．スコアが低い領域は周囲との相互作用が遮断されている（すなわちTAD境界である）ことを示す．

```shell
# インシュレーションスコア（所要時間：数秒）
$ singularity exec custardpy.sif plotHiCfeature \
  CustardPyResults_Hi-C/Juicer_hg38/Control:Control \
  CustardPyResults_Hi-C/Juicer_hg38/siCTCF:siCTCF \
  CustardPyResults_Hi-C/Juicer_hg38/siRad21:siRad21 \
  -c chr20 --start 8000000 --end 16000000 --type SCALE -r 25000 \
  -o visualization/InsulationScore
```

図4Bに実行結果を示す．plotHiCfeatureはオプションによらず，コンパートメントをあらわす第一主成分（コンパートメントPC1）を常に描画する（2段目のラインプロット）．これにより大まかにコンパートメントA/Bを推定できる．3段目と4段目の図はそれぞれオプションで指定した特徴量（今回はインシュレーションスコア）のヒートマップとラインプロットを示す．

2) コンパートメントPC1

[オプション]に--compartmentを指定することで，複数のサンプルのコンパートメントPC1の値を可視化できる（図4C）.

```shell
# Compartment PC1 （所要時間：数秒）
$ singularity exec custardpy.sif plotHiCfeature --compartment \
  CustardPyResults_Hi-C/Juicer_hg38/Control:Control \
  CustardPyResults_Hi-C/Juicer_hg38/siCTCF:siCTCF \
  CustardPyResults_Hi-C/Juicer_hg38/siRad21:siRad21 \
  -c chr20 --start 8000000 --end 16000000 --type SCALE -r 25000 \
  -o visualization/Compartment
```

3) マルチスケールインシュレーションスコア

--multiを使用して各サンプルの100 kbp〜1 Mbpまでのマルチスケールのインシュレーションスコアを計算し可視化することができる（図4D）.

```shell
# マルチスケールインシュレーションスコア  （所要時間：数秒）
$ singularity exec custardpy.sif plotHiCfeature --multi \
  CustardPyResults_Hi-C/Juicer_hg38/Control:Control \
  CustardPyResults_Hi-C/Juicer_hg38/siCTCF:siCTCF \
  CustardPyResults_Hi-C/Juicer_hg38/siRad21:siRad21 \
  -c chr20 --start 8000000 --end 16000000 --type SCALE -r 25000 \
  -o visualization/MultiInsulationScore
```

4) directional relative frequency（DRF）

われわれのこれまでの研究で，2つのサンプルを比較した際にTAD間相互作用（inter-TAD interactions）が5′側と3′側で異なる変動パターンをもつ場合があることを見出した．あるTAD領域は5′側と高頻度で相互作用しているのに対し，3′側との相互作用は減少していることがある．われわれは，このように非対称的な相互作用変動パターンを示すTAD領域をdirectional TAD（dTAD）と定義し，dTADを同定するスコアとしてdirectional relative frequency（DRF）を提案した[11]．5′側との相互作用が多いdTADを5′-dTAD，3′側との相互作用が多いdTADを3′-dTADとよぶ．5′-dTADに含まれるすべての遺伝子座は負のDRF値をもつ．処理群と対照群を比較した際，5′-dTADに分類されたTADは処理後に5′側と相互作用するようになったと解釈できる．このDRFスコアは--drfオプションを使用して可視化できる（図5A）.

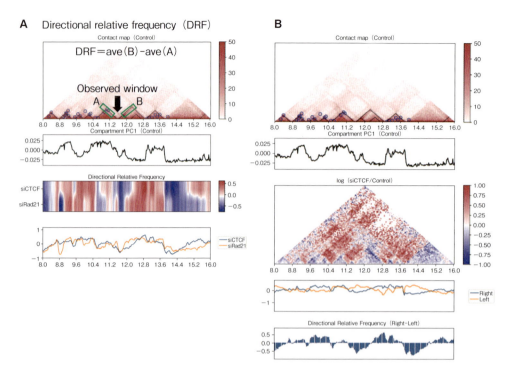

図5 CustardPyを用いたHi-C解析結果の可視化—その3
A) 3段目と4段目がDRFのヒートマップとラインプロット．DRFはウィンドウ内で以下の式を使用して計算される．DRF＝平均接触頻度（B）－平均接触頻度（A）．**B)** 最上段はControlのトライアングルプロットで，3段目はコントロールとsiCTCFの差分を対数スケールで可視化したトライアングルレシオプロットである．4段目の'Right'と'Left'はそれぞれ図5Aの'B'と'A'に対応している．ここではsiCTCF/Controlのみ示す．

```shell
# Directional Relative Frequency (DRF) (所要時間：数秒)
$ singularity exec custardpy.sif plotHiCfeature --drf \
  CustardPyResults_Hi-C/Juicer_hg38/Control:Control \
  CustardPyResults_Hi-C/Juicer_hg38/siCTCF:siCTCF \
  CustardPyResults_Hi-C/Juicer_hg38/siRad21:siRad21 \
  -c chr20 --start 8000000 --end 16000000 --type SCALE -r 25000 \
  -o visualization/DRF
```

5）トライアングルレシオプロットとDRF

DRFは`--triangle_ratio_multi`を使用して可視化もできる．このコマンドは最初のサンプルと比較して，2番目から最後のサンプルの相対接触頻度（対数スケール）を算出し3段目にトライアングルレシオプロットを作成する（図5B）．4段目には，5′側と3′側に対する平均相対接触頻度が表示され，5段目にはDRFが可視化される．このように可視化することで，文脈特異的（context-specific）な立体構造変動を明らかにできると考えられる．

```shell
# drawTriangleRatioMulti（所要時間：数秒）
$ singularity exec custardpy.sif plotHiCfeature \
  --triangle_ratio_multi \
  CustardPyResults_Hi-C/Juicer_hg38/Control:Control \
  CustardPyResults_Hi-C/Juicer_hg38/siCTCF:siCTCF \
  CustardPyResults_Hi-C/Juicer_hg38/siRad21:siRad21 \
  -c chr20 --start 8000000 --end 16000000 --type SCALE -r 25000 \
  -o visualization/TriangleRatioMulti
```

おわりに

　本稿ではゲノム立体構造を解析するために開発したわれわれのパイプライン CustardPy の利用法について簡単に紹介した．誌面の都合上紹介は割愛したが，CustardPy は Cooler や Hi-C Pro など Juicer 以外のパイプラインを用いた解析も可能であり，Micro-C や ChIA-PET データの解析も可能である．データ解析に用いる最適なパイプラインやツールは実験の目的やサンプルの品質（リード数など）によっても変化する．特に TAD やクロマチンループを検出するツールは数多く開発されており，用いるツールによっては得られる結果が異なる場合がある．CustardPy は便利なパイプラインであるが，手法の選択に関してはユーザに委ねる方針をとっている．そのため，解析者は自ら各ツールの特性を理解し適切な選択を行う必要がある．

　近年では，TAD の片側のみに帯状の強い相互作用を示すストライプ（stripe）とよばれる構造や TAD 境界領域に現れる広域の強い相互作用を示すクロマチンジェット（chromatin jet）などの構造も提案され，そのための検出ツールも開発されている[16) 17)]．CustardPy とこれらのツールを組合わせることでさらに詳細な立体構造解析も可能である．本稿および CustardPy のマニュアルを参照し，立体構造解析に役立てていただければ幸いである．

◆ 文献

1 ） Dekker J, et al：Science, 295：1306-1311, doi:10.1126/science.1067799（2002）
2 ） de Wit E & de Laat W：Genes Dev, 26：11-24, doi:10.1101/gad.179804.111（2012）
3 ） Lieberman-Aiden E, et al：Science, 326：289-293, doi:10.1126/science.1181369（2009）
4 ） Hsieh TH, et al：Cell, 162：108-119, doi:10.1016/j.cell.2015.05.048（2015）
5 ） Mumbach MR, et al：Nat Methods, 13：919-922, doi:10.1038/nmeth.3999（2016）
6 ） Mifsud B, et al：Nat Genet, 47：598-606, doi:10.1038/ng.3286（2015）
7 ） Hua P, et al：Nature, 595：125-129, doi:10.1038/s41586-021-03639-4（2021）
8 ） Zufferey M, et al：Genome Biol, 19：217, doi:10.1186/s13059-018-1596-9（2018）
9 ） Salameh TJ, et al：Nat Commun, 11：3428, doi:10.1038/s41467-020-17239-9（2020）
10） Nakato R, et al：Nat Commun, 14：5647, doi:10.1038/s41467-023-41316-4（2023）
11）「CustardPy 1.9.0 documentation」https://custardpy.readthedocs.io/en/latest/index.html（2024年12月閲覧）
12）「CustardPy/tutorial/Hi-C at main·rnakato/CustardPy·GitHub」https://github.com/rnakato/CustardPy/tree/main/tutorial/Hi-C（2024年12月閲覧）
13）「Quick Start-SingularityCE User Guide 4.2 documentation」https://docs.sylabs.io/guides/latest/user-guide/quick_start.html（2024年12月閲覧）
14）「GitHub-rnakato/CustardPy：A docker image for 3D genome analysis」https://github.com/rnakato/CustardPy（2024年12

月閲覧）

15) Wang J & Nakato R：Brief Bioinform, 23：doi:10.1093/bib/bbab509（2022）
16) Vian L, et al：Cell, 173：1165-1178.e20, doi:10.1016/j.cell.2018.03.072（2018）
17) Guo Y, et al：Mol Cell, 82：3769-3780.e5, doi:10.1016/j.molcel.2022.09.003（2022）

◆ 参考図書
1）「三次元クロマチン構造を捉える」（前澤　創，高橋一生，行川　賢），実験医学別冊「クロマチン解析実践プロトコール」，羊土社（2021）
2）「Dockerプラットフォームを用いたシングルセル解析支援」（中戸隆一郎），実験医学増刊号 Vol.39 No.12, 羊土社（2021）

第3章 各オミクスにおけるデータ解析
3. scRNA-Seq解析

萩原 柾, 大倉永也

ポイント 本稿では，マルチオミクス解析におけるシングルセルRNAシークエンシング（scRNA-Seq）のデータ解析について解説する．まず，scRNA-Seqの各プラットフォームの原理を簡潔に説明し，マルチオミクス解析におけるscRNA-Seqの重要性を紹介する．次に，PythonのscRNA-Seq解析ライブラリであるScanpyを使用した具体的なデータ解析方法を説明する．最後に，同一細胞から取得した複数のオミクス情報を統合して実施するマルチモーダル解析についても簡単に触れておく．

はじめに

シングルセルRNAシークエンシング（scRNA-Seq）は，単一細胞レベルで遺伝子発現をプロファイリングする技術である．この技術により，組織や細胞集団の異質性を解明し，個々の細胞の特性を明らかにすることができる．マルチオミクス解析を実施する際にも，RNA発現データは非常に多くの情報を含んでいるため，他のオミクス解析と組合わせられることが多い．また，マルチオミクス解析には大きく分けて2種類がある．一つは，異なる検体から独立してオミクス情報を得て，それらを統合して解析する方法であり，もう一つは，同一細胞から複数のオミクス情報を同時に取得し，個々の細胞レベルで解析する方法である．後者をマルチモーダル解析といい，最新の研究領域として注目されている．

マルチオミクス解析におけるscRNA-Seq技術の背景と原理

1. シングルセル解析の基本原理の概要と種類

シングルセルRNAシークエンシング（scRNA-Seq）は，単一細胞レベルで遺伝子発現を解析する技術である．この技術は，細胞の多様性を理解するための強力なツールであり，特に異質性の高い組織や複雑な生物学的プロセスを研究する際に有用である．scRNA-Seqは，従来のバルクRNAシークエンシング（bulk RNA-Seq）とは異なり，単一細胞ごとの遺伝子発現プロファイルを提供する．この違いにより，細胞集団内のサブポピュレーションや希少な細胞タイプの同定が可能になる．

scRNA-Seqの基本原理は，まず単一細胞を分離することからはじまる．これには，マイクロ

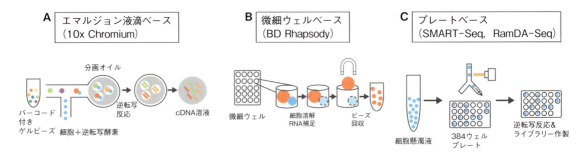

図1　さまざまなscRNA-Seq解析プラットフォーム

流路技術やセルソーターなどが利用される．分離された細胞は，細胞ごとにRNAを抽出し，逆転写酵素を用いてcDNAに変換する．次に，cDNAをライブラリ化し，高スループットシークエンシングによりシークエンスデータを取得する．このプロセスにより，各細胞の遺伝子発現プロファイルを得ることができる（第2章-2参照）．

　scRNA-Seqには，さまざまなプラットフォームが存在し，それぞれが独自の特徴と利点をもっている．主要なプラットフォームとしては，エマルジョンベース，微細ウェルベース，プレートベースがあげられる（図1）．

　エマルジョンベースの代表例としては，10x Genomics社のプラットフォーム10x Chromiumがある．この技術は，マイクロ流路チップを利用して数千から数万の細胞を一度に解析することができる．10x Chromiumの主要な利点は，その高いスループットと再現性であり，大規模な細胞集団の解析に適している（図1A）．

　微細ウェルベースのプラットフォームとしては，ベクトン・ディッキンソン社の製品が代表的である．ベクトン・ディッキンソン社の微細ウェルベース技術は，各細胞を個別のウェルに分離し，そこでRNAをキャプチャする．このアプローチは，細胞間のクロストークを最小限に抑え，高い精度で遺伝子発現プロファイルを取得することができる（図1B）．

　プレートベースの代表例としては，SMART-Seqがあげられる．SMART-Seqは，単一細胞からの全長cDNAを生成できる技術であり，特に遺伝子の完全な転写物を解析する必要がある場合に有用である．SMART-Seqの利点は，高い感度と全長転写物の解析能力であるが，スループットは10x Chromiumに比べて低い（図1C）．

2. マルチオミクス解析で使用するプラットフォームの選び方

　scRNA-Seqのプラットフォームの選び方は，研究の目的や予算，解析したい細胞の種類や数などに依存する．高スループットで大規模な解析を行いたい場合は10x Chromiumが適しており，全長転写物の解析が必要な場合はSMART-Seqを選ぶことをオススメする．

　また，マルチモーダル解析を行う場合，10x Genomics社からはscRNA-Seqとプロテオミクス（CITE-Seq）やクロマチン情報（ATAC-Seq）を組合わせた製品が提供されており，比較的簡便に解析を開始できる．これらの製品を活用することで，異なるオミクスデータを統合し，より包括的な生物学的洞察を得ることが可能である．

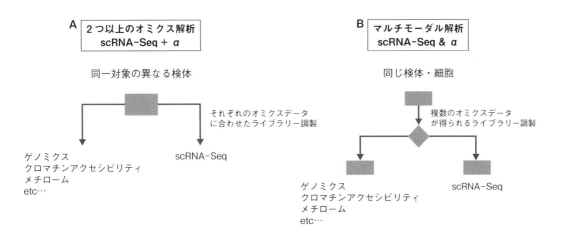

図2 scRNA-Seqと他のオミクス解析の組合わせと具体的な模式図（プロテイン，ATAC，ゲノム，空間）
A）例：少数患者でscRNA-Seqを実施し，大人数でゲノム解析を実施する．B）例：少数患者でscRNA-Seqとゲノム解析を同一検体で同時に行う

表 scRNA-Seqを含んだマルチモーダル解析の例

マルチモーダル解析の種類	例
プロテオミクス解析との組合わせ	CITE-Seq, inCITE-Seq, REAP-Seq, RAID-Seq, SPARC
クロマチンアクセシビリティ解析との組合わせ	sci-CAR, SNARE-Seq, Paired-Seq, scCAT-Seq
ゲノミクス解析との組合わせ	DR-Seq, G & T-Seq, SIDR-Seq, DNTR-Seq
メチル化解析との組合わせ	scMT-Seq, Smart-RRBS

3. マルチモーダルオミクス解析の進展

　マルチオミクス解析には大きく2種類ある．1つが，同一対象の異なる検体を独立にオミクス解析にかけるパターン（図2A）．この場合は，結果ごとの解釈は可能だが，オミクスデータが別々の検体に由来するため，統合的なデータ解析は制限される．もう一つが，同一の検体・細胞に対して，複数のオミクスデータを同時に取得する方法である（図2B）．この場合，例えば，遺伝子発現データとクロマチンデータが同じ細胞・検体から取得できるので，より詳細な結果の解釈が可能になる．近年は3つ以上のオミクス情報を同時に取得できるような方法も報告されはじめている（表）[1]．

scRNA-Seqの基本的な解析ツールの紹介

データ解析に使われる主なソフトウェアとライブラリ

　10x Genomics社の10x Chromiumは，現在最も広く利用されているscRNA-Seqプラットフォームである．本稿では，10x Chromiumで取得されたscRNA-Seqデータについての解析手

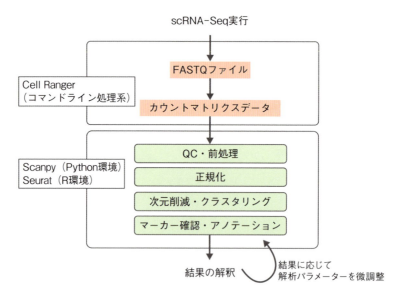

図3　FASTQファイルからのScanpyを用いた解析フローチャート

法を解説する．他のプラットフォームを使用する場合も，解析の流れに関しては大きく変わらないので参考にしてほしい．概要としては，自前で取得したり，公共データベースから取得したりしたFASTQファイルをCell Rangerを用いてカウントマトリクスデータを取得する．その後，カウントマトリクスデータについて，PythonやRで解析を進め，最終的に可視化をするというプロセスである（図3）．

Cell Ranger

Cell Ranger[2]は，10x Genomics社が提供する専用の解析ソフトウェアであり，10x Chromium由来のデータの前処理に特化している．さまざまな機能を有するが，主にはFASTQファイルからカウントマトリクスデータを抽出するのに使用される．

Scanpy, Seurat

ScanpyはPythonで開発され，SeuratはRで開発されたscRNA-Seq解析ツールである．両ツールとも，データの前処理，クラスタリング，次元削減，可視化などの標準的な解析機能に加え，さまざまな追加モジュールを提供している．可能な処理は両ツールで大きく変わらないので，所属している研究室や周りで使用している人に合わせてどちらのツールを使用しても構わない．将来的には両方のツールを使えるようにしておくと，状況に応じて使い分けることができて便利である．

プロトコール

解析環境

☐ **CPU**：8コア（16コア推奨）

☐ メモリ：64 GB RAM（128 GB推奨）
☐ 空ストレージ容量：250 GB以上

使用するソフトウェア

☐ Cell Ranger
☐ Scanpy

標準的な解析コマンドフロー

　今回は，最も一般的な10x Genomics社のscRNA-Seqの結果をinputに，Cell Rangerと Scanpyを用いた一般的なシングルセル解析の手順を紹介する（図3）．今回紹介する以外にも途中のプロセスでさまざまな処理（ダブレット除去，Ambient mRNA除去など）を追加することで，データのバイアスを補正する方法が存在する．そのため，Scanpyの公式チュートリアル[3]を必ず一度は参照してほしい．また，より最適化された解析手順については，「Single-cell best practices」のウェブサイト[4]も有用なので，参考にして欲しい．

❶ Cell Rangerを用いて，FASTQファイルからカウントマトリクスデータを取得

　Cell RangerはLinux上で動作するソフトウェアである．Cell Rangerは高いRAM容量と8コア以上のCPUを必要とし，十分なスペックをもつPCでないと処理に時間がかかる可能性がある．そのため，スーパーコンピューターの利用が推奨される．Cell Rangerを使用する前に，10x Genomics社のウェブページから圧縮ファイルをダウンロードして，パスを通して準備する．また，事前にCell Rangerの公式HPから，レファレンスのファイルを取得する．ヒトとマウスであればあらかじめ用意されたファイルが10x Genomics社のウェブページより入手できる．他の動物種や個別でカスタムしたレファレンスを使用する場合もCell Rangerで作製することが可能である．

```shell
# cellranger countコマンドを実行
$ cellranger count --id=sample_id # 出力フォルダの名前
  --transcriptome=reference_data # ダウンロードしたレファレンスデータ
                                 # のパス
  --fastqs=fastq_files # inputのFASTQが存在するディレクトリ
  --sample=sample_name # inputのFASTQファイル名の先頭部分. 例えば,
                       # sample1_S1_R1_001.fastq.gz, sample1_S1_
                       # R2_001.fastq.gzならば, sample1が相当する.
```

　以降の解析では，出力ディレクトリ内のoutsディレクトリにあるfiltered_feature_bc_matrix.h5ファイルを使用する．複数のサンプルを同時に解析する場合は，ファイル名を変更して管理することをお勧めする．

❷ Scanpyなどのライブラリをインストール

　Scanpyの解析はJupyter Labの環境で実行することを推奨する．事前にAnacondaをインス

トールし，Jupyter Labを使用にしておく．Jupyter LabではPythonのコマンドをインタラクティブに実行できるので，お勧めである．次に，シングルセル解析に必要なライブラリ（Scanpy等）をインストールする．

1) コマンドラインインターフェースを起動する．Macの場合はターミナル，Windowsの場合はコマンドプロンプトまたはPowerShellなどを使用する．
2) 以下のコマンドを入力する．

```shell
$ conda install -c conda-forge scanpy python-igraph leidenalg ⏎
  pooch
```

前述のライブラリをインストールすることで，依存関係にあるライブラリも自動的にインストールされる．

以上で，Jupyter Lab上でシングルセル解析を開始するための準備が完了した．

❸ Pythonのライブラリのインポートとデータ読み込み

解析を進めるにあたって，必要なライブラリを事前に読み込む必要がある．以下のコマンドでは，今回使用するライブラリ（Scanpyなど）をimportする．

```Python
# ライブラリのインポート
import scanpy as sc
import anndata as ad
# 本稿の解析データのダウンロードに必要なライブラリ
import pooch
# データの読み込みのための関数
```

Scanpyはさまざまなデータ形式をサポートしている．データの形式に応じて，適切な読み込みのコマンドを使用する必要がある．例えば，10x Chromiumプラットフォームを使用して取得されたデータの場合，通常，Cell Rangerによって出力された結果をとり扱う．これらのデータを読み込むには，sc.read_10x_mtx関数を使用する．一方で，h5ad形式はScanpyの独自ファイル形式であり，これを読み込むためにはsc.read_h5ad関数を使用する．また，タブで区切られたテキストファイルやCSVファイルの場合，sc.read_textまたはsc.read_csv関数を使用してデータを読み込む．

```Python
# データのダウンロード
# 本稿で使用するデータは，10x Genomics社のCell Rangerから出力された
# ヒトPBMC（末梢血単核球）のデータである．
```

```python
EXAMPLE_DATA = pooch.create(
    path=pooch.os_cache('scverse_tutorials'),
    base_url='doi:10.6084/m9.figshare.22716739.v1/',
)
EXAMPLE_DATA.load_registry_from_doi() # データ読み込みの実施
```

このデータセットには，サンプルごとに細胞バーコードと遺伝子発現情報が含まれている．データの読み込みには，Scanpyライブラリの**sc.read_10x_h5**関数を使用する．以下のコードでは，各サンプルのデータファイルを読み込み，adataオブジェクトとして統合している．このようにして，複数のサンプルから取得したデータを1つのadataオブジェクトに統合することができる．

```python
samples = {
    's1d1': 's1d1_filtered_feature_bc_matrix.h5',
    's1d3': 's1d3_filtered_feature_bc_matrix.h5',
}
adatas = {}
for sample_id, filename in samples.items():
    path = EXAMPLE_DATA.fetch(filename)
    sample_adata = sc.read_10x_h5(path)
    sample_adata.var_names_make_unique()
    adatas[sample_id] = sample_adata

adata = ad.concat(adatas, label='sample') # adataを結合
adata.obs_names_make_unique() # 重複した細胞名を排除
```

❹ Quality controlと前処理

低品質の細胞や遺伝子は，解析結果の精度を損ない，信頼性が低下するおそれがある．そのため，検出される遺伝子数が少なく，情報が不足している細胞や，大部分の細胞で検出されない遺伝子は，解析の対象から除外する必要がある．さらに，ミトコンドリア遺伝子の割合が高い細胞も注意が必要である．ミトコンドリア遺伝子の割合が異常に高いということは，細胞が損傷し，細胞質内のRNAがほとんど失われてミトコンドリア内のRNAが主に検出されている可能性があるため，除外する必要がある．これらのステップを通じてデータを適切に整理することで，より信頼性の高い解析を実施することができる（図4）．

```python
# ミトコンドリア遺伝子を選択．通常 "MT-" ではじまる．
adata.var['mt'] = adata.var_names.str.startswith('MT-')
```

```python
# Quality controlに必要な測定項目を計算し，表示
sc.pp.calculate_qc_metrics(
    adata, qc_vars=['mt'], inplace=True, log1p=True
)
sc.pl.violin(
    adata,
    ['n_genes_by_counts', 'total_counts', 'pct_counts_mt'],
    jitter=0.4,
    multi_panel=True,
)
```

QC基準（Quality control基準）に基づき，発現ミトコンドリア遺伝子数や総カウント数が多すぎる細胞を除去できる．ただし，QC基準が不十分に見えても実際の生物学的現象に起因している場合があるため，寛容なフィルタリング戦略からはじめ，後で再検討することが推奨される．本稿では，発現遺伝子が100個未満の細胞と，3個未満の細胞で検出された遺伝子だけをフィルターしている．

```python
# 細胞と遺伝子のフィルタリング
# データ中のノイズとなる細胞や遺伝子をとり除く
sc.pp.filter_cells(adata, min_genes=100)
# 100個未満の遺伝子しか検出されていない細胞をデータセットからとり除く
sc.pp.filter_genes(adata, min_cells=3)
# 3つ未満の細胞でしか検出されていない遺伝子をデータセットからとり除く
```

❺ データの正規化・対数変換

シングルセルデータの正規化は，後続の解析でバイアスが生じるのを防ぐための重要なステッ

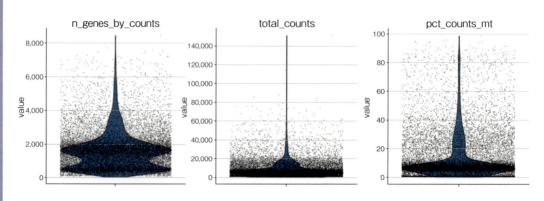

図4

プである.

```Python
# 正規化と対数変換
sc.pp.normalize_total(adata)
# 各細胞のリードカウントを正規化して，それらの合計が一定になるように
# スケーリングする
# この手法により，異なる細胞間でのリードカウントの違いが一定の基準に
# 揃えられる
sc.pp.log1p(adata)
# データに対数変換(log(1+x))を適用する．その結果，データのばらつきが
# 緩和され，値の範囲全体をより均一に扱うことが可能になる
```

❻ 高変動性遺伝子の抽出

通常，シングルセル解析はある特定の組織に注目して行われ，得られるデータセットには多くの遺伝子情報が含まれている．この多くの遺伝子のなかから解析に重要なものを絞り込むため，各遺伝子の変動係数や平均発現量を計算し，これらの情報を基に選別を行う．500～2,000個程度の選択された遺伝子（高変動性遺伝子）を特定し，これらを次の解析ステップで使用するのが一般的である．

```Python
# 遺伝子発現量から高変動性遺伝子を特定
sc.pp.highly_variable_genes(adata, n_top_genes=2000,
                                   batch_key='sample')
sc.pl.highly_variable_genes(adata)
```

前述のコマンドを実行することで，高変動性遺伝子のリストが.var.highly_variableに保存され，その後に続く解析ではそれらが用いられる（図5）.

❼ 次元削減・近傍関係の特定

主成分分析（principal compartment analysis：PCA）では，シングルセルの高次元データ（数千遺伝子）を低次元（数個の主成分）に削減する．また，PCAによって得られた主成分を利用して，各細胞の近傍関係を計算する．この近傍関係を利用して，後の細胞クラスタリングを行う．

```Python
# データのスケーリングと主成分分析（PCA）
sc.tl.pca(adata)
# 近傍関係の計算とUMAPの計算
sc.pp.neighbors(adata)
sc.tl.umap(adata)
```

❽ クラスタリング・可視化

leidenアルゴリズムを用いて，細胞をクラスタリングし，UMAP上にプロットする（図6）．

```Python
# クラスタリング
sc.tl.leiden(adata)
# 結果をUMAP上にプロット（図6）
sc.pl.umap(adata, color=['CD3E', 'CD4', 'CD8A', 'KLRG1'])
```

クラスターを分類した後に，発現遺伝子に基づいて細胞種をアノテーションすることで，以降の結果の解釈に活用する．また，他にもさまざまなプロットで遺伝子発現を可視化できる．自分の研究目的に合わせた可視化を検討してみて欲しい．

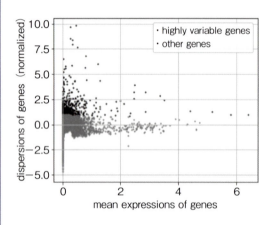
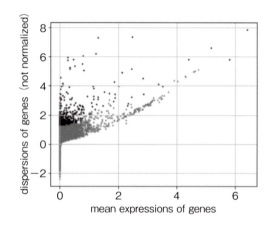

図5

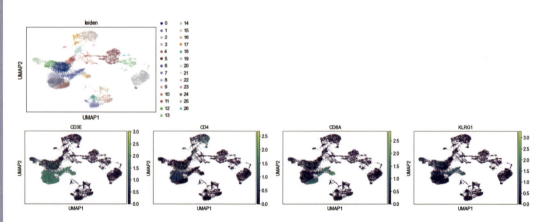

図6

バイオリンプロット（violin plot）

遺伝子発現データの分布を視覚化するために使用される．各カテゴリのデータの分布を滑らかな曲線で示し，中央値や四分位範囲も表示できる．

ドットプロット（dot plot）

遺伝子発現レベルと各クラスタ内での発現割合を視覚化する．ドットの大きさは発現割合を，色は発現レベルをあらわす．

ヒートマップ（heatmap）

遺伝子の発現レベルを色で表現する．細胞や遺伝子のクラスタリングも行うことで，パターンを視覚的に捉えやすくする．

マルチオミクス解析の場合の解析ライブラリと可視化の一例

ここからは少し応用的になるが，図2に記載したように同一の細胞から複数のオミクスデータを取得した場合にどのように解析・可視化するのかを紹介する．今回はマルチモーダルなデータを解析するライブラリとしてmuonを紹介する[5]．

muonは，シングルセルデータ解析に特化したマルチモーダルデータの解析ライブラリであり，scRNA-Seq＋scATAC-Seq，またはscRNA-Seq＋CITE-Seqのデータなどを統合して解析するための強力なツールである．

マルチモーダルデータの解析ライブラリについてはまだ十分に整備されていない点もあり，複数のライブラリが乱立している状態である．そのため，おのおのの目的に応じて使用するライブラリを選択してほしい．

1. scRNA-Seqとプロテオミクスの統合解析

scRNA-SeqのRNA発現を元に細胞にアノテーションを付与したデータにおいて，CD3EのRNA発現とタンパク質発現を可視化している（図7上）．このようにRNAレベルとタンパク質レベルでの発現が一致しているかどうかを確認することで，遺伝子発現調節のメカニズムやポストトランスクリプショナルな調節の影響を評価できる．さらに，CD45RAやCD45ROといった異なるアイソフォームの検出もタンパク質発現データでは可能である（図7下）．これにより，RNAデータだけでは得られない情報を補完し，細胞の状態や機能についてより詳細に解析することができる．

2. scRNA-SeqとATAC-Seqの統合解析

この図8は，scRNA-Seqのデータにクロマチン情報（scATAC-Seq）を統合した結果を示している．具体的には，chr9:107480158-107492721に対するクロマチンのアクセシビリティを示している．この図により，遺伝子発現とクロマチン構造の関係を視覚的に解析することができる．これらの情報を用いることで，特定の遺伝子がどのようにクロマチン構造に影響を受けているかを理解できる．

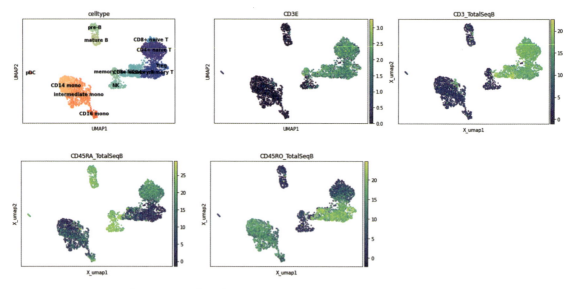

図7 scRNA-Seqのデータにタンパク質の発現情報を載せた図

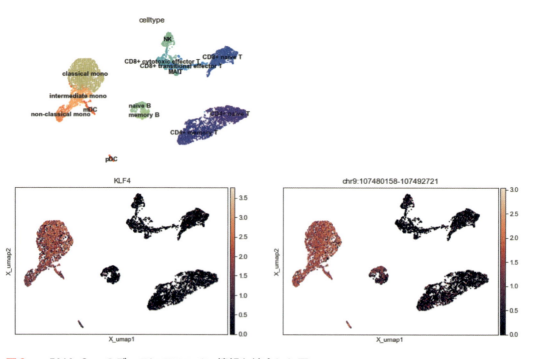

図8 scRNA-Seqのデータにクロマチン情報を統合した図

おわりに

本稿では，scRNA-Seqにおけるデータ解析を中心に解説した．本稿で紹介した解析手順を踏

めば，一通りのシングルセル解析を実施することができる．より詳細で踏み込んだ解析には，公式チュートリアルや論文での実施例を参考に，各種応用解析を実践することを推奨する．

また，応用的な内容として，マルチモーダル解析におけるデータ解析の方法も簡単に紹介した．今回紹介した解析以外にも，scRNA-Seqと他のオミクス解析を組合わせた解析は近年急速に発展している．研究の目的に応じて，最適な解析ツールを探し，応用していくことが重要である．

マルチオミクス解析は，生物学の理解を深め，新たな発見をもたらす強力な手段である．今後も技術の進展とともに，解析手法がさらに進化することが期待される．読者の皆様には，本稿を参考にして自身の研究に役立てていただければ幸いである．

コラム：技術の革新，毎日の更新

私もまだまだオミクス解析を用いた研究をはじめたばかりだが，この短い期間でも解析ライブラリが日々進化していることを実感できる．ウェット研究では革新的な技術発展は約10年に1度くらいの頻度で訪れるイメージがあり，古典的な方法も依然として重宝されている印象がある．しかし，ドライ研究では，以前まで最適とされていたプラットフォームや解析方法が2～3年でより最適化されたものに置き換わることが多い．その進化の背後には，オープンソースの貢献とコミュニティの重要な役割がある．研究者が新しいツールを開発し，公開することで，他の研究者がそれを利用し改善するサイクルが形成されている．数年前に得られた手法は現在では使われておらず，時代遅れになっていることも少なくない．そのため，われわれ研究者は常に最新の情報をアップデートしていかなければならない．本書で解説している内容も，2～3年後には全く新しい内容に置き換わり，常識が変わっているだろう．ぜひ，これからも情報のアップデートと自らの方法を疑う視点を忘れずに研究を続けていただきたい．

◆ 文献

1）Lim J, et al：Exp Mol Med, 56：515-526, doi:10.1038/s12276-024-01186-2（2024）
2）「Cell Ranger」https://www.10xgenomics.com/jp/support/software/cell-ranger/latest（2024年9月閲覧）
3）「Scanpy tutorials Preprocessing and clustering」
　　https://scanpy.readthedocs.io/en/stable/tutorials/basics/clustering.html#（2024年9月閲覧）
4）「Single-cell best practices」https://www.sc-best-practices.org/preamble.html（2024年9月閲覧）
5）Bredikhin D, et al：Genome Biol, 23：42, doi:10.1186/s13059-021-02577-8（2022）

◆ 参考図書

「実験デザインからわかる　シングルセル研究実践テキスト」（大倉永也，渡辺　亮，鈴木　穣／編），羊土社（2024）

第3章 各オミクスにおけるデータ解析

4. scATAC-Seqによる転写制御解析

河口理紗, 堀江健太

> **ポイント**
> 一細胞レベルでクロマチンのアクセシビリティを計測することができるscATAC-Seqの登場によって, 個々の細胞間の不均一性を生み出すシス制御領域の特定や, 組織・部位特異的に働くエンハンサーの発見・デザインなどの, さらなる応用研究が次々に展開されている. 本稿では, scATAC-Seqのデータ解析の一般的なワークフローと, 配列解析ツールを組合わせることによるさまざまなシス制御ネットワークの解明, さらに細胞分化に着目した発展的な解析事例を紹介し, scATAC-Seq解析がもつ独自のポテンシャルをあますことなく紹介する.

はじめに

　一細胞レベルでのオミクス解析は, 細胞集団がもつ不均一性が生み出されるメカニズムの解明に大きく貢献してきた. なかでも, DNA上のさまざまな修飾状態を検出するエピゲノム情報は, 個々の細胞がどのように多様な遺伝子発現パターンを獲得し, 今後どのような分化を遂げていくかを推定する大きな手がかりとなる. Single-cell Assay for Transposase Accessible Chromatin with Sequencing (scATAC-Seq) は, Tn5トランスポザーゼによりゲノム上のアクセシブルな領域にアダプター配列を挿入することで, クロマチン状態がアクセシブルなDNA領域の検出が可能となる実験手法である (図1A). クロマチン・アクセシビリティのパターンからは, エンハンサー・プロモーター等のシス制御領域や, 発現が活性化している遺伝子領域など種々の発現制御の情報が得られる. 2015年に約1カ月違いで異なる技術に基づくscATAC-Seqの論文が2本発表されて以来, scATAC-Seq解析はその簡便性から現在までさまざまな対象に広く適用されてきた. 本稿では, scATAC-Seqのデータ解析の一般的なワークフローと, 転写制御メカニズムを明らかにするためのツール群, さらに細胞分化に着目した発展的な解析事例を紹介する. 読者が今後scATAC-Seq解析を応用していく際の一助となれば幸いである.

データ解析の基本とワークフロー

1. データの取得

　scATAC-Seqの主要なステップの一つが, 主に抽出された単一核に対するTn5トランスポ

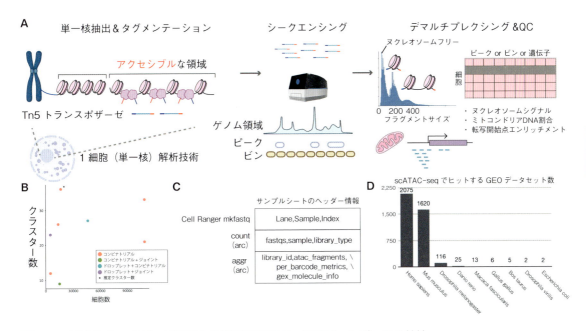

図1 scATAC-Seqのデータ取得から解析までのワークフローとデータの特性

A) scATAC-Seqの実験・解析プロセスの概要. **B)** 異なるグループの先行研究でマウスの脳から得られたscATAC-Seqデータセットの細胞数・アノテーションされたクラスター数の比較（文献3より引用）. **C)** Cell RangerによるscATAC-Seq解析で必要となる各コマンドとサンプルシートの例. **D)** GEOでヒットするscATAC-Seqのデータセットの生物種別統計. （Bは文献3より引用）

ザーゼによるアダプター配列の挿入（タグメンテーション）である（図1A）. 挿入されたアダプターに挟まれた領域はシークエンサーによって解読され，得られたリードをゲノム上へとマップクロマチンのオープンな領域を特定する. 各領域は等間隔のビンに区切られるかリードが集積したピーク領域として以降扱われる. 1細胞レベルの解析では，それに加えて各リードがどの細胞由来かを特定するためのバーコードが付加されており，デマルチプレクシング（逆多重化）によって，細胞×ゲノム上の領域のサイズのスパース行列が構築できる. これを利用してさまざまな発展的解析を進めていく.

　scATAC-Seqで各細胞を分離するには，主にマイクロ流路を利用して各細胞にユニークなバーコードを付加するドロップレット手法と，いくつかのプールに細胞をランダムに分割しユニークなバーコードを付加するステップを複数回くり返すコンビナトリアル手法, さらにその両者を組合わせるscifi-ATAC-Seqなどのさまざまな実験プロトコールが存在する. これらのプロトコールの違いは，計測可能な細胞数やリードのカバレージ，S/N比などの点でさまざまな影響を及ぼし[1], 品質管理（QC）やデータセット間比較の際には特に注意が必要となる. 実際のQCのプロセスではscRNA-Seqと同様にバーコードのホワイトリストや分子バーコード（UMI）の分布情報を参考に，低品質な細胞のフィルタリングが行われる. その後，ヌクレオソームシグナル，ミトコンドリアDNA割合，転写開始点上流のリードのエンリッチメントなどを基準に，マニュアルで細胞のフィルタリングを行う. 例えば，Pythonベースのワークフローmuonでは，ヌクレオソームが結合していないフラグメント（＜147 bp）に対するシング

ルヌクレオソームに対応するフラグメント（147～294 bp）の比が閾値より高い細胞を除外することを推奨している．QCにおけるパラメータ設定のベストプラクティス情報も公開されているが[2]，利用したプロトコールやサンプル状態によりそもそものデータの解像度も大きく左右されることから（図1B）[3]，解析の際には得られたクラスターで遺伝子領域の活性化パターンを確認しつつ適切なフィルタリング設定を探索することをおすすめする．

　実際のデータ取得プロセスを見ていこう．以下は10x Genomicsのプラットフォームを利用した場合の，Cell Rangerによるデマルチプレクシングの例である．コンビナトリアル法を利用した場合は，イルミナ社が提供するbcl2fastqを直接利用するか先行研究の公開カスタムスクリプトなどを参照する．Cell Ranger ATAC（scATAC-Seq解析単体）とCell Ranger ARC（scMultiomeによるscRNA-Seqとの同時計測）は，それぞれ異なる実験プロトコールから生成されるデータを扱うが解析コマンド自体はほぼ共通で，生データからfastqを生成するmkfastqコマンドを走らせたあと，サンプルごとにデータ行列を作成するcountコマンドを走らせる．scMultiome解析ではRNAとATACから得られた情報の両者を細胞のフィルタリング等に用いるため，すべてのオミクスデータを同時に処理することが推奨されている．詳細なオプションやサンプルシートの指定方法は公式のマニュアルや，Cumulus[4]などラッパーのドキュメントが参考になる（図1C）．

```shell
cellranger-arc mkfastq \ # mkfastqコマンドの実行
  --id=myproject \
  --run=/path/to/myproject \
  --csv=sample-sheet_mkfastq.csv # 生データへのパスやレーンなどの情報
for sample in count1 count2 count3;
  do
    cellranger-arc count \ # countコマンドの実行
    --id=${sample} \
    --reference=refdata-cellranger-arc-GRCh38-2020-A-2.0.0 \
    --libraries=sample-sheet_count_${sample}.csv \
    # fastqへのパスやサンプル情報
    --localcores=16 \
    --localmem=128
  done
```

　countコマンドはサンプルを配置するチップ上の（ウェルの）データ（この例ではcount1-3が存在する）ごとに実行されるため，それらを同時に解析したい場合には以下のaggrコマンドを追加で走らせる．このコマンドは，ライブラリーのサイズを均一にするなどの正規化ステップに加えて，scATAC-Seq解析では再度全サンプルを対象にピークコールを走らせて同じ細胞×ピークのデータ行列にしてから，データ行列の統合を行う．

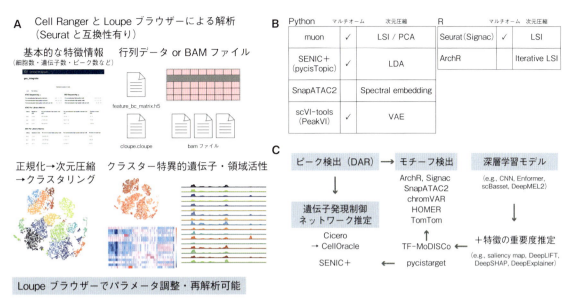

図2　scATAC-Seqの基本解析とシス制御因子推定
A) Cell RangerとLoupeブラウザーを利用したscATAC-Seq解析で得られる結果例．**B)** scATAC-Seqの基本解析に利用可能なPython・Rベースの1細胞データ解析プラットフォーム．**C)** scATAC-Seq解析を利用したシス制御因子推定に利用可能な関連ツール一覧．

```shell
$ cellranger-arc aggr \
  --id=all_sample \
  --reference=refdata-cellranger-arc-GRCh38-2020-A-2.0.0 \
  --csv=sample-sheet_aggr.csv \
  --localcores=16 \
  --localmem=128
```

　近年のscATAC-Seq解析では，ドロップレットを利用した解析の精度が大幅に改善し，2024年現在Gene Expression Omnibus（GEO）では3,820件の公開データセットがヒットする（図1D）．しかし，解析対象の生物種には大きな偏りが存在し，ヒトやマウス，次いでショウジョウバエが多数を占める．非モデル生物などでは，リファレンスゲノムの遺伝子間領域のアノテーション情報やアセンブリの質が大きく異なり，解析から除くべきゲノム上の領域の拒否リスト[5]も一部のモデル生物でしか利用できないため，解析には一層の注意が必要である．

2. データの基本解析

　Cell Rangerはデータの正規化だけでなく，次元圧縮・クラスタリング・転写因子結合モチーフの活性化の推定までの結果を一通り出力する（図2A）．10x Genomics提供のLoupeブラウザを利用することで，パラメータを変更した再解析なども可能となるが，より柔軟な手法選択や下流解析を行う場合は，bamファイルや行列データを外部ツールに読み込ませる．現在活発に

開発が行われている解析プラットフォームは，Pythonユーザーの場合muon，scVI-tools（PeakVI），SENIC+（pycisTopic），SnapATAC2など，Rユーザーでは Seurat[6]（Signac[7]），ArchRなどが最初の選択肢としてあげられる．基本解析はどのツールを用いても一通りのことが可能となるが，ツール内でデフォルトとされる特徴量や次元圧縮方法（例：LSI，iterative LSI，spectral embedding，LDAなど）には多くの違いがある（図2B）．筆者の経験では，十分なクオリティをもつデータセットであれば，細かな設定の違いが大まかなクラスタリングに影響を及ぼすことは稀である（ただし次元削減後の次元数を除く）．よって，目標とする下流の解析や目的と利用環境にあったツールを選択してほしい[8]．以下は，muonにおけるscATAC-Seqデータの次元圧縮・クラスタリングのためのコード例である．

```Python
import muon as mu
from muon import atac as ac
import scanpy as sc
# 既存のh5muファイル，もしくはHDF5ファイルを
# mu.read_10x_h5などを介して読み込む
mdata = mu.read('data.h5mu')
atac = mdata.mod['atac']
# 次元圧縮とクラスタリング
atac.layers['counts'] = atac.X
ac.pp.tfidf(atac, scale_factor=1e4)
sc.pl.highly_variable_genes(atac)
# LSIの第一成分はカバレージの影響が強いため除外する
atac.obsm['X_lsi'] = atac.obsm['X_lsi'][:,1:]
atac.varm['LSI'] = atac.varm['LSI'][:,1:]
atac.uns['lsi']['stdev'] = atac.uns['lsi']['stdev'][1:]
sc.pp.neighbors(atac, use_rep='X_lsi', n_neighbors=50, n_pcs=30)
sc.tl.leiden(atac)
sc.tl.umap(atac, spread=1.5, min_dist=.5, random_state=20)
```

得られたクラスターで活性化されている遺伝子領域やモチーフの情報を頼りに，マニュアルで各クラスターと細胞種や細胞状態とを結びつけ，scATAC-Seq解析における基本的なアノテーションは完了となる．scMultiome解析の場合は，トランスクリプトームから得られたクラスター・ラベル情報も参考になるだろう．

3. scATAC-Seqによるシス制御因子推定

アノテーションの完了後は，それぞれの細胞種・細胞状態において特異的にアクセシビリティが変化する領域 differentially accesible region（DAR）に着目し，転写制御にかかわるシス制御領域，ひいては細胞種特異的に働く転写因子群や遺伝子制御ネットワークの推定を行う．実際にこれらの解析で用いられるツール群を図2Cに例として示す．多くのscATAC-Seq解析

154　実験デザインからわかる マルチオミクス研究実践テキスト

ツールではDARの検出まではスムーズに行うことができ，ArchRやSignac，SnapATAC2などはDAR周辺にエンリッチする転写因子のモチーフ解析まで内部の関数で実行できる．それ以外のツールも，外部ツールと連携しさまざまなモチーフ解析が簡便に行えるようになっている．また遺伝子発現制御ネットワークの推定のため，scATAC-Seqに加えてscRNA-Seqやバルクのデータを組合わせるなど，さまざまなアプローチがレビュー[9]で紹介されている．

　一方で，検出されたピークのみに依存するのではなく，DNA配列とエピゲノム状態を関連付ける深層学習モデルを訓練することで，より複雑な制御関係を明らかにする方法も最近応用の幅を広げている．本来中身がブラックボックスとなってしまう深層学習モデルの解釈性を上げるために，おのおのの特徴量がどの程度予測に寄与するか，その重要性を評価するためのサリエンシーマップやDeepLiftといった手法が開発されてきた．これをエピゲノム状態を配列から予測するモデルに適用することで，どのような部分配列がアクセシビリティに正負どちらの方向で影響を及ぼしているかを推定することができる．これにより複数の転写因子モチーフの組合わせや，正負の方向にアクセシビリティへ影響をもつモチーフを，ゲノムワイドに探索することが可能となった．さらに，このようなモチーフ情報を生成モデルと組合わせることで，より複雑な組織特異性をもつエンハンサー配列の設計などが試みられており，世界的にも注目を集めている[10]．

ケーススタディ：擬時間上での細胞分化に伴う転写因子活性の変化推定

　ここからは先に紹介した転写因子のモチーフ活性の解析と擬時間解析を組合わせ，細胞分化に伴い活性が変化する転写因子を推定する解析例を紹介する．細胞分化に必要な分子機構解明を目的として，野生型マウスから細胞を単離して10x Chromium scATAC-Seq解析を行い，R言語を利用して解析を行う．

1. 軌跡推論および擬時間解析

　scATAC-Seqに代表される1細胞オミクス解析が捉えることのできる細胞の多様性は，分化の時間軸全体で共通するものではなく，あくまである時点における細胞の多様性を捉えたスナップショットとして解釈される．そこで，このスナップショット内でみられる分化および活性など細胞状態の変化に関する情報を利用して，時間に伴う細胞のダイナミクスをモデル化・推定する解析手法が提案された．これを，軌跡推論（trajectory inference[11]）または擬時間解析（pseudotime analysis）という（図3）．そのなかで，scATAC-Seqデータをもとにこれらの解析が可能な解析ツールである，Monocle3[12]とSTREAM[13]を紹介する．

　Monocle3はR言語をベースとした解析パッケージであり，推定された軌跡が投影された二次元のUMAP（あるいはtSNE）を得ることができる．Monocle3はSeuratパッケージとの互換性が高く，Seuratで解析済みのデータを読み込むことができ，今回はこちらを利用する．また，関連パッケージのCicero[14]を利用して，シス制御因子の相互作用解析が可能である．

　一方，Pythonベースの軌跡推論のための統合的な解析パイプラインSTREAMは，各細胞の擬時間・軌跡と，状態変化における分岐点の推定が可能であり，主に以下の3つのステップにより実行される．

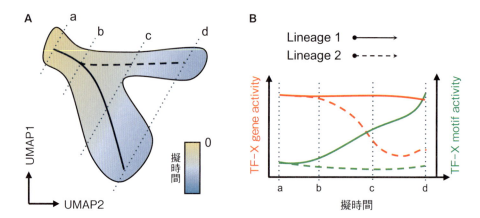

図3　scATAC-Seqデータの軌跡推論および擬時間解析

A) pseudotime解析による擬時間軸上における細胞の分化状態の推定．色のグラデーションを用いて擬時間軸上における細胞の分化状態を表現し，矢印により分化の方向を示すことが多い．今回は色が濃青に近づくほど擬時間軸上で細胞分化が進んでいることを示す．**B)** 擬時間軸上において，細胞分化に伴う着目転写因子TF-Xの遺伝子発現（赤）と活性（緑）の変化をLineageごとに示したwave plot.

1) 各細胞間で変化の大きい要素（遺伝子やゲノム領域）の選定
2) 非線形次元削減手法Modified Locally Linear Embeddingによる細胞の低次元空間への投影
3) Elastic Principal Graph implementation[15]による軌跡の推定

　これにより枝分かれした軌跡構造が複数生成され，最終的にエネルギー最小化の観点から最適なものが選択される．選択された軌跡構造は二次元で可視化することができ，軌跡の分岐点を表示できる．STREAMは，scATAC-Seqから得られたピークのリードカウントの値を，chromVAR[16]によってk-merごとのアクセシビリティのz-scoreに変換する．これを入力として，軌跡推論と同時にそれに有意に関連する転写因子モチーフの推定を行う．

2. 実際の解析例

　それでは，R環境で基本的なデータ解析を行ったあと，Seuratオブジェクトをインプットとして解析を行う．まず遺伝子コード領域と遺伝子プロモーター領域のリードカウント情報を利用して遺伝子の転写活性度を推定する．JASPARのモチーフデータベース（マウス）とchromVARを使用してモチーフ解析を行い，各細胞における転写因子の活性度を以下のコードにより推定する．詳細な手順はSignacのウェブページに公開されている．

```R
library(JASPAR2022)
library(TFBSTools)
library(BSgenome.Mmusculus.UCSC.mm10)
# 前処理済みのRDS形式scATACデータを読み込む
sobj <- readRDS('data.rds')
```

```
pfm <- getMatrixSet(x = JASPAR2022,
                    opts = list(collection = "CORE",
                    tax_group = "vertebrates"))
sobj <- AddMotifs(object = sobj,
                  genome = BSgenome.Mmusculus.UCSC.mm10,
                  pfm = pfm)
sobj <- RunChromVAR(object = sobj,
                    genome = BSgenome.Mmusculus.UCSC.mm10)
```

次に Monocle3 を使用して軌跡を推定する.

```
library(monocle3)
atac.cds <- as.cell_data_set(sobj)
atac.cds <- cluster_cells(cds = atac.cds,
                          reduction_method = "UMAP")
atac.cds <- learn_graph(atac.cds, use_partition = TRUE)
atac.cds <- order_cells(atac.cds, reduction_method = "UMAP",
                        root_cells = X)
# Root cell Xは自ら定義
sobj <- AddMetaData(object = sobj, col.name = "trajectories",
                    metadata = atac.cds@principal_graph_aux@↵
                    listData$UMAP$pseudotime)
```

推定された軌跡情報の可視化の簡略な一例として，筆者が使用したコードを一部抜粋して紹介する．図3Aに示すような，擬時間軸上のある時間点から分化方向が2つに分岐するデータを想定し（Lineage1 および Lineage2），各方向への分化に伴う TF-X の遺伝子転写活性およびモチーフ活性の経時的な変化を可視化する．

```
# Lineageごとに該当する細胞を抽出してSeuratObjectを作成
# （該当するクラスターがn1-3, n4-5）
LN1 <- subset(sobj, idents = c("n1", "n2", "n3"))
LN2 <- subset(sobj, subset = c("n4", "n5"))
# 遺伝子転写活性スコアをデータフレーム形式でとり出し軌跡情報を加える
expLN1 <- as.data.frame(t(LN1@assays$RNA@data))
expLN1$trajectories <- LN1@meta.data$trajectories
expLN2 <- as.data.frame(t(LN2@assays$RNA@data))
expLN2$trajectories <- LN2@meta.data$trajectories
# モチーフ活性スコアをデータフレーム形式でとり出し軌跡情報を加える
```

```
actLN1 <- as.data.frame(t(LN1@assays[["chromvar"]]))
actLN1$trajectories <- LN1@meta.data$trajectories
actLN2 <- as.data.frame(t(LN2@assays[["chromvar"]]))
actLN2$trajectories <- LN2@meta.data$trajectories
library(ggplot2)
p <- ggplot()
# TF-Xの発現の可視化
p <- p + geom_smooth(data = expLN1_df, aes(trajectories, TF-X),
                     color = "red")
p <- p + geom_smooth(data = expLN2_df, aes(trajectories, TF-X),
                     color = "red", linetype = "dashed")
# TF-Xのモチーフ活性の可視化
p <- p + geom_smooth(data = actLN1_df, aes(trajectories, TF-X),
                     color = "green")
p <- p + geom_smooth(data = actLN2_df, aes(trajectories, TF-X),
                     color = "green", linetype = "dashed")
plot(p)
```

　最終的に図3Bのようなwave plotが得られる．実際に筆者が行った解析では，ある細胞の分化に重要であることが知られていたTF-Xの分化過程の活性を調べたところ，遺伝子の発現量とは相関が見られず，TF-Xが結合する領域のクロマチン構造の変化がより重要であることを，scATAC-Seq解析によりはじめて見出すことができた．

おわりに

　本稿では，scATAC-Seqの基本的な解析と発展的な解析事例を通して，scATAC-Seq解析が転写制御メカニズムの解明に迫るうえで貴重な情報源となることを示した．これまでscATAC-Seq解析では，解析対象がゲノム全体にわたることから，scRNA-Seqよりも得られる情報がスパースになることが解析上の障害となってきた．しかし近年では，次章で紹介されるマルチオーム解析など発現情報との同時取得技術が発展しており，発現情報と組合わせることでそれらの問題は克服されつつある．今後1細胞エピゲノム情報の解像度が実験・解析的にさらに向上していくことで，未知の組織特異的なシス制御因子や遠位エンハンサーの発見，そして細胞状態の変化や分化の理解と操作へと活用されていくことが期待される．

コラム：本当の研究者なら好きな生物種でscATAC-Seqするべき！？

ヒトやマウスなどモデル生物における1細胞解析と比較して，非モデル生物における1細胞解析では各ステップでさまざまな工夫が必要となる．例として，筆者は哺乳類のココノオビアルマジロ (*Dasypus novemcinctus*) の遺伝的に同一な四つ子のオミクス比較解析プロジェクトで，血液サンプルから取得したscATAC-Seqデータの解析を行った．ココノオビアルマジロの現在最も汎用的なゲノムのバージョンは2011年に登録されたDasnov3.0で，コンティグとスキャフォールドの数がそれぞれ314,971，46,558となっており，染色体が多くの領域に分断されている．エピゲノム解析では遺伝子間領域の，特にシス制御領域が多く含まれる遺伝子の上流部分の配列のアセンブリのクオリティに強く左右される．特に遠位エンハンサーを発見するためには上流部分の配列が長くつながる必要があるが，最終的に得られた細胞種特異的なモチーフ解析では多くの重複した転写因子が検出され，モデル生物でのエンリッチメント解析ほど明確に差別化された発現制御遺伝子群を得ることはできなかった．

また，細胞株のトランスクリプトーム解析などが頻繁に行われている種以外では，細胞種を特定するためのマーカー遺伝子情報も不足しがちである．その場合，Panglao DBやCellMarkerといったリファレンスDBから別の生物種におけるマーカー遺伝子リストを抽出し，オルソログ遺伝子の情報をもとに対象の生物種へマップし，細胞種のアノテーションを試みるのが一つの戦略である．しかし，1細胞解析ではデータの欠損などの問題から多くのマーカー遺伝子候補（数十〜数百遺伝子）がロバストな細胞のアノテーションに必要となることが多いが，オルソログ遺伝子へのマップの過程では多くの遺伝子情報が失われることが多く，さらに進化的に離れた種間でマーカー遺伝子が必ずしも機能的に保存されているとも限らない．

以上のように，対象の生物のゲノムアセンブリのクオリティやアノテーション情報の豊富さは，最終的にscATAC-Seq解析から引き出せる情報量の多寡を決める主要因の一つであり，実験デザインの際には十分なサーベイと検討が必要となることを，筆者の個人的経験に基づき強調させていただく．

◆ 文献

1 ）De Rop FV, et al：Nat Biotech, 42：916-926, doi:10.1038/s41587-023-01881-x（2024）
2 ）「Single-cell best practices」https://github.com/theislab/single-cell-best-practices/（2024年8月閲覧）
3 ）Kawaguchi RK, et al：Brief in Bioinfo, 24：bbac541（2023）
4 ）Li B, et al：Nat Methods, 17：793-798, doi:10.1038/s41592-020-0905-x（2020）
5 ）Amemiya HM, et al：Sci Rep, 9：9354, doi:10.1038/s41598-019-45839-z（2019）
6 ）Hao Y, et al：Cell, 184：3573-3587.e29, doi:10.1016/j.cell.2021.04.048（2021）
7 ）Stuart T, et al：Nat Methods, 18：1333-1341, doi:10.1038/s41592-021-01282-5（2021）
8 ）「Single-cell ATAC sequencing」https://www.sc-best-practices.org/chromatin_accessibility/introduction.html（2024年8月閲覧）
9 ）Badia-I-Mompel P, et al：Nat Rev Genet, 24：739-754, doi:10.1038/s41576-023-00618-5（2023）
10）Taskiran II, et al：Nature, 626：212-220, doi:10.1038/s41586-023-06936-2（2024）
11）Saelens W, et al：Nat Biotechnol, 37：547-554, doi:10.1038/s41587-019-0071-9（2019）

12) Trapnell C, et al：Nat Biotechnol, 32：381-386, doi:10.1038/nbt.2859（2014）

13) Chen H, et al：Nat Commun, 10：1903, doi:10.1038/s41467-019-09670-4（2019）

14) Pliner HA, et al：Mol Cell, 71：858-871.e8, doi:10.1016/j.molcel.2018.06.044（2018）

15) Albergante L, et al：arXiv, 1804.07580（2018）

16) Schep AN, et al：Nat Methods, 14：975-978, doi:10.1038/nmeth.4401（2017）

◆ 参考図書

「エピゲノムと生命」（太田邦史／著），講談社（2013）

「エピジェネティクス実験スタンダード〜もう悩まない！ゲノム機能制御の読み解き方」（牛島俊和，眞貝洋一，塩見春彦／編），実験医学別冊，羊土社（2017）

各オミクスにおけるデータ解析
5. マルチオミクス1細胞動態推定

島村徹平, 野村怜史

> **ポイント**
> 近年, 単一細胞レベルでのマルチオミクス計測が可能になり, 細胞内の遺伝子制御ネットワークの理解が飛躍的に進んでいる. しかし, これらの計測は細胞を破壊する必要があるため, 同一細胞の時系列変化を直接観測することができないという制限がある. 本稿では, RNA発現とクロマチンアクセシビリティの同時計測データから細胞状態の将来予測を可能にする深層生成モデル「mmVelo」を紹介する. 具体的な解析例として, マウス胎仔脳のデータを用いた実践的な解析手順を, コードとともに解説する.

はじめに

近年, 10x GenomicsのMultiomeやSHARE-Seq[1]などの技術により, 1細胞レベルでRNA発現とクロマチンアクセシビリティを同時に計測できるようになり, 細胞内の遺伝子制御ネットワークや発生過程の解明に大きな進展がみられる. しかしながら, これらのデータは細胞を破壊してしまう侵襲的な観測となるため, 同一細胞からの時系列的な観測や将来状態を直接知ることはできない.

この技術的制約に対する数理的なアプローチとして, RNA velocity[2]が提案されている. RNA velocityは, スプライシングによって未成熟RNAが成熟RNAへと変化するという時間的な前後関係を利用し, 一時点の観測データから1細胞レベルの遺伝子発現の時間変化を推定する手法である. このアプローチにより, 個々の細胞状態間の遷移関係をデータ駆動的に推定することが可能となった. しかし, RNA velocityは主に転写産物 (spliced, unspliced RNA) に焦点を当てた手法であり, クロマチンアクセシビリティを含む他のオミクス情報を同時に考慮した動態推定は困難であった.

そこで, 筆者らはRNA velocityを拡張し, 複数モダリティに跨る (multi-modal) 1細胞レベルの動態を統合的に推定するための深層生成モデルmmVelo[3]を開発した. 本稿では, mmVeloのアルゴリズム概要と, 10x Multiomeで得られたE18マウス胎仔脳のデータを用いた実践的な解析手順を紹介したい.

mmVeloの概要

mmVeloは，spliced RNA，unspliced RNA，ATAC-Seqのように異なるモダリティから得られた観測値を入力とし，それらを共通の細胞状態空間に写像する．これによって，単一の潜在空間上で各細胞を表現できるようになり，下流解析や可視化を一貫して行うことが可能となる．さらに，mmVeloは，各モダリティに対して静的な表現を再構成するだけでなく，潜在空間における細胞状態の変化（微小時間変化）を推定することができる．

例えば，1細胞レベルでRNA発現とクロマチンアクセシビリティを同時に計測されたデータを入力とした場合，それを各モダリティ空間へマッピングすることによってRNA velocityとchromatin velocityを同時に推定する（図1）．mmVeloモデルは，以下の主要なステップで構成される．

❶ **細胞状態推定**

各モダリティ（ATAC，spliced RNA，unspliced RNA）それぞれに対してVAEエンコーダーを構築し，混合専門家モデル（Mixture-of-Experts）として統合することで，低次元の「細胞状態」を推定する．

❷ **スムージングによるデコーダー調整**

近傍細胞を用いたローカルな平滑化カウント（spliced RNA / unspliced RNA / ATAC）を作成し，デコーダー出力を微調整（fine-tuning）することで，スパースノイズを緩和した再構成を実現する．

❸ **細胞状態動態の推定**

潜在空間における細胞状態ベクトルの微小変化量を，RNAのスプライシング動態やvon Mis-

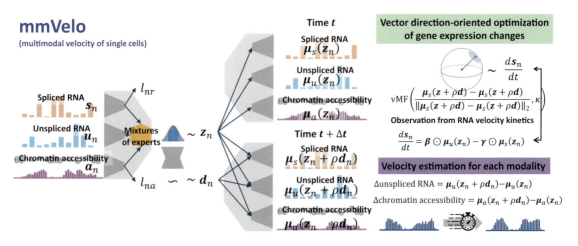

図1　mmVeloの概念図説明
本図はmmVeloの概念図を示している．まず複数モダリティ（例：spliced RNA，unspliced RNA，ATAC）を統合的にMixture-of-Experts Multi-modal VAEエンコーダーに入力し，共通の潜在空間へ写像する．また，RNAのスプライシング動態モデルやvon Mises-Fisher分布などの確率モデルに基づいて，細胞状態の変化ベクトルを推定する．これを各モダリティに投影することでRNA velocityとchromatin velocityを同時に推定可能となる．（文献3より引用）

es-Fisher分布などの確率モデルに基づいて推定する．これにより，将来状態の方向と大きさが得られ，擬似的な「時間軸」に沿った変化を推測できる．

❹ 各モダリティへのマッピング

得られた細胞状態遷移を，ATACやRNAのデコーダーに通すことで，クロマチンアクセシビリティの変化，RNA発現の変化を予測する．従来のRNA velocityに加えてchromatin velocity（ATACの将来変化）を同時に推定できるのが最大の特徴である．

学習は，VAEの枠組みでELBO（Evidence Lower Bound）を最大化する方向で行う．また，AdamWオプティマイザや早期停止など，一般的な深層学習の手法を採用している．

mmVeloのコード実行例

本セクションでは，E18マウス胎仔脳（10x Multiome）のデータを用いた具体的な解析手順を説明する．以下，Google Colabでの実行を想定したコード例を示す．詳細は付録のダウンロードデータを参照いただきたい．Google Colabを利用する際には，メニューの「ランタイム」→「ランタイムのタイプを変更」→「A100 GPU」または「L4 GPU」を選択し，GPU環境に変更する．システムRAMは50GB以上使用するため，無料プランでは実行が難しいことに注意されたい．なお，本稿ではコードを部分的に切り出して説明しているため，実際の実行時には付録の参考スクリプトに記載されているコード全体を実行する必要があることに留意されたい．

❶ 準備：データの読み込み・セットアップ

まず，必要なライブラリをインストールし，解析環境を整える：

```Python
# 単一細胞解析関連ライブラリのインストール
!pip install scanpy
!pip install scvelo


# PyTorchベースの高レベルなトレーニングフレームワークなど
# 関連するライブラリのインストール
!pip install pytorch-lightning==1.9.0
!pip install pyro-ppl
!pip install build wheel setuptools


# mmVeloのPythonコードをダウンロードして解凍
!rm -rf mmVelo
!wget -O mmVelo.zip https://www.dropbox.com/scl/fi/
pod0eoz0w12xukl8jw1ob/mmVelo.zip?
rlkey=1g9kyet9abu7l8pumv3e4dh7b&st=xkdnql2q&dl=0
!unzip mmVelo.zip
```

添付の参考スクリプトにある通り，Python標準ライブラリや関連ライブラリのインポートなどをすべてインポートしたうえで，解析対象のE18マウス胎仔脳データを読み込む．このデータは10x Genomicsが公開しているサンプルを使用し，事前に「spliced/unspliced RNAのカウント定量」と「ピーク行列（ATAC）」のフィルタリングを行っている．この記事のスクリプトでは，それらの処理を MultiomeBrainDataModule_Pre（自作クラス）に組み込んであり，以下のようにデータモジュールをよび出す．同関数の内部でScanpy[4]等を用い，高変動遺伝子の抽出や転写開始点近傍のピーク選択が行われ，最終的にPyTorch Lightningの学習に適した形（DataLoader）を返すしくみになっている．

```Python
from dataset import MultiomeBrainDataModule_Pre

# パラメータ設定
batch_size = 128
n_genes = 3000
n_peaks = 20000
min_counts_genes = 10
min_counts_peaks = 10

# データロード用のデータモジュール
dm = MultiomeBrainDataModule_Pre(
    batch_size=batch_size,
    n_top_genes=n_genes,
    n_top_peaks=n_peaks,
    min_counts_genes=min_counts_genes,
    min_counts_peaks=min_counts_peaks
)
```

❷ 細胞状態推定

まずは"細胞状態"をVAEで推定する．DREG_PRE というクラス（mmVeloの前半モデル）を用い，以下のように学習を実行する．

```Python
from models import DREG_PRE
from pytorch_lightning import Trainer
from pytorch_lightning.callbacks.model_checkpoint import Mod⏎
elCheckpoint
import pytorch_lightning as pl

model = DREG_PRE(
    rna_dim=dm.rna_dim, # RNAの次元
```

```python
    atac_dim=dm.atac_dim, # ATACの次元
    r_h1_dim=128, r_h2_dim=64, # RNAエンコーダの隠れ層
    a_h1_dim=128, a_h2_dim=64, # ATACエンコーダの隠れ層
    z_dim=10, d_h_dim=64, # 潜在次元，動態推定用の次元
    l_prior_r=dm.l_prior_r, l_prior_a=dm.l_prior_a,
    # ライブラリサイズの事前分布
    lr=1e-4,
    z_learnable=True,
    d_coeff=1e-2,
    warmup=30,
    llik_scaling=True
)

# PyTorch LightningのTrainer設定
trainer = pl.Trainer(
    gpus=1,
    max_epochs=500,
    callbacks=[
        pl.callbacks.EarlyStopping(
            monitor="val_elbo_loss", mode="min", patience=30),
        ModelCheckpoint(monitor="val_elbo_loss", save_top_k=1)
    ]
)

# 学習実行
trainer.fit(model=model, datamodule=dm)
```

　これにより，RNAとATACの両モダリティを統合した潜在空間 z と，サイズファクターなどのパラメータが学習される．学習後は trainer.predict をよび出して，細胞ごとの潜在ベクトルや再構成値（rec_s, rec_u, rec_a）を得ることができる．

❸ スムージングによるデコーダーの微調整

　前述の段階ではまだ，元データがスパースノイズやバッチ効果などを含むため，再構成がやや荒い場合がある．そこで，DREG_PRE の第2段階学習として，近傍細胞を使った平滑化カウントを新たな教師信号として，デコーダーをファインチューニングする．

`Python`

```python
from dataset import DynDataModule_Smooth

# 近傍情報を用いたスムージングDataModule
dm_s = DynDataModule_Smooth(dm, n_neighbors=50)
```

```python
# 先ほど学習済みモデルのチェックポイントを読み込み
model_smooth = DREG_PRE.load_from_checkpoint(
                "checkpoint_pre.ckpt", ...)
trainer_smooth = pl.Trainer(
    gpus=1,
    max_epochs=500,
    callbacks=[
        pl.callbacks.EarlyStopping(
            monitor="val_elbo_loss", patience=30),
        ModelCheckpoint(monitor="val_elbo_loss",
            save_top_k=1)
    ]
)

# デコーダの微調整を実行
trainer_smooth.fit(model=model_smooth, datamodule=dm_s)
```

このステップにより，"局所的にスムーズな"RNA / ATACの再構成が得られ，後段の速度推定で安定した結果につながる．

❹ 細胞状態動態の推定（RNA velocityの一般化）

次に，RNA velocity的な動態推定を潜在空間上で行う．DREG_DYNというクラス（mmVeloの後半モデル）を使用し，短時間遷移dとスプライシング動態パラメータβ，γを最適化する．

`Python`

```python
from models import DREG_DYN

# ミスマッチや情報量の乏しい遺伝子をフィルタリング
filter_idx = get_filter_idx_raw(dm_s, ...)
model_dyn = DREG_DYN.load_from_checkpoint(
    "checkpoint_pre_sec.ckpt", # スムージング後のモデル
    rna_dim=dm_s.rna_dim,
    atac_dim=dm_s.atac_dim,
    ...
    filter_idx=filter_idx.to("cuda")
)

# RNA velocityの初期値（定常モデル）をフィットしてセット
model_dyn.log_beta, model_dyn.log_gamma = fit_beta_gamma_
scale(dm_s)
```

```
trainer_dyn = pl.Trainer(gpus=1, max_epochs=500, ...)
trainer_dyn.fit(model=model_dyn, datamodule=dm_s)
```

　学習が完了すると，各細胞がどちらの方向に進みつつあるか（潜在空間上のベクトル d）と，その結果として得られる Δs（RNA velocity）や Δa（chromatin velocity）の情報が得られる.

結果の可視化と応用

　ここでは，E18マウス胎仔脳データに対するコード例の一部を抜粋しながら説明する．すでに mmVelo のトレーニングが完了していることを前提としている.

❶ Velocity の可視化

```python
import scvelo as scv

# RNA速度dsdtをgraph化し，流線図で可視化
scv.tl.velocity_graph(adata_r,
                      vkey="dsdt",
                      xkey="s_raw",
                      n_neighbors=30,
                      n_jobs=12)
scv.pl.velocity_embedding_stream(
    adata_r,
    basis='X_umap',
    vkey="dsdt",
    color='latent_time', # 擬似時系列などの色付け
    legend_fontsize=9,
    smooth=0.8,
    min_mass=4
)
```

　scv.tl.velocity_graphは，セル間の近傍情報（neighbors）を用いて，細胞ごとの速度ベクトルを滑らかに補間し，全体として連続したベクトル場を構築する．ここでvkey="dsdt"を指定することで，mmVeloが推定したRNA velocityを扱うことができる．またxkey="s_raw"とすることで，spliced RNAの平滑化カウントを基準データとして認識させている．velocity_embedding_streamは，UMAP空間（またはPCA, tSNEなど他の空間でも可）に矢印の流れ（ストリーム）として速度を描画する（図2）．ここでcolor='latent_time'を指定すると，事前に推定してある擬似時間（latent time）の値に応じて点（細胞）に色が付く.

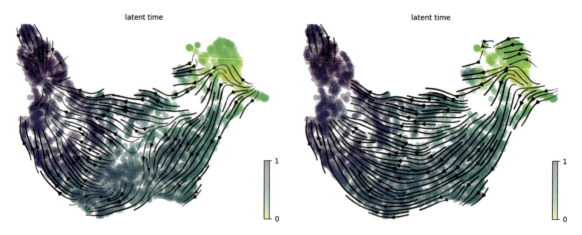

図2　速度情報の可視化

本図は，mmVeloで推定した速度情報の可視化例である．左図がRNA velocity（dsdt），右図がchromatin velocity（dadt）をUMAP空間に重ねて描画している．矢印の方向は細胞の将来状態への変化を示し，色は推定された擬似時系列をあらわす．これにより，特定のクラスターがどのような分化経路をたどるか，また遺伝子発現・ピークアクセシビリティの変化がどのタイミングで生じるかを捉えることができる．

同様に，chromatin velocityを可視化したい場合は，vkey="dadt"，xkey="a_raw"と指定して後述のようによび出す．

```Python
scv.tl.velocity_graph(adata_a,
                      vkey="dadt",
                      xkey="a_raw",
                      n_neighbors=30,
                      n_jobs=12)
scv.pl.velocity_embedding_stream(
    adata_a,
    basis='X_umap',
    vkey="dadt",
    color='latent_time',
    legend_fontsize=9,
    smooth=0.8,
    min_mass=4
)
```

ここでは，ATAC（ピークカウント）の平滑化値をxkey="a_raw"として指定しており，dadtをベクトル場としてプロットしている．RNA velocityの可視化と同じ要領で，UMAP空間上に"クロマチンアクセシビリティの変化方向"を流線や矢印として描画する．

擬似時系列・終末状態（terminal states）の推定

　さらにscvelo[5]には，`latent_time`や`terminal_states`を推定するための関数が用意されている．mmVeloが推定した速度ベクトルを使いつつ，以下のような手順で「どの細胞が始点で，どの細胞が終末状態に向かうか」を解析できる．

```python
# scv.tl.recover_dynamics: 内部でscvelo独自のダイナミクスモデル
# （本来はspliced/unspliced用）を適用. しかし mmVeloで得た
# 速度ベクトルを一部利用することも可能
scv.tl.recover_dynamics(adata_r, vkey="dsdt", n_jobs=12)

# ベクトル場に基づいて各細胞の 擬似時間（latent time）を推定
scv.tl.latent_time(adata_r, vkey="dsdt")

# ベクトルが「収束」する細胞を終末状態と見なし,
# 逆に「出発」している細胞をroot cellとして推定
scv.tl.terminal_states(adata_r, vkey='dsdt', modality='s_raw')
scv.pl.scatter(adata_r, color=["root_cells", "end_points"])
```

　このように，mmVeloが出力する速度を利用してscvelo側のダイナミクス解析を走らせると，分化経路の始点と終点が推定され，UMAP図上で`root_cells`と`end_points`として色分けできる．

　同様に，ATAC側（`adata_a`）でも`scv.tl.terminal_states(adata_a, vkey='dadt', modality='a_raw')`のようにおよび出せば，クロマチンアクセシビリティのベクトル場に基づく終末状態推定が行える．RNAとATACで比較することで，「転写産物ベースで見た分化経路」と「クロマチンアクセシビリティベースで見た分化経路」に差があるのか，それとも類似しているのかを議論できる．

❶ 遺伝子やピーク単位での可視化

　mmVeloで推定された`dsdt`（RNA velocity）の場合，各遺伝子ごとに「上昇中・下降中」の値をもつため，特定遺伝子に着目した可視化もできる．

```python
gene = "Neurod2"

# 推定されたRNA発現（平滑化前後いずれでも可）
sc.pl.umap(adata_r, layer="s_raw", color=gene, color_map="viridis")

# 推定されたRNA velocity
```

169

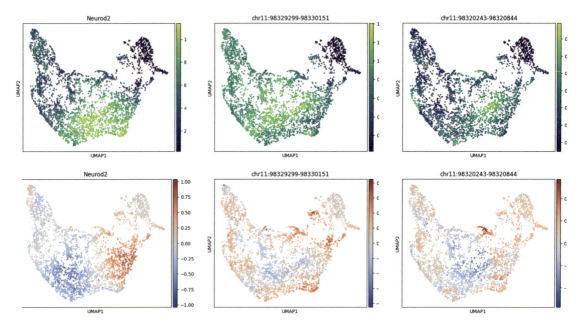

図3　遺伝子やピーク単位での可視化
本図は，mmVeloで推定した速度情報を用いた，遺伝子やピーク単位での可視化例である．上段の図は左からそれぞれ，特定の遺伝子（Neurod2）の平滑化したRNA，特定のプロモーター領域（chr11:98329299-98330151）のクロマチンアクセシビリティ，特定のエンハンサー領域（chr11:9320243-98320844）のクロマチンアクセシビリティをUMAP空間に重ねて描画している．下段の図は左から，同じ遺伝子・領域におけるRNA速度，クロマチンアクセシビリティ速度を示している．これにより，遺伝子とその近傍ピークの変化動向を比較し，遺伝子発現上昇とプロモーターのアクセシビリティ上昇の連動性などを観察できる．

```python
# layer="s_raw": mmVeloのスムージング後splicedカウント
# layer="dsdt": mmVeloが推定した「将来変化量（RNA velocity）」
vmax = max(abs(adata_r[:, gene].layers["dsdt"].reshape(-1)))
sc.pl.umap(adata_r,
           layer="dsdt",
           color=gene,
           color_map="coolwarm",
           vmax = vmax,
           vmin = -vmax)
```

発現が高い領域からさらに上昇するのか，あるいは下降に向かっているのかを色分けで把握できる．同様にchromatin velocity（`dadt`）についても，特定ピーク名（例えば`"chr11:98329299-98330151"`など）を指定して可視化できる（図3）．

```python
promoter_region = "chr11:98329299-98330151"
sc.pl.umap(adata_a,
```

```python
            layer="a_raw",
            color=promoter_region,
            color_map="viridis")
vmax = max(
    abs(adata_a[:, promoter_region].layers["dadt"].reshape(-1)))
sc.pl.umap(adata_a,
            layer="dadt",
            color=promoter_region,
            color_map="coolwarm",
            vmax = vmax,
            vmin = -vmax)
```

　これにより，遺伝子とその近傍ピークの変化動向を比較し，「遺伝子発現上昇とプロモーターのアクセシビリティ上昇が連動しているかどうか」といった点を観察できる．また，エンハンサー領域（例："chr11:98320243-98320844"）についても同様に可視化でき，どのタイミングでアクセシビリティが高まるのかを詳細に調べることができる．

LOWESSなどを用いた数値的な描画

　前述のような二次元UMAP空間での可視化に加えて，擬似時系列に沿って遺伝子発現変化やクロマチン速度をLOWESSなどの平滑化手法でプロットすることも有用である．以下の例では，latent_time や独自の dsdt_pseudotime に対して，遺伝子の dsdt やピークの dadt を平滑化し，一次元プロットとして視覚化している．

```python
import statsmodels.api as sm

# データの取得
x = adata_r.obs["dsdt_pseudotime"]
y = adata_r[:, gene].layers["dsdt"].reshape(-1)
y /= np.linalg.norm(y).max()

# xとyをxの値に基づいてソート
sort_idx = np.argsort(x)
x_sorted = x[sort_idx]
y_sorted = y[sort_idx]

# ソートされたデータでLOWESS実行
z_r = sm.nonparametric.lowess(y_sorted, x_sorted, frac=1./3,
        it=0)

# プロットの作成
```

```python
plt.figure(figsize=(10, 6))

# オリジナルデータのプロット
plt.scatter(x_sorted, y_sorted,
            color='gray', alpha=0.5,
            label='Original Data')

# LOWESS曲線のプロット
plt.plot(z_r[:, 0], z_r[:, 1], 'r-',
         linewidth=2, label='LOWESS Smoothing')

# グラフの設定
plt.xlabel('Latent Time')
plt.ylabel('dsdt')
plt.title('LOWESS Smoothing of Gene Expression')
plt.legend()
plt.grid(True, alpha=0.3)
```

これによって,「どの擬似時間帯でRNA velocityがプラスからマイナスに転じるか」「ある ピークのクロマチンアクセスがどの段階で急激に開くか」などを一目で把握できる. UMAP図 だけでは捉えにくい時系列的挙動を数値的に描写できるため,分化過程をさらに詳細に議論す る際に有用である.

mmVeloで推定したchromatin velocityは,単にピークの「開く/閉じる」タイミングを予測 するだけでなく,さらに以下のような応用が期待できる.

☐ **モチーフ活性の速度**:chromVARなどで定義されるモチーフ活性(あるTFに対応するピー ク集合のアクセシビリティ合計)の微分値を計算し,どのTFがどのタイミングで活性化す るかを解析できる.

☐ **SCENIC+ / GRNBoost2**:TFの発現レベル(RNA velocityの情報を含む)と,各ピー クの速度dadtを結び付けることで,遺伝子調節ネットワーク(GRN)の制御関係を推定す る. 例えば「TFの発現が高まるタイミングで特定のピークが上昇する」→ そのTFがピー クを制御している可能性を示唆,といった形で"動的制御関係"を網羅的に評価できる.

☐ **欠損モダリティの補完**:mmVeloには,マルチオミクスデータと単一モダリティデータを同 時に扱い,相互に欠損を補完するような拡張も可能できる.「scRNA-Seqしかない細胞」に 対してATAC速度を推定するなどの応用が考えられる.

以上のように,mmVeloが推定する速度情報 を起点に,さまざまな追加解析を行うことで, 単なる断面観測だけでは得られない 発生・分化の動的実態に迫れる可能性がある.

おわりに

mmVelo は，RNA velocity の考え方をマルチオミクスに拡張し，RNA と ATAC の同時動態を推定できる強力なツールである．本稿では E18 マウス胎仔脳データを例に，実行用スクリプトの断片を交えながら解析の一連の流れを示した．特に，細胞状態の統合表現（Mixture-of-Experts Multi-modal VAE），スムージングによるノイズ低減，細胞状態遷移ベクトルを用いた RNA velocity の一般化，クロマチン速度（chromatin velocity）の推定を組合わせることで，単に「どの遺伝子やピークが発現 / アクセシブルか」を見るだけでなく，「将来どのような方向に変化していくのか」を推定し，より動的な視点で分化・発生過程を捉えることができる．RNA velocity がもたらす"将来状態の推定"を，ATAC やその他マルチオミクスにも拡張することで，細胞分化や遺伝子制御をより立体的に理解できるようになると筆者らは考えている．興味のある方はぜひ本スクリプトや GitHub リポジトリを参考に，ご自身のデータにも適用してみてほしい．

◆ 文献

1) Ma S, et al：Cell, 183：1103-1116.e20, doi:10.1016/j.cell.2020.09.056（2020）
2) La Manno G, et al：Nature, 560：494-498, doi:10.1038/s41586-018-0414-6（2018）
3) Nomura S, et al：bioRxiv, doi:10.1101/2024.12.11.628059（2024）
4) Wolf FA, et al：Genome Biol, 19：15, doi:10.1186/s13059-017-1382-0（2018）
5) Bergen V, et al：Nat Biotechnol, 38：1408-1414, doi:10.1038/s41587-020-0591-3（2020）
6) Schep AN, et al：Nat Methods, 14：975-978, doi:10.1038/nmeth.4401（2017）
7) Bravo González-Blas C, et al：Nat Methods, 20：1355-1367, doi:10.1038/s41592-023-01938-4（2023）
8) Moerman T, et al：Bioinformatics, 35：2159-2161, doi:10.1093/bioinformatics/bty916（2019）

◆ 参考 URL

「10x Genomics Multiome」https://www.10xgenomics.com/（2025 年 2 月閲覧）
「mmVelo GitHub」https://github.com/nomuhyooon/mmVelo（2025 年 2 月閲覧）
「Scanpy - Single-Cell Analysis in Python」https://scanpy.readthedocs.io/en/stable/（2025 年 2 月閲覧）
「scVelo - RNA velocity generalized through dynamical modeling」https://scvelo.readthedocs.io/en/stable/（2025 年 2 月閲覧）

各オミクスにおけるデータ解析
6. 空間トランスクリプトーム解析

鈴木絢子, 金井昭教, 鈴木 穣

> **ポイント**
> 空間トランスクリプトーム解析は, 空間情報, 病理組織学情報を保持したまま, 遺伝子発現情報を取得できる手法である. 計測プラットフォームが多様であるため, それぞれの計測原理・データの特徴をよく理解したうえで解析に臨む必要がある. また二次元空間, 組織画像上にRNAの発現パターンを描画可能であるため, まずは各遺伝子の発現パターンを可視化して俯瞰してみるのがよい.

はじめに

　空間トランスクリプトーム解析技術（参考図書）は, 細胞の位置情報を保持したまま遺伝子発現解析を行うことができる計測技術であり, 組織の形態や病理組織学情報と, トランスクリプトーム情報を統合して解析できる. 組織はさまざまな細胞種から構成されており, その微小構造や細胞間の相互作用は組織の状態を知るうえで重要な情報である. 空間トランスクリプトーム解析は, 計測プラットフォーム, 解析ツールともに多様であり, その開発は今なおさかんに続けられている. 図1に示すように, 空間トランスクリプトーム技術には大きく分けてシークエンスベースとイメージングベースの手法が存在する[1]. 本稿では, それぞれの代表例としてVisiumとXeniumの解析について簡単に紹介したい.

空間トランスクリプトーム解析の実践

1. Visium

　Visiumは, 組織内のmRNAやそれらとハイブリダイズしたプローブを, スライド上の位置バーコード付きオリゴでキャプチャーし, 位置バーコードを含むライブラリを合成して, シークエンス解析する手法である. 直径55 μmのスポットごとに異なる位置バーコードが付与されており, それらスポットごとにトランスクリプトームデータを取得できる. 最近では, 空間解像度が2 μmになったVisium HDがリリースされている.

　本稿では, 実際にわれわれが先行研究にて取得したマウス腎（凍結）のVisiumデータ[2] を用いて, 解析の流れを説明する. シークエンスデータおよび画像データはDDBJより公開されている（アクセッション番号：DRA013006とE-GEAD-462）. 10x Genomics社が提供している一

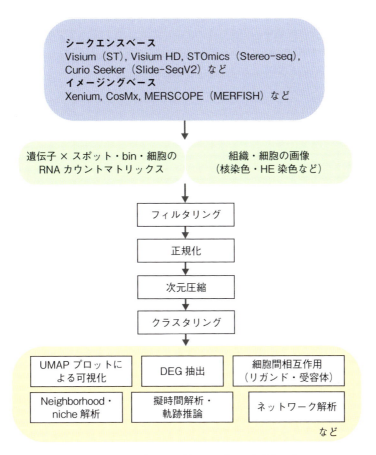

図1 空間トランスクリプトーム技術とデータ解析の流れ

次解析ツールSpace Rangerを用いて各スポットの遺伝子発現情報のマトリクスを作成し，組織画像と対応付ける．

まず，DDBJよりシークエンスデータのFASTQファイルをダウンロードする．

```shell
$ mkdir fastq # ディレクトリを作成
$ cd fastq # ディレクトリに移動
$ wget https://ddbj.nig.ac.jp/public/ddbj_database/dra/fastq/
DRA013/DRA013006/DRX316451/DRR327411_1.fastq.bz2
$ wget https://ddbj.nig.ac.jp/public/ddbj_database/dra/fastq/
DRA013/DRA013006/DRX316451/DRR327411_2.fastq.bz2
```

Space Rangerの入力形式に合わせて，gz形式に圧縮し直してファイル名を変更する．

```shell
$ bzip2 -cd DRR327411_1.fastq.bz2 | gzip > MouseKidney_S1_⏎
R1_001.fastq.gz
$ bzip2 -cd DRR327411_2.fastq.bz2 | gzip > MouseKidney_S1_⏎
R2_001.fastq.gz
```

次に, processedデータをダウンロードして, ファイルを展開する. このなかにHE染色画像が含まれている.

```shell
$ wget https://ddbj.nig.ac.jp/public/ddbj_database/gea/experi⏎
ment/E-GEAD-000/E-GEAD-462/E-GEAD-462.processed.zip
$ unzip E-GEAD-462.processed.zip
$ tar xvf A1_kidney_visium.tar
```

Space Rangerおよびリファレンスゲノムは, 10x Genomics社のウェブページより提供されている (https://www.10xgenomics.com/jp/support/software/space-ranger/downloads). 今回は, Space Ranger 3.0.1およびマウスリファレンスデータ (refdata-gex-mm10-2020-A) のファイルをダウンロードして展開した.

下記はSpace Rangerのコマンドである. Visium v1 fresh frozen用のコマンドであるので, FFPE検体由来のデータや異なるバージョンのキットで取得したデータである場合は, それぞれに適したコマンドを用いる (https://www.10xgenomics.com/jp/support/software/space-ranger/latest/analysis/running-pipelines/space-ranger-count).

```shell
$ spaceranger-3.0.1/spaceranger count --id=mouse_kidney \
  --transcriptome=refdata-gex-mm10-2020-A \
  --fastqs=fastq \
  --sample=MouseKidney \
  --image=A1_kidney_visium/HE_x20_A1_kidney.tif \
  --slide=V10Y04-066 \
  --area=A1 \
  --create-bam=false \
  --localcores=8 \
  --localmem=64
# 計算使用リソースの値 (--localcores, --localmem) が
# 大きすぎると計算がハングしてしまうので,
# nprocやfree-hの結果を参考に適切な値を設定する
```

それぞれのオプションは以下のように指定する．

- --id：任意のID
- --transcriptome：ダウンロードしたマウスリファレンスデータ
- --fastqs：FASTQファイルのディレクトリ
- --sample：FASTQファイルの名前
- --image：画像ファイル
- --slide：VisiumスライドのID
- --area：Visiumスライドの解析領域
- --create-bam：BAMファイルを作成するかどうか
- --localcores：コア数
- --localmem：メモリ

今回，--slideおよび--areaについては，DDBJより公開されているメタデータのファイル（https://ddbj.nig.ac.jp/public/ddbj_database/gea/experiment/E-GEAD-000/E-GEAD-462/E-GEAD-462.idf.txt）から情報を抽出した．

Space Rangerの実行により，各スポットのカウントマトリクスに加えて，サマリーが記載されたHTMLファイルや，可視化ツールLoupe Browserで表示できるcloupeファイルなどが作成される．

次に，RパッケージSeurat[3]にて解析を行う．クラスタリングやクラスターごとのマーカー遺伝子の抽出など基本的な解析については，上述のSpace Rangerなど，各計測プラットフォームの解析ツールでも実装されている．しかし，パラメータの指定や可視化をより柔軟に行うことができるので，RやPythonベースのツールで解析を進めることが多い．

以下では，上述のSpace Rangerの出力（mouse_kidney/outs）からSeuratを用いてクラスタリング等の解析を実施する際のRコマンドを示している．

```
# 必要なパッケージのインストール
install.packeges(c("Seurat", "ggplot2", "patchwork", "dplyr,
"RColorBrewer", "scales", "hdf5r"))
# 必要なパッケージを読み込む
library(Seurat) # v5
library(ggplot2)
library(patchwork)
library(dplyr)
library(RColorBrewer)
library(scales)
library(hdf5r)
set.seed(1234)
# Space Rangerの結果を読み込む（Rパッケージhdf5rが必要なので，
# あらかじめインストールしておく）
obj <- Load10X_Spatial(data.dir = "mouse_kidney/outs")
```

```r
# UMIカウントの分布を表示する. 必要に応じて, UMIカウントの多い
# もしくは少ないスポットをフィルターする
pdf("visium_nCount.pdf")
plot1 <- VlnPlot(obj, features = "nCount_Spatial",
                 pt.size = 0.1) + NoLegend()
plot2 <- SpatialFeaturePlot(obj, features ="nCount_Spatial") +
           theme(legend.position = "right")
wrap_plots(plot1, plot2)
dev.off()
# SCTransformにて正規化する
obj <- SCTransform(obj, assay = "Spatial")
# PCAで次元圧縮を行い, クラスタリングを実施する.
# 次元数 (dims) やresolutionは適宜調整する
obj <- RunPCA(obj, assay = "SCT")
obj <- FindNeighbors(obj, reduction = "pca", dims = 1:30)
obj <- FindClusters(obj, resolution = 0.8)
# UMAPプロットにて可視化する. 同時にSpatialプロットも表示する
obj <- RunUMAP(obj, reduction = "pca", dims = 1:30)
pdf("visium_UMAP_SpatialPlot_cluster.pdf", width = 18, height = 8)
p1 <- DimPlot(obj, reduction = "umap", label = TRUE)
p2 <- SpatialDimPlot(obj, label = TRUE, label.size = 4,
                     pt.size.factor = 1.6, repel = TRUE,
                     crop = FALSE)
p1 + p2
dev.off()
# UMAPおよびSpatialプロットについて, 色を変えてみる (図2A)
COL <- DiscretePalette(13, palette = "glasbey",
                       shuffle = FALSE) # 13色を用意
names(COL) <- sort(unique(Idents(obj)))
pdf("visium_SpatialPlot_cluster_2.pdf", width = 18, height = 8)
p1 <- DimPlot(obj, reduction = "umap", label = TRUE, cols = COL)
p2 <- SpatialDimPlot(obj,
                     label = TRUE, label.size = 4,
                     pt.size.factor = 1.6, repel = TRUE,
                     crop = FALSE, stroke = NA,
                     image.alpha = 0, cols = COL)
p1 + p2
dev.off()
# Rオブジェクトを保存しておく
saveRDS(obj, file = "visium.rds")
# 各クラスターにて有意に他のクラスターより発現の高いdifferentially
# expressed gene (DEG) を抽出する
```

```
markers <- FindAllMarkers(obj, only.pos = TRUE,
                          min.pct = 0.25,
                          logfc.threshold = 0.25)
# 各クラスターにおいて，avg. log2FCが高いtop 10のDEGを出力する
top10 <- markers %>% group_by(cluster)
               %>% top_n(n = 10, wt = avg_log2FC)
write.table(top10, "top10_visium.csv",
            append = FALSE, quote = TRUE,
            sep = ",", row.names = TRUE,
            col.names = NA)
# 任意の遺伝子に対して，各クラスターの発現分布をバイオリンプロット
# で表示する（図2B）
markers <- c("Nphs1", "Slc5a2", "Atp11a", "Slc12a1",
             "Slc12a3", "Aqp2", "Slc4a1", "Slc26a4")
pdf("violin.pdf", width = 24, height = 7)
VlnPlot(obj, features = markers, ncol = 4, cols = COL)
dev.off()
# 任意の遺伝子について，発現パターンをSpatialプロットで表示する（図2C）
pdf("spatialplot.pdf", width = 18, height = 8)
SpatialFeaturePlot(
  obj, features = markers, stroke = NA, image.alpha = 0,
  pt.size.factor = 2, ncol = 4, crop = FALSE) &
  scale_fill_gradientn(colours = rev(brewer.pal(11,
                       "Spectral")),
                       limits = c(0, NA), oob = squish) &
                       NoGrid()
dev.off()
```

2. Xenium

　Xeniumは，組織内のRNAにpadlockプローブをハイブリダイズさせ，増幅したプローブを蛍光プローブで検出する手法である．1細胞レベルでRNAの発現が解析可能である．発売当初は，400遺伝子程度のプローブパネルでの計測にとどまっていたが，最近5,000遺伝子へと拡張され，より網羅的に遺伝子発現解析ができるようになっている．

　解析結果は，Xenium Analyzer（解析マシン）より出力されたファイルをXenium Explorer（`https://www.10xgenomics.com/jp/support/software/xenium-explorer/latest`）を用いることで可視化できる．図3では，われわれのグループが，肺腺がんから取得したXeniumデータ[4]を表示している．DAPI（核）染色画像上にmRNAのプロットを表示することができ，1細胞レベルで遺伝子発現パターンを可視化することができる．また，HE画像を読み込ませて表示することもできる（図3右上）．

　Xeniumのデータも Visiumと同様に，Seuratで解析することができる．Xeniumや他のイメー

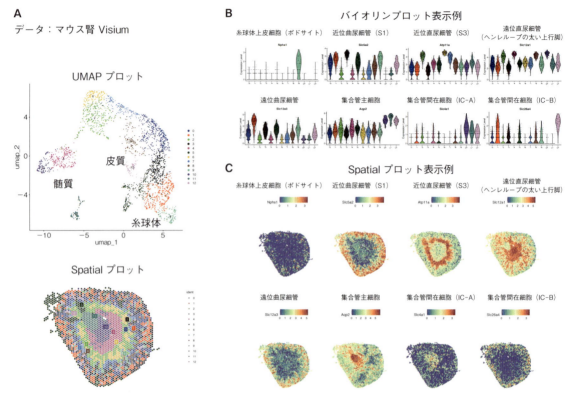

図2　Visiumデータの可視化
マウス腎凍結切片のVisiumデータ（文献2）をSeuratにて解析した結果を可視化している．**A)** クラスタリングの結果をUMAPおよびSpatialプロットにて表示している．**B)** バイオリンプロットの表示例．表示したマーカー遺伝子はマウス腎scRNA-seqの先行研究（文献6）から各細胞種・組織領域において高発現しているとされるものを選んだ．**C)** 遺伝子発現パターンをSpatialプロットにて表示した例．（文献2をもとに作成）

ジングベースのデータでは，`SpatialDimPlot()`や`SpatialFeaturePlot()`の代わりに，`ImageDimPlot()`や`ImageFeaturePlot()`を用いる．

また，Seuratにて得られたクラスターをXenium Explorerで表示させることもできる．まず，細胞のIDとクラスター番号の対応表を作成する．作成したCSV形式のファイルをXenium Explorerにアップロードすることで，Seuratのクラスターを新しいcell groupとして読み込ませることができる（図3右下）．

さまざまな空間トランスクリプトーム解析ツール

上述では，Seuratを用いた基本的な解析部分を紹介した．SeuratはRベースのツールであるが，それ以外にもPythonベースのSquidpy[5]などが広く用いられている．それ以降の解析については，研究の目的によってさまざまな方法をとることになり，そのための解析ツールが数多く開発・提供されている．表ではさまざまな空間オミクス解析ツールを挙げている．

データ：肺がん Xenium

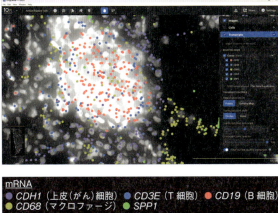
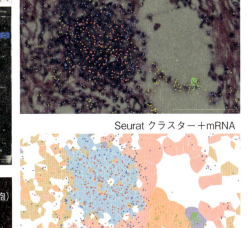

mRNA
- *CDH1*（上皮（がん）細胞） ● *CD3E*（T細胞） ● *CD19*（B細胞）
- *CD68*（マクロファージ） ● *SPP1*

クラスター
Cluster 0（がん細胞）　Cluster 1（マクロファージ）　Cluster 2（T細胞）
Cluster 7（B細胞）　Cluster 9（SPP1＋マクロファージ）

図3　Xeniumデータの可視化
肺がんのXeniumデータ（文献1，文献4より引用）をXenium Explorerにて可視化している．

表　空間トランスクリプトーム解析ツール

	ツール	特徴	文献
基本ツールbox	Seurat	Rベースのシングルセル・空間オミクス解析パッケージ	文献3 satijalab.org/seurat/
	Squidpy	Pythonベースの空間オミクス解析ツール（シングルセル解析ツールScanpyを拡張）	文献5 squidpy.readthedocs.io/en/stable/
	Giotto	空間オミクス解析パッケージ．さまざまな下流解析手法を提供している	文献7 rubd.github.io/Giotto_site/
	SPATA2	空間オミクス解析パッケージ．空間上にtrajectoryを描画できる機能がある	themilolab.github.io/SPATA2/
細胞間相互作用	CellChat	シングルセル・空間オミクスデータのリガンドと受容体の発現パターンから細胞間相互作用を解析するツール	文献8 github.com/jinworks/CellChat
	COMMOT	空間オミクスデータの細胞間相互作用を解析するツール．リガンドと受容体関係性だけでなく細胞間の距離も考慮して解析してくれる	文献9 commot.readthedocs.io/en/latest/index.html
Deconvolution	spacexr/RCTD	RCTDによって，1細胞レベルのデータを用いて，Visiumなどの1細胞レベルでない空間トランスクリプトームデータの細胞種の構成比を推定できる	文献10 github.com/dmcable/spacexr
共発現ネットワーク	hdWGCNA	シングルセル・空間オミクスデータから，共発現ネットワークモジュールを抽出できる	文献11 smorabit.github.io/hdWGCNA/

おわりに

　空間トランスクリプトーム技術は急速に普及し，多様な研究分野にて解析が実施されている．計測プラットフォームそのものの発展も著しく，データのバリエーションは幅広い．本稿では，解析の基本的な部分の紹介を行ったが，特に，細胞の位置情報や形態情報といった空間トランスクリプトームデータにとって重要な情報を，いかに統合していくかという点において，今後さらにさまざまな解析手法が開発されていくと考えられる．

> ### コラム：セルセグメンテーションについて
>
> 　多くのイメージングベースの空間トランスクリプトームプラットフォームでは，シングルセルレベルで遺伝子発現パターンが解析可能である．そこで問題となるのがセルセグメンテーションである．各細胞の領域が正しく決められないと，誤って周囲の細胞のmRNAのシグナルをアサインしてしまう可能性がある．神経細胞や線維芽細胞，筋細胞など，複雑な形状を有する細胞ではより困難をきわめる．現在，セルセグメンテーションの手法としては，単純に核から一定距離を拡張し細胞とする手法や，細胞膜・細胞質の染色により細胞の形を認識させる手法，研究者が与えた正解セットをもとに学習させる手法など，さまざまな方法がとられている．しかしながら，切断方向による形状の違いや，切片の厚みによるZ軸方向の細胞からの混ざり込みなどは依然として一定程度存在する．こうした細胞データが含まれることを念頭においてデータの解析・解釈をしていく必要がある．そのためには，画像上にデータを可視化して，何よりもまずよく見てみることが重要である．

◆ 文献

1）Nagasawa S, et al：Cancer Sci, 115：3208-3217, doi:10.1111/cas.16283（2024）
2）Muto K, et al：Sci Rep, 12：15309, doi:10.1038/s41598-022-19391-2（2022）
3）Hao Y, et al：Nat Biotechnol, 42：293-304, doi:10.1038/s41587-023-01767-y（2024）
4）Haga Y, et al：Nat Commun, 14：8375, doi:10.1038/s41467-023-43732-y（2023）
5）Palla G, et al：Nat Methods, 19：171-178, doi:10.1038/s41592-021-01358-2（2022）
6）Ransick A, et al：Dev Cell, 51：399-413.e7, doi:10.1016/j.devcel.2019.10.005（2019）
7）Dries R, et al：Genome Biol, 22：78, doi:10. 1186/s13059-021-02286-2（2021）
8）Jin S, et al：BioRxiv, doi:10.1101/2023.11.05.565674（2023）
9）Cang Z, et al：Nat Methods, 20：218-228, doi:10.1038/s41592-022-01728-4（2023）
10）Cable DM, et al：Nat Biotechnol, 40：517-526, doi:10.1038/s41587-021-00830-w（2022）
11）Morabito S, et al：Cell Rep Methods, 3：100498, doi:10.1016/j.crmeth.2023.100498（2023）

◆ 参考図書

「空間オミクス解析スタートアップ実践ガイド」（鈴木 穣／編），羊土社（2023）

各オミクスにおけるデータ解析
7. 1細胞摂動解析

島村徹平, 廣瀬遥香

> **ポイント**
> 近年，細胞CRISPR摂動技術とマルチオミクス解析の組合わせにより，遺伝子機能の詳細な理解が可能になってきた．本稿では，Perturb-SeqやCROP-Seqなどの大規模摂動スクリーニングデータを解析するための1細胞摂動解析について解説する．特に，1細胞プールCRISPRスクリーニングを用いた遺伝的摂動の効果を定量化・可視化する手法に焦点を当て，Seuratパッケージに実装されているMixscapeツールを用いた具体的な解析例を紹介する．これにより，遺伝子機能やシグナル伝達経路の理解を深めるための実践的なアプローチを提示する．

はじめに

摂動（perturbation）とは，CRISPR-Cas9を用いた遺伝子ノックアウトや薬剤投与など，外部から細胞に加えられる一時的あるいは恒久的な変化を指す．近年，シングルセル解析技術と遺伝子編集技術の急速な発展により，数千から数万スケールの膨大な条件（＝摂動）を一括で評価できるようになりつつある．特に，Perturb-Seq[1]やCROP-Seq[2]などのプール型遺伝的摂動スクリーニング技術と，シングルセルマルチオミクスや空間マルチオミクスを組合わせた手法が次々と実用化されつつある．これらの技術革新により，細胞培養，オルガノイド，動物モデルなどのさまざまな実験系において，細胞の応答を因果的かつ機構的に理解することが可能になってきた[3]（第2章-3も参照）．

しかしながら，1細胞データを用いた解析では，外部からの遺伝的・化学的・物理的刺激が細胞機能やシグナル伝達経路に与える影響を包括的に評価するにあたり，ノックアウト効率のばらつきやバッチエフェクトなど，技術的な課題が存在する．また，それぞれの細胞集団に対して実験的に全条件を網羅するのは，時間的・経済的に膨大なコストがかかる．そこで注目されているのが，「1細胞摂動モデリング」というアプローチである．1細胞摂動モデリングとは，シングルセルレベルのオミクスデータ（トランスクリプトームやプロテオームなど）を活用し，与えたい摂動（遺伝子の破壊，薬剤投与など）に対して「どのような細胞応答が起きるか」を計算機的に予測・解釈する手法群である．

本稿では，Seurat[4]パッケージに実装されているMixscape[5]ツールを用いた解析フローを中心に，1細胞プールCRISPRスクリーニングから得られた遺伝的摂動の効果を定量化・可視化できるかを紹介したい．これにより，CRISPR摂動による細胞応答を1細胞レベルで理解し，遺伝子機能やシグナル伝達経路の解明へとつなげるための実践的な手がかりを示す．

摂動モデリングの目的

摂動モデリングには，主に以下の4つの目的がある．

❶ 摂動応答の予測（Perturbation responses）

ある細胞集団が特定の刺激や薬剤処理を受けた場合に，遺伝子発現プロファイルなどのオミクス情報がどのように変化するかを予測する．例えば，「IFN-βやある化合物を処理すると遺伝子X・Yの発現が上がる／下がる」など，細胞ごとの変化を数値的に見積もることが可能である．実際に実験した際の遺伝子発現変化との相関や，IC50・毒性などの定量的な薬理パラメータの推定にも応用される．

❷ ターゲットと作用機序の推定（Targets and mechanisms）

摂動が効く際の遺伝子ネットワークや薬剤の作用機序（mode of action）を，オミクス情報から推定・解釈する．未知の化合物がある遺伝子セットを特異的に変動させるとき，類似の遺伝子変化を引き起こす既知薬剤やパスウェイと照合することで，化合物の標的やメカニズムを推測できる．これは，新薬開発や創薬標的の探索に非常に重要である．

❸ 摂動間の相互作用（Perturbation interactions）

遺伝子ノックアウト同士や薬剤同士の併用効果のように，複数の摂動を組合わせたときに起こる相加・相乗・拮抗作用などを予測する．遺伝子AとBを同時にノックアウトすると個別ノックアウトとは異なる大きな効果が得られる場合や，薬剤の組合わせが相乗効果をもたらす場合など，複雑な相互作用を解析するのに役立つ．

❹ 化合物の化学的性質の予測（Chemical properties）

シングルセルオミクスから得られる包括的な表現型情報をもとに，未解析の化合物の薬理特性や構造的特徴（分子指紋・薬理団など）を推定するとり組みもある．化合物がどのような分子骨格や置換基をもつとどのような遺伝子発現パターンを引き起こすかを学習することで，新規化合物の設計や選別に生かすことができる．

関連ツールとソフトウェア

摂動モデリングの分野では，さまざまな解析ツールとソフトウェアが開発されている．本節では，現在広く使用されている主要なツールについて解説する．

最近開発されたPertpy[6] は，Pythonベースの包括的な1細胞摂動解析フレームワークである．これまで複数のツールを組合わせる必要があった「前処理」→「差次的発現解析」→「可視化」などの処理フローを，1つのプラットフォーム上で完結できるよう設計されている．また，公式ウェブサイト（https://pertpy.readthedocs.io/）では，サンプルコードやチュートリアルが豊富に用意されているため，Pythonユーザーが最初に導入するツールとして便利である．

R言語のユーザーに向けては，Seurat[4] パッケージの一部として提供されているMixscape[5]が広く利用されている．MixscapeはCRISPR摂動実験の解析に特化したツールで，特にノックアウト効率のばらつき補正，摂動シグネチャ（PRTB）の計算，可視化と下流解析において優

れた機能を提供する．また，同じくR言語で開発されたAugur[7]は，細胞間の摂動感受性を定量化する機能や多彩な可視化オプション，他ツールとの連携性において特徴的な強みがある．

これらのツールは，それぞれ独自の特徴と長所をもっている．実際の解析においては，目的とするデータ解析の内容，扱うデータの特性，そしてユーザー自身の技術的背景を考慮してツールを選択することが重要である．各ツールの詳細な特徴や比較については，包括的なレビュー論文[8]を参照されたい．

Mixscapeを用いた1細胞CRISPR摂動解析

本稿では，Mixscapeを用いた1細胞CRISPRスクリーニングデータの解析について解説する．Mixscapeは，Seuratパッケージに実装された機能の一つであり，1細胞レベルのCRISPR摂動実験において特に重要な「ノックアウト効率の評価」と「真の摂動効果の抽出」を実現するために開発された．以下では，刺激THP-1細胞（ヒト単球性白血病細胞株）から得られた111種類のガイドRNA（gRNA）を含むECCITE-Seqデータセットを用いた解析例を示す．

1. Mixscapeによる解析の概要

CRISPR-Cas9を用いたノックアウト実験では，ガイドRNA（gRNA）を発現していても，以下の理由などで標的遺伝子にフレームシフト変異が入らない細胞（ノックアウト失敗）が一定数存在する．

☐ gRNAの特異性や効率のばらつき
☐ CRISPR/Cas9システムによる標的切断が不十分
☐ 細胞が特定の修復経路を選択し，フレームシフトにならず機能が保持される

1細胞RNA-Seqデータを指標にすると，ノックアウトに成功していない（non-perturbed：NP）細胞は，コントロール（non-targeting：NT）細胞と似た遺伝子発現パターンを示す．ここで，もしKO細胞とNP細胞を区別せずに「すべて摂動細胞」としてまとめてしまうと，統計的なノイズが大きくなり，真のノックアウト効果が希釈されてしまう．

Mixscapeは，混合正規分布モデルを用いて，KO細胞とNP細胞を分けることで，ノイズを除去しながらCRISPR摂動による本来の影響を定量化・可視化する．具体的な手順は以下の通りである．

❶ データの前処理

シングルセルRNA-Seqデータや抗体由来タグ（ADT）データの品質管理を行う．続いて，続いて，CLR変換やlog変換などの正規化処理を行い，変動遺伝子の選択とデータのスケーリングを行う．

❷ 摂動シグネチャの計算（CalcPerturbSig）

各細胞について，コントロール細胞（NT）との遺伝子発現差をローカルに評価し，摂動の寄与成分を数値化する．

❸ 細胞分類

先に計算した摂動シグネチャを入力として，統計モデルを構築する．各細胞を「KO（ノックアウト成功）」と「NP（ノックアウト失敗）」の混合分布としてモデル化し，コントロール（NT）クラスとの比較を行う．解析結果は，`mixscape_class`や`mixscape_class.global`といったメタデータにKO/NP/NTの分類情報として付与される．

❹ 分類結果の評価・可視化

ノックアウト効率やタンパク質発現量（ADT）を可視化し，妥当性を確認するとともに，ノックアウトが成功している細胞とそうでない細胞を分けて差次的発現解析などを行う．

❺ LDA（線形判別分析）やUMAPによる可視化（オプション）

KO細胞とNT細胞だけを用いてLDAを行い，UMAPなどで次元削減すると，遺伝子機能の類似性や経路依存性がより鮮明にわかる．

2. 環境設定とデータ準備

まずはR言語での解析に必要な環境を整え，サンプルデータを準備する．ここでは，刺激を与えたTHP-1細胞（ヒト単球性白血病細胞株）から得られた1細胞RNA-Seqデータを使用する．このデータセットには，111種類の異なるガイドRNA（gRNA）によるCRISPR編集の効果が含まれている．

はじめに，必要なパッケージをインストールする：

```R
# 必要なパッケージのインストール
install.packages(c("Seurat", "remotes", "patchwork",
                   "dplyr", "reshape2", "mixtools"))
# Seuratのデータセットをインストールするためのパッケージ
remotes::install_github('satijalab/seurat-data')
```

続いて，インストールしたパッケージを読み込む：

```R
# 基本的な解析用パッケージ
library(Seurat) # 1細胞解析の基本パッケージ
library(SeuratData) # データセット管理用
library(ggplot2) # 可視化用
library(patchwork) # 複数プロットの配置用
library(scales) # スケール調整用
library(dplyr) # データ操作用
library(reshape2) # データ形式変換用
```

解析用のサンプルデータをダウンロードし，読み込む：

```r
# THP-1 ECCITE-seqデータのダウンロード
InstallData(ds = "thp1.eccite")
# 可視化時の共通設定
custom_theme <- theme(
  plot.title = element_text(size = 16, hjust = 0.5),
  legend.key.size = unit(0.7, "cm"),
  legend.text = element_text(size = 14))
# データの読み込み
eccite <- LoadData(ds = "thp1.eccite")
```

読み込んだデータの構造を確認する：

```r
# データオブジェクトの概要確認
eccite
```

```
An object of class Seurat
18776 features across 20729 samples within 4 assays
Active assay: RNA (18649 features, 0 variable features)
2 layers present: counts, data
3 other assays present: ADT, HTO, GDO
```

```r
# メタデータの確認(細胞の付加情報)
head(eccite@meta.data)
```

```r
# RNA発現データの確認
head(eccite@assays[["RNA"]])
```

```
$RNA
Assay (v5) data with 18649 features for 20729 cells
First 10 features:
AL627309.1, AP006222.2, RP4-669L17.10, RP11-206L10.3, RP11-
206L10.2,
RP11-206L10.9, LINC00115, FAM41C, SAMD11, NOC2L
Layers:
counts, data
```

```r
# タンパク質発現データ(ADT)の確認
head(eccite@assays[["ADT"]])
```

```
$ADT                                                           出力
Assay (v5) data with 4 features for 20729 cells
First 4 features:
CD86, PDL1, PDL2, CD366
Layers:
counts, data
```

このデータセットには以下の情報が含まれている：

☐ **RNA 発現データ**：18,649 個の遺伝子について 20,729 細胞の発現量
☐ **タンパク質発現データ（ADT）**：4 種類のタンパク質（CD86, PDL1, PDL2, CD366）の発現量
☐ **メタデータ**：細胞周期情報，レプリケート情報，CRISPR 編集情報など

以上の準備により，続く解析のための基盤が整った．次節では，このデータを用いた具体的な解析手順について説明していく．

3. データの前処理

1 細胞データの前処理は，主にタンパク質発現データと RNA-Seq データの 2 つに分けて実施する．

まず，タンパク質発現データ（ADT：antibody-derived tags）データに対して，CLR（centered log-ratio）変換による正規化を行う．これにより，細胞間でのタンパク質発現量を適切に比較できるようになる．

```R
eccite <- NormalizeData(
  object = eccite,
  assay = "ADT",
  normalization.method = "CLR",
  margin = 2)
```

続いて RNA-Seq データの前処理を行う．解析対象として RNA アッセイを指定し，一連の標準的な前処理を実施する．具体的には，各細胞の総発現量を 10,000 に調整する正規化を行い，さらに最も変動の大きい 2,000 個の遺伝子を選択する．最後に選択された遺伝子の発現量を平均 0，分散 1 になるように標準化する．

```R
DefaultAssay(object = eccite) <- 'RNA'
eccite <- NormalizeData(object = eccite) %>%
  FindVariableFeatures() %>%
```

```
ScaleData()
```

4. 次元削減と可視化

　前処理後のデータをまず次元削減し，可視化する．はじめに主成分分析（PCA）を用いて高次元データを40次元に圧縮する．これにより，データの本質的な構造を維持しつつ計算効率を向上させる．

```
# PCAによる次元削減
eccite <- RunPCA(object = eccite)
# UMAPによる二次元への投影
eccite <- RunUMAP(object = eccite, dims = 1:40)
```

　続いて，3つの観点からデータの分布を可視化する．まず，生物学的レプリケートによる分布を確認する：

```
p1 <- DimPlot(
  object = eccite,
  group.by = 'replicate',
  label = F,
  pt.size = 0.2,
  reduction = "umap",
  cols = "Dark2", repel = T) +
  scale_color_brewer(palette = "Dark2") +
  ggtitle("Biological Replicate") +
  xlab("UMAP 1") +
  ylab("UMAP 2") +
  custom_theme
```

　次に，細胞周期の分布を確認する：

```
p2 <- DimPlot(
  object = eccite,
  group.by = 'Phase',
  label = F,
  pt.size = 0.2,
  reduction = "umap", repel = T) +
```

```
ggtitle("Cell Cycle Phase") +
ylab("UMAP 2") +
xlab("UMAP 1") +
custom_theme
```

最後に，CRISPR 摂動状態による分布を確認する：

```
p3 <- DimPlot(
  object = eccite,
  group.by = 'crispr',
  pt.size = 0.2,
  reduction = "umap",
  split.by = "crispr",
  ncol = 1,
  cols = c("grey39", "goldenrod3")) +
  ggtitle("Perturbation Status") +
  ylab("UMAP 2") +
  xlab("UMAP 1") +
  custom_theme
```

これらの可視化結果を1つのプロットにまとめて表示する（図1）：

```
((p1 / p2 + plot_layout(guides = 'auto')) | p3 )
```

　可視化結果からは，次の特徴が読みとれる．まず，生物学的レプリケート間での細胞分布には一定の偏りがある．また，細胞周期の進行に伴って細胞状態が連続的に変化していることが確認できる．さらに，CRISPR 摂動による細胞状態の変化パターンも観察される．これらの技術的・生物学的変動要因は，CRISPR 摂動による本来の効果を評価する際のノイズになる可能性がある．そのため，

　後続の解析では，レプリケート間の偏りや細胞周期の影響を適切に制御しながら，CRISPR 摂動による真の細胞状態の変化を評価する必要がある．

5. 摂動シグネチャの計算と解析

　摂動シグネチャ（PRTB）の計算では，各細胞がCRISPR 摂動に対してどのように応答を示したかを定量化する．まず，各実験レプリケート内で摂動細胞とコントロール細胞の比較を行い，遺伝子編集の影響を数値化する．

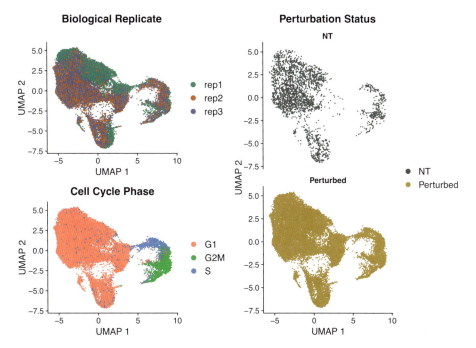

図1 生物学的レプリケート，細胞周期，摂動状態による細胞分布の可視化
前処理前のデータにおける細胞分布．左上は生物学的レプリケート，左下は細胞周期，右側は摂動状態（NT：コントロール，CRISPR：摂動）による分布を示す．レプリケート間での分布の偏りや細胞周期による連続的な状態変化がみられるため，後続の解析ではこれらを適切に制御する必要がある．

```R
eccite <- CalcPerturbSig(
  object = eccite,
  assay = "RNA", # 入力データとしてRNAアッセイを使用
  slot = "data", # 正規化済みデータを使用
  gd.class = "gene", # 遺伝子情報のカラム名
  nt.cell.class = "NT", # コントロール細胞の識別子
  reduction = "pca", # 次元削減手法としてPCAを使用
  ndims = 40, # 使用する次元数
  num.neighbors = 20, # 近傍細胞数
  split.by = "replicate", # レプリケートごとに計算
  new.assay.name = "PRTB") # 結果を格納するアッセイ名
```

CalcPerturbSig関数内では，以下を行っている．

☐ 各細胞がどのガイドRNA（gRNA）あるいはどの遺伝子（gene）に割り当てられているかを把握する（gd.class引数）
☐ コントロール細胞（NTとラベル付けされた細胞）との局所的な比較を実施する．具体的に

は，同一レプリケート内のコントロール細胞を中心に近傍の細胞を探し，遺伝子発現の差を計算する．ここで，num.neighbors = 20は，近傍細胞を何個取るかを指定している

☐ reductionやndims：PCAなどの次元削減を使って細胞間距離を計算する際，何次元まで考慮するかを設定．高次元すぎるとノイズが混入する可能性があるので，ある程度（例えば上位40次元）に絞ることで計算効率を高めながら主要な変動成分を捉える

☐ レプリケート間のバラつきを抑えるために，split.by = "replicate"を指定して，レプリケートごとに比較計算を行い，最後にそれらの結果を統合する

結果として得られる「摂動シグネチャ（PRTB）」は，RNAアッセイとは別のPRTBアッセイに格納される．次に，計算された摂動シグネチャに対して前処理を行う．RNA発現データから特定された変動遺伝子を利用し，データの中心化を行う．

```r
DefaultAssay(object = eccite) <- 'PRTB'
VariableFeatures(object = eccite) <-
  VariableFeatures(object = eccite[["RNA"]])
eccite <- ScaleData(object = eccite, do.scale = F, do.center = T)
```

前処理後のデータに対して，再度次元削減を実施する．主成分分析とUMAPを用いて，摂動シグネチャに基づく細胞の分布を可視化する．

```r
# 主成分分析の実行
eccite <- RunPCA(object = eccite,
  reduction.key = 'prtbpca',
  reduction.name = 'prtbpca')
# UMAPによる可視化
eccite <- RunUMAP(
  object = eccite,
  dims = 1:40,
  reduction = 'prtbpca',
  reduction.key = 'prtbumap',
  reduction.name = 'prtbumap')
```

再び，生物学的レプリケート，細胞周期，CRISPR摂動状態による細胞の分布を可視化する（図2）．

```r
# レプリケートによる分布の可視化
q1 <- DimPlot(
```

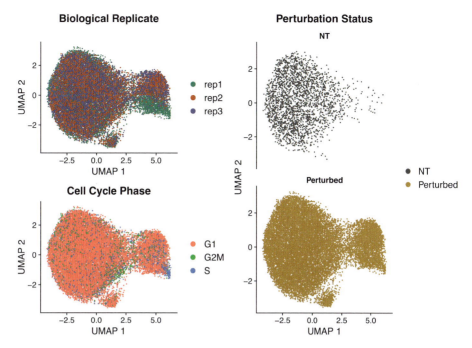

図2 摂動シグネチャに基づく細胞分布の可視化

摂動シグネチャの計算後の細胞分布を．左上は生物学的レプリケート，左下は細胞周期，右側は摂動状態による分布．前処理前（図1）と比較して，技術的・生物学的変動要因の影響が軽減され，CRISPR摂動による本質的な細胞応答がより明確に可視化されている．

```
  object = eccite,
  group.by = 'replicate',
  reduction = 'prtbumap',
  pt.size = 0.2, cols = "Dark2", label = F, repel = T) +
  ggtitle("Biological Replicate") +
  ylab("UMAP 2") + xlab("UMAP 1") +
  custom_theme
# 細胞周期による分布の可視化
q2 <- DimPlot(
  object = eccite,
  group.by = 'Phase',
  reduction = 'prtbumap',
  pt.size = 0.2, label = F, repel = T) +
  ggtitle("Cell Cycle Phase") +
  ylab("UMAP 2") + xlab("UMAP 1") +
  custom_theme
# 摂動状態による分布の可視化
q3 <- DimPlot(
  object = eccite,
```

```
  group.by = 'crispr',
  reduction = 'prtbumap',
  split.by = "crispr",
  ncol = 1, pt.size = 0.2,
  cols = c("grey39", "goldenrod3")) +
  ggtitle("Perturbation Status") +
  ylab("UMAP 2") + xlab("UMAP 1") +
  custom_theme
# プロットの統合表示
(q1 / q2 + plot_layout(guides = 'auto') | q3)
```

これにより，技術的・生物学的変動要因の影響が軽減され，CRISPR 摂動による本質的な細胞応答をより明確に捉えられるようになった．

6. MixScape による細胞分類

MixScape を用いて，摂動シグネチャに基づく細胞の分類を行う．この解析では，各細胞を「ノックアウト成功（KO）」，「ノックアウト失敗（NP）」，「コントロール（NT）」の 3 グループに分類する．

```
eccite <- RunMixscape(
  object = eccite,
  assay = "PRTB", # 摂動シグネチャデータの使用
  slot = "scale.data", # スケーリング済みデータの使用
  labels = "gene", # 遺伝子ラベルの指定
  nt.class.name = "NT", # コントロール細胞の識別子
  min.de.genes = 5, # 差次的発現遺伝子の最小数
  iter.num = 10, # 反復回数
  de.assay = "RNA", # 差次的発現解析用アッセイ
  verbose = F, # 詳細出力の抑制
  prtb.type = "KO") # 摂動タイプの指定
```

分類結果を評価するために，各遺伝子に対するノックアウト効率を算出・可視化する．

```
# ノックアウト効率の計算
df <- prop.table(table(eccite$mixscape_class.global,
                       eccite$NT), 2)
df2 <- reshape2::melt(df)
df2$Var2 <- as.character(df2$Var2)
```

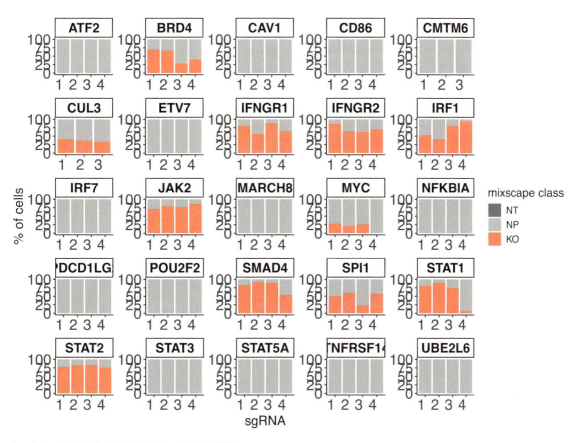

図3　遺伝子ごとのCRISPR編集効率の評価

各遺伝子に対するCRISPR編集の効率を示す棒グラフ．縦軸は細胞の割合，横軸はガイドRNA番号．赤色はノックアウト成功（KO），明るい灰色はノックアウト失敗（NP），濃い灰色はコントロール（NT）をあらわす．ガイドRNAやターゲット遺伝子によって編集効率が異なることがわかる．

```
# 効率の高い順にソート
test <- df2[which(df2$Var1 == "KO"),]
test <- test[order(test$value, decreasing = T),]
new.levels <- test$Var2
df2$Var2 <- factor(df2$Var2, levels = new.levels)
df2$Var1 <- factor(df2$Var1, levels = c("NT", "NP", "KO"))
# 遺伝子とガイド番号の分離
df2$gene <- sapply(as.character(df2$Var2),
  function(x) strsplit(x, split = "g")[[1]][1])
  df2$guide_number <- sapply(as.character(df2$Var2),
  function(x) strsplit(x, split = "g")[[1]][2])
df3 <- df2[-c(which(df2$gene == "NT")),]
```

```r
# 効率のプロット作成
p1 <- ggplot(df3, aes(x = guide_number, y = value*100,
                      fill = Var1)) +
geom_bar(stat= "identity") +
theme_classic() +
scale_fill_manual(values = c("grey49", "grey79","coral1"))
  + ylab("% of cells") +
xlab("sgRNA")
# プロットの体裁調整
p1 + theme(axis.text.x = element_text(size = 18, hjust = 1),
           axis.text.y = element_text(size = 18),
           axis.title = element_text(size = 16),
           strip.text = element_text(size=16, face = "bold")) +
       facet_wrap(vars(gene), ncol = 5, scales = "free") +
       labs(fill = "mixscape class") +
       theme(legend.title = element_text(size = 14),
             legend.text = element_text(size = 12))
```

これにより，各遺伝子に対するCRISPR編集効率やガイドRNAごとの違いが明確になる．同じ遺伝子でも使用するガイドRNAによって編集効率が大きく異なる場合がある点は，解析や実験デザインのうえでも重要な情報である．

7. 解析結果の可視化と解釈

Mixscapeによる分類の具体例として，特定の遺伝子（IFNGR2）に着目し，摂動効果の詳細を評価する．まず，IFNGR2遺伝子に対する摂動スコアの分布を可視化して，ノックアウトの効果を定量的に把握する（図4）．

```r
# IFNGR2の摂動スコアの可視化
PlotPerturbScore(
  object = eccite,
  target.gene.ident = "IFNGR2",
  mixscape.class = "mixscape_class",
  col = "coral2") +
  labs(fill = "mixscape class")
```

```r
# ノックアウト確率の分布図
VlnPlot(eccite,
  "mixscape_class_p_ko",
  idents = c("NT", "IFNGR2 KO", "IFNGR2 NP")) +
```

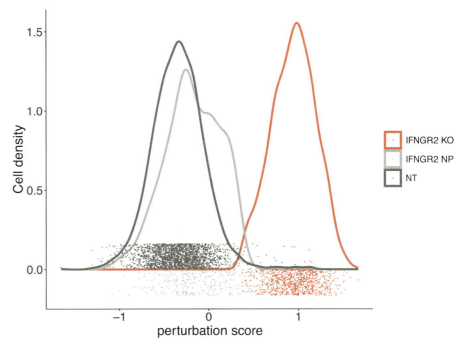

図4　IFNGR2遺伝子の摂動スコア分布
IFNGR2ノックアウトに対する摂動スコアの分布．縦軸は細胞数，横軸は摂動スコア．赤色のKO細胞群が明確に異なる分布を示し，遺伝子機能の阻害が効果的に行われたことを示唆している．

```
theme(axis.text.x = element_text(angle = 0, hjust = 0.5),
axis.text = element_text(size = 16),
plot.title = element_text(size = 20)) +
NoLegend() +
ggtitle("mixscape posterior probabilities")
```

　さらに，差次的発現解析結果をヒートマップとして可視化する．細胞はノックアウト確率に基づいて並び替えられる（図6）．

```R
# 差次的発現解析とヒートマップ作成
Idents(object = eccite) <- "gene"
  MixscapeHeatmap(
  object = eccite,
  ident.1 = "NT",
  ident.2 = "IFNGR2",
  balanced = F,
  assay = "RNA",
```

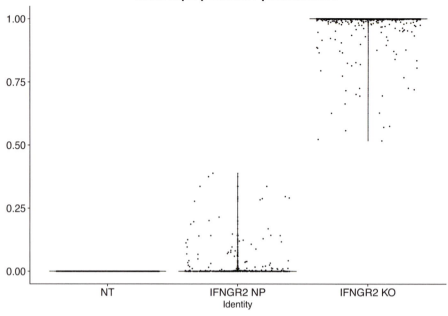

図5　ノックアウト確率の分布
各細胞群（NT，IFNGR2 KO，IFNGR2 NP）におけるノックアウト確率のバイオリンプロット．KO細胞群は高いノックアウト確率，NT細胞群は低い確率を示す．Mixscapeによる分類の信頼性を支持する結果である．

```
  max.genes = 20,
  angle = 0,
  group.by = "mixscape_class",
  max.cells.group = 300,
  size = 6.5) +
NoLegend() +
theme(axis.text.y = element_text(size = 16))
```

興味深い点として，IFNGR2を含むIFNG経路にかかわる遺伝子をノックアウトした細胞群では，PD-L1タンパク質の発現が選択的に減少していることが確認された（図7）：

```
# PD-L1発現の可視化
VlnPlot(
  object = eccite,
  features = "adt_PDL1",
  idents = c("NT", "JAK2", "STAT1", "IFNGR1", "IFNGR2", "IRF1"),
  group.by = "gene",
```

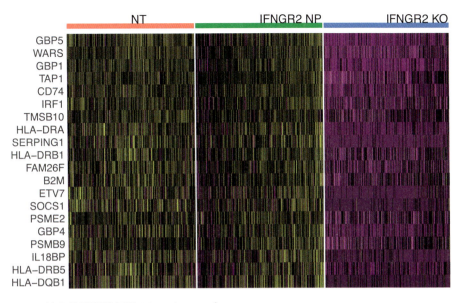

図6 差次的発現遺伝子のヒートマップ
IFNGR2ノックアウトによる発現変動が顕著な上位20遺伝子を可視化したヒートマップ．細胞はノックアウト確率に基づいて並び替えられている．発現変動の大きさと方向性から，IFNGR2の機能および下流の制御ネットワークが示唆される．

```
pt.size = 0.2,
sort = T,
split.by = "mixscape_class.global",
cols = c("coral3", "grey79", "grey39")) +
ggtitle("PD-L1 protein") +
theme(axis.text.x = element_text(angle = 0, hjust = 0.5),
plot.title = element_text(size = 20),
axis.text = element_text(size = 16))
```

　これらの解析結果は，IFNG経路がPD-L1の発現制御に重要な役割を果たすことを示唆しており，免疫チェックポイント阻害療法などの作用機序を理解するうえでも有用である．

8. 線形判別分析（LDA）による細胞状態の解析

　Mixscapeによる解析の結果，各細胞には「KO（ノックアウト成功）」「NP（ノックアウト失敗）」「NT（Non-Targeting）」といったクラスラベルが付与された状態となる．また，「KO」と判定された細胞は，さらに遺伝子ごとにクラス分けされている．例えば「IFNGR1 KO 細胞」「IFNGR2 KO 細胞」「STAT1 KO 細胞」は，機能的に同じIFN-γ経路に属している場合，似たような表現型変化を示す可能性が高い．一方，全く別の経路にかかわる遺伝子をノックアウトした細胞群は，異なるクラスターを形成するかもしれない．

　LDAを利用すると，このようなクラス同士の類似や差異が最大限に際立つような空間を得

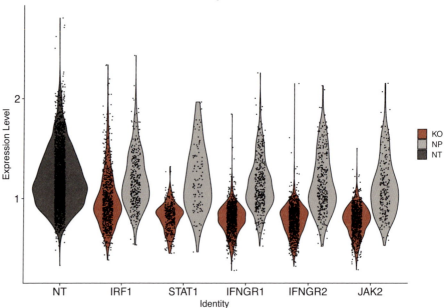

図7　PD-L1タンパク質発現の比較
IFNG経路の遺伝子（JAK2，STAT1，IFNGR1，IFNGR2，IRF1）のノックアウト細胞によるPD-L1の発現レベルのバイオリンプロット．これらの遺伝子を失活させるとPD-L1が選択的に減少しており，IFNG経路がPD-L1の発現制御に重要な役割を果たすことを示唆している．

ことができる．ここで，NP（ノックアウト失敗）の細胞はノックアウトの効果が弱い/ないことが多いため，LDAで「明確なクラス」として扱うよりも除外するほうが「KO vs NT」の違いをより鮮明に評価できる．したがって，この解析ではノックアウト成功細胞（KO）とコントロール細胞（NT）のみを対象とする．

```R
# 解析対象となる細胞の抽出
Idents(eccite) <- "mixscape_class.global"
sub <- subset(eccite, idents = c("KO", "NT"))
# LDAの実行
sub <- MixscapeLDA(
  object = sub,
  assay = "RNA", # RNA発現データの使用
  pc.assay = "PRTB", # 主成分分析用のアッセイ
  labels = "gene", # 遺伝子ラベルの指定
  nt.label = "NT", # コントロールの指定
  npcs = 10, # 使用する主成分数
  logfc.threshold = 0.25, # 発現変動の閾値
  verbose = F) # 詳細出力の抑制
```

LDAでは，すでにクラスラベル（例えば「NT（コントロール）」「遺伝子A KO」「遺伝子B KO」など）が付与されたサンプルを，高次元空間から低次元（最大でクラス数−1次元）の空間に射影する．MixscapeLDAでは，CRISPRスクリーニング解析で生じる複数のターゲット遺伝子KOクラスとコントロール（NT）クラスを入力とし，それぞれのクラスを最大限に区別する判別軸（NTを含めたノックアウト遺伝子数から1を引いた次元数．本解析では最大11次元）をつくっている．LDAの結果得られる高次元（例：11次元）をUMAPでさらに可視化することで，遺伝子KO群がどのように近接・分散しているかを直感的に把握できる．

```r
# UMAP解析の実行
sub <- RunUMAP(
  object = sub,
  dims = 1:11,
  reduction = 'lda',
  reduction.key = 'ldaumap',
  reduction.name = 'ldaumap')
# 可視化のための設定
Idents(sub) <- "mixscape_class"
sub$mixscape_class <- as.factor(sub$mixscape_class)
# 色の設定
col = setNames(object = hue_pal()(12),
               nm = levels(sub$mixscape_class))
names(col) <- c(names(col)[1:7], "NT", names(col)[9:12])
col[8] <- "grey39"
# 結果の可視化
p <- DimPlot(
  object = sub,
  reduction = "ldaumap",
  repel = T,
  label.size = 5,
  label = T,
  cols = col) +
NoLegend()
p2 <- p +
scale_color_manual(values = col, drop = FALSE) +
ylab("UMAP 2") +
xlab("UMAP 1") +
custom_theme
```

この解析により，以下の点が示唆される：

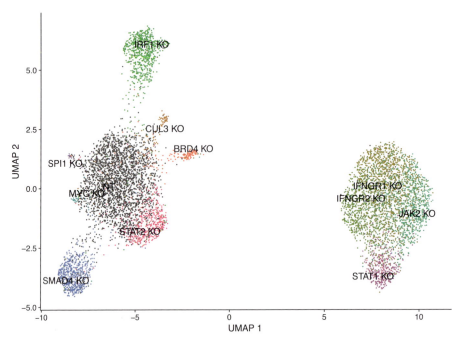

図8 線形判別分析（LDA）に基づく細胞状態の可視化
LDAとUMAPを用いた細胞状態の二次元表示．異なる色はそれぞれ異なる遺伝子ノックアウトをあらわし，灰色はコントロール細胞（NT）を示す．機能的に関連する遺伝子のノックアウト細胞は空間的に近接して分布する傾向がみられ，CRISPR摂動による細胞状態変化の特異性を示している．

☐ 各遺伝子ノックアウト細胞群は，明確に区別可能なクラスターを形成する
☐ 機能的に関連する遺伝子のノックアウト細胞は，空間的に近接して配置される
☐ コントロール細胞（NT）は，異なるノックアウト細胞群の中間付近に分布する

　このようにLDA空間を利用し，さらにUMAPを組合わせて可視化することで，機能的に近い遺伝子をKOした細胞が近接するかどうかが明確にわかり，新規の関連性を発見する手がかりにもなる．

おわりに

　本稿では，1細胞CRISPR摂動モデリングの基本概念から実践的な解析手法まで，包括的に解説を行った．特に，Mixscapeツールを用いた解析フローを例示し，CRISPR摂動による細胞応答の定量化と可視化の具体的な方法を示した．ノックアウト効率の評価から遺伝的摂動効果の詳細な解析，さらには遺伝子間の機能的関連性の推定に至るまで，多角的なアプローチが可能であることを示した．
　今後，さらなる技術的発展により，より複雑な遺伝子間相互作用の解析や，時系列データを用いた動的な細胞応答の理解が深まると期待される．また，機械学習技術を活用することで，

より高精度な摂動効果の予測や，新規治療標的の探索などへの応用も期待される．1細胞CRISPR摂動モデリングは，基礎生物学から創薬研究まで広範な分野で活用が期待される重要な研究手法として，今後さらに発展していくだろう．

◆ 文献

1）Dixit A, et al：Cell, 167：1853-1866.e17, doi:10.1016/j.cell.2016.11.038（2016）
2）Datlinger P, et al：Nat Methods, 14：297-301, doi:10.1038/nmeth.4177（2017）
3）Rood JE, et al：Cell, 187：4520-4545, doi:10.1016/j.cell.2024.07.035（2024）
4）Hao Y, et al：Nat Biotechnol, 42：293-304, doi:10.1038/s41587-023-01767-y（2024）
5）Papalexi E, et al：Nat Genet, 53：322-331, doi:10.1038/s41588-021-00778-2（2021）
6）Heumos L, et al：bioRxiv, doi:10.1101/2024.08.04.606516（2024）
7）Skinnider MA, et al：Nat Biotechnol, 39：30-34, doi:10.1038/s41587-020-0605-1（2021）
8）Gavriilidis GI, et al：Comput Struct Biotechnol J, 23：1886-1896, doi:10.1016/j.csbj.2024.04.058（2024）

各オミクスにおけるデータ解析
8. メタボロームデータ解析と実験デザイン

松田史生

> **ポイント**
> メタボローム解析をマルチオミクス解析の一部として活用するには，その癖を理解し，データ解析を見越した実験デザインが必要となる．現状のメタボローム解析は，数百遺伝子のカスタムアレイが複数存在しているゲノム解読以前のトランスクリプトーム解析，に近い状況である．また，遺伝子機能と結びつかないメタボロームデータの解釈も困難である．そこで本稿では，メタボローム解析の癖をトランスクリプトーム解析との比較から解説し，それを踏まえて実験デザインにおける留意点と，データ解析に有用なパスウェイ解析用ウェブツールの使用例を解説する．

はじめに

　代謝は生命活動と増殖に必要なエネルギーと部品を供給し，細胞分化や疾患に関与することから，マルチオミクスの重要な階層となっている．一方，代謝物を対象とするメタボローム解析には他の階層にない独特の癖がある．メタボローム解析をマルチオミクス解析の一部として活用するには，その癖を理解し，データ解析を見越した実験デザインとする必要がある．なおメタボローム分析法および質量分法の解説，実践的なプロトコールは，羊土社から最近出版された「実験医学別冊 メタボロミクス実践ガイド」「実験医学別冊 決定版 質量分析活用スタンダード」に詳しい記載があり，そちらも参照されたい（参考図書）．

トランスクリプトーム解析とメタボローム解析の共通点と相違点

相違点1：データ取得の分離法，イオン化法，質量分析法が多様

　メタボローム解析では，まず，生体試料から代謝物混合物を抽出する．これをガスクロマトグラフィー（GC），液体クロマトグラフィー（LC），キャピラリー電気泳動（CE）法などで分離後，イオン化して，正イオンあるいは負イオンを生成する．生成したイオンを検出する質量分析装置として，三連四重極型（QqQ），四重極-飛行時間型（Q-TOF），四重極-オービトラップ型（Q-Orbitrap）を主に用いる．代謝物混合物には，脂質，アミノ酸，核酸，糖など大きく物性が異なる分子が含まれる．このため，すべての代謝物を分離，イオン化可能な手法が存在しない．また，既知成分の定量と，未知成分の構造推定では，適切な質量分析装置が異な

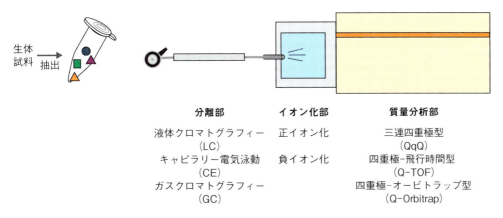

図1 メタボローム解析で用いる分離法,イオン化法,質量分析法

る.似たような分析プラットフォームが並立するややこしさがメタボローム解析の癖の一つである.

共通点1:ターゲット型,非ターゲット型のデータ取得法がある

トランスクリプトーム解析にも,RNA発現量を測定する複数の手法がある.定量PCR法では,事前にターゲット遺伝子を決め,既知の配列情報から設定した専用プライマーを用いてデータを取得する.384プレートなどを用いれば,ターゲット数を増やすことも可能である.マイクロアレイ法も同様に事前に測定ターゲットを決定し,各ターゲットのプローブを設定することで網羅性を実現している.一方,次世代シークエンサー法は,事前に測定ターゲットを決定しない,非ターゲット型の解析手法である.データ取得時に配列情報を取得しつつ,リード数をカウントして発現量を定量している.

メタボローム解析では,ターゲット型と非ターゲット型のデータ取得に異なる方式の質量分析装置を用いる.図1のQqQ型の質量分析装置は,測定ターゲット化合物ごとに選択反応(selected reaction monitoring:SRM)系列という条件を設定して,高感度に定量するターゲット分析を得意とする.同時測定数も最新の装置では500チャネルまで増やせる.非ターゲット型の解析は,Q-TOF, Q-OrbitrapのData dependent acquisition(DDA)あるいはdata independent acquisition(DIA)とよばれる動作モードを用いる.検出したイオンから自動的にプロダクトイオンスペクトルを取得し,化合物の構造推定を可能とする.さらに,各イオンの検出強度から,代謝物含量も測定する.

相違点2:すべての代謝物を網羅的に測定できない

ヒトやマウス等を対象としたトランスクリプトーム解析では,ゲノム情報をもとに全遺伝子をターゲットとしたマイクロアレイチップが作成できた.一方,メタボローム解析は,ヒトやマウスの全代謝物をターゲットとした計測が実現できていない.その理由は主に3つある.①代謝酵素が未知の機能をもち,ヒトやマウスが生合成しうる代謝物の完全なリストはいまだ存在しない.②配列情報があればプライマー,プローブが設定できるトランスクリプトーム解析

とは異なり，ターゲット型メタボローム解析用のSRM系列の作成には，標準化合物がどうしても必要となる．③前述のように，生体中の多様な代謝物をすべて検出可能な分析プラットフォームが存在しない．

相違点3：測定したい代謝物に関する仮説や根拠が事前に必要

以上の事情により，現状のターゲット型メタボローム解析で定量可能な代謝物とは，代謝マップ上にある既知代謝物で，標準化合物が入手でき，使用する分析プラットフォームで検出可能なものとなる．ヒューマン・メタボローム・テクノロジーズ社の受託分析では，1,100種以上の代謝物を検出可能としている．他のプラットフォームでも対象化合物範囲が異なるものの，100～500種程度が検出可能である．経験的にはヒトサンプルから100～300代謝物程度が検出される．トランスクリプトーム解析に例えると，搭載遺伝子が異なる数百遺伝子のカスタムアレイが複数存在しているゲノム解読以前の状況，と考えると一番イメージに近い．分析プラットフォームの選択には，ターゲット代謝物に関する仮説や根拠が事前に必要とされる．

相違点4：データ取得＝構造決定ではない

次世代シークエンサーを用いたトランスクリプトーム解析では，既知，未知にかかわらずRNAの配列をどんどん読める．前述の非ターゲット用のQ-TOFやQ-Orbitrap型の装置を用いると，検出した代謝物のプロダクトイオンスペクトルをどんどん取得できる．しかし，プロテオーム解析と違い，スペクトルからの構造決定には，"標準化合物から取得したスペクトルとの一致"が必要とされる．このため，非ターゲット型から得られる情報が少なく，下火の状態が続いている．そこで，本稿では，ターゲット型を念頭にデータ解析法を解説する．

例外は脂質を対象とするリピドミクスである．脂質だけならLC法で網羅的に分離が可能であり，脂質の基本構造ごとのプロダクトイオンスペクトルの共通規則から，標準化合物がない脂質の構造を推定できるようになった．また，MS-DIALなどのデータ処理用のソフトウェアも成熟し，リピドミクスでは非ターゲット型のメタボローム法が実用段階となっている．そのデータ解析法は文献を参考にされたい[1]．

相違点5：データの解釈がむずかしい

取得したトランスクリプトームデータを解析すると，例えば，遺伝子Xをノックアウトしたヒトがん培養細胞では，Yという遺伝子の発現量が減少していた．というような結果が得られる．遺伝子Yの機能情報から，遺伝子Xのノックアウトと遺伝子Yの機能をつないだざまざまな仮説を立てることができる．さらに，発現量が変化していた遺伝子リストから，エンリッチメント解析でその傾向を生物学的に解釈できる．一方，メタボロームデータの解析からは，遺伝子Xをノックアウトしたヒトがん培養細胞では，アミノ酸のバリンの含量が減少していたというような結果が得られる．このとき，遺伝子Xとバリンの減少をつなぐ仮説を立てることが非常に難しい．これは，バリンの減少がなぜ起きるのか？バリンの減少が何を意味するのか？に定説がないことに起因する．そこで，代謝物よりは代謝パスウェイの変動に注目した解析がよく用いられる．このような解釈のむずかしさもメタボローム解析の癖の1つである．

メタボローム解析の実験デザインとデータ解析

1. 実験のデザインとデータ解析は自分で実施しないといけない

　　メタボローム解析も他のオミクスと同様に，①実験デザイン，②サンプル調製，③データ取得，④データ処理（生データの数値化），⑤データ解析の手順を踏む．このうち，③データ取得と④データ処理は外注したとしよう．②サンプル調製法は外注先から教えてもらった方法を100％コピーする．一方，①実験デザインと⑤データ解析は自力で実施することになる．また，この2つは不可分の関係にある．

2. 実験デザインの留意点

　　データ取得の目的をはっきりさせることである．研究最終段階のキメデータや論文リバイス用データを取得する場合，仮説はすでに存在し，最適な分析プラットフォーム＝測定対象化合物も選択可能，実験デザインも2群間の比較（n＝3で6サンプル）に落とし込め，データ解析の方針も事前にはっきりしている．共同研究先に頼んでも無駄な仕事にならないため，わりと機嫌よく引き受けてくれるだろう．

　　一方，前述のように，メタボローム解析は結果の解釈が難しく，研究初期の仮説生成にはあまり向いていない．また，メタボローム解析の癖を理解した読者は，「新規オンコメタボライトを探索したい」「よくわかんないからとりあえずデータがとりたい」というような計画をそもそも避けているはずである．それでも実施する場合，何らかの仮説をもとに適切な分析プラットフォームを選び，20万円／サンプル程度となる外注費用に留意しつつ，10サンプル程度に収まる実験をデザインすることになるだろう．この時，コントロールと処理区での差も見たいが，処理後の経時変化も見たいので，コントロール処理24時間後×2，処理区処理24時間後×2，処理区0，6，12，18，36，48時間後×1というような実験デザインをしがちである．しかし，2群間の比較で有意差を検出するには，最低n＝3が必要であり，相関解析にも最低n＝10〜15が必要なため，データ解析をしてもはっきりしたことが何も言えず後悔することになる．つまり，データ解析手法から逆算して実験をデザインする必要がある．そうなると，2群あるいは3群間の比較（n＝3で最大9サンプル）の実験デザインしかありえないことがわかる．

　　過去の予備検討と，研究者としての直観をもとに，実験デザインを2群間の比較に落とし込めたとする．それでも，メタボロームデータ単独での仮説生成は困難である．そこで，トランスクリプトームと組合わせたマルチオミクス解析が有効になる．ある代謝物の含量変化と，その代謝にかかわる酵素遺伝子の発現量変化と間に連動を見つけることができれば，一気に仮説生成の可能性が高まる．

3. データ解析の基礎：Volcanoプロット

　　優れた実験デザインは2群間の比較（n＝3以上）となることが多い．2群間で含量が変化した代謝物を見つける最も簡単な方法はVolcanoプロットである．有意差検定でp値（p-value）が0.05以下（$-\log_{10}$（p-value）>1.30），かつ，平均値が2倍以上，1/2以下（$\log_2$（fold change）が1以上か-1以下）になったものを選抜する．平均値の変化量は場合によっては1.5

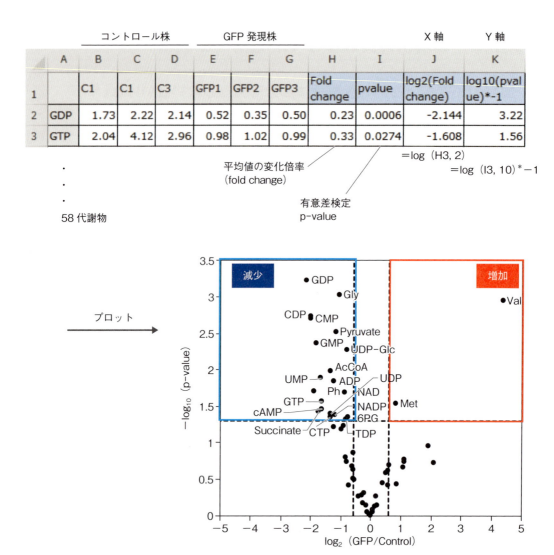

図2　スプレッドシートを用いたVolcanoプロットの解析例

倍を設定することもある．

　以前の研究で，蛍光タンパク質GFPを過剰発現した大腸菌BL21star株と，ベクターコントロール株それぞれ3サンプルから代謝物を抽出しGC-MSおよびLC-MSを用いてメタボローム解析を行った[2]．58代謝物のメタボロームデータからVolcanoプロットを作成した．図2のスプレッドシートは，A列に代謝物名，B-DとE-G列に代謝物含量データが格納されている．外注先からも同様の数値データが送られてくるはずである．そこで，H列には，平均値の変化量（fold change）を，I列には2群間の有意差検定のp値をそれぞれ計算した．さらに，J，K列にlog$_2$（fold change），－log$_{10}$（p-value）をそれぞれ計算し，最後にJ列をX軸，K列をY軸とした散布図（Volcanoプロット）を作成した．Volcanoプロットをみると，GFP発現で減少した代謝物として，GFP/Controlのfold changeが0.66倍以下で，p値が0.05以下の17代謝物を抽出できた．

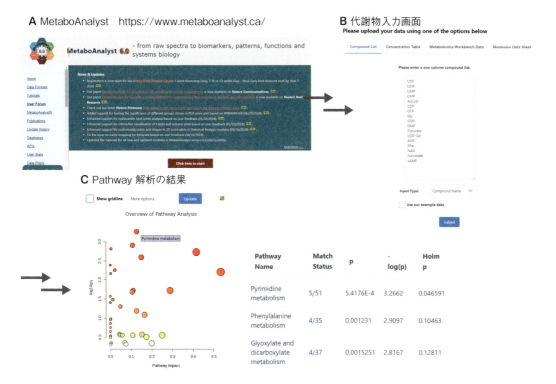

図3　MetaboAnalyst（https://www.metaboanalyst.ca/）を用いた代謝パスウェイ解析の一例

4. パスウェイ解析の基礎：MetaboAnalyst

　　Volcanoプロットからは，2群間で含量が変化した代謝物のリストが得られる．図2の解析では，GFPの発現の結果減少した17代謝物のリスト（UTP, UDP, UMP, CMP, AcCoA, CDP, GTP, Gly, GDP, GMP, Pyruvate, UDP-Glc, ADP, Phe, NAD, Succinate, cAMP）が得られた．

　　このリスト中代謝物を高頻度に含む代謝パスウェイの探索をメタボローム解析ウェブツールであるMetaboAnalystで行った[3]．

- MetaboAnalystのHP（https://www.metaboanalyst.ca/，図3A）より [Click Here to stat] ボタンをクリック
- 解析法一覧から [Pathway Analysis] をクリック
- Please enter a one-column compound list: に代謝物リストをコピー&ペースト（図3B），input typeにcompound nameを選択，[Submit] をクリック
- 化合物ID表が表示されるので [Proceed]
- Select a pathway libraryでパスウェイを選択，今回はEscherichia coli K-12 MG1655（KEGG）を選択して [Proceed]
- 図3Cのような解析結果が得られ，Pyrimidine metabolism経路がトップにヒットしてきた．

得られた知見をもとに，培地にヌクレオシドを添加したところGFP発現量を向上させることができた[2].

おわりに

今回紹介した「MetaboAnalyst」には，他にも多くのデータ解析法が搭載されている．なかにはトランスクリプトームデータやプロテオームデータとの統合パスウェイ解析やネットワーク解析法も含まれる．また，メタボロームデータからVolcanoプロット，代謝パスウェイへのデータ投影までをパッケージ化した「マルチオミクス解析パッケージ」が島津製作所より市販化されている．データ解析までを見据えた実験をデザインすることが，メタボロームデータを用いたマルチオミクス解析から有用な知見の発見につながると期待される．

◆ 文献

1 ）Tsugawa H, et al：Nat Biotechnol, 38：1159-1163, doi:10.1038/s41587-020-0531-2（2020）
2 ）Matsuyama C, et al：J Biosci Bioeng, 137：187-194, doi:10.1016/j.jbiosc.2023.12.003（2024）
3 ）Pang Z, et al：Nucleic Acids Res, 52：W398-W406, doi:10.1093/nar/gkae253（2024）

◆ 参考図書

1 ）「実験医学別冊 メタボロミクス実践ガイド」（馬場健史，平山明由，松田史生，津川裕司／編），羊土社（2021）
2 ）「実験医学別冊 決定版 質量分析活用スタンダード」（馬場健史，松本雅記，松田史生，山本敦史／編），羊土社（2023）

実験デザインからわかる マルチオミクス研究実践テキスト

第3章 各オミクスによるデータ解析
9. メタゲノム解析

森　宙史

> **ポイント**　微生物群集からDNAを抽出してシークエンスすることで，群集の系統組成や遺伝子機能組成，さらには運がよければ優占する系統のドラフトゲノム配列を再構築することも可能である．メタゲノム解析は解析の幅が広く複雑なため，情報解析の実践例の解説は少ない．本稿ではメタゲノムデータの情報解析の実践例について解説する．

はじめに

　微生物はさまざまな環境中で群集を形成しており，特にマルチオミクス解析としては，動植物の体に共生する微生物群集に対して宿主も含めた解析がさかんに行われている[1)2)]．メタゲノム解析自体は多数の系統由来のDNAをまとめてゲノム解析する手法の総称であり，解析対象とする微生物の系統に依存してさまざまな手法が存在する．本稿では以降原核生物（細菌）を対象としたメタゲノム解析のプロトコールについて解説する．

メタゲノム解析の流れ

　メタゲノム解析の全体的な流れを示したのが図1である．環境中の細菌群集からDNAを抽出してシークエンシングし，情報解析を行うことで細菌群集の系統組成や遺伝子機能組成，メタゲノムからの優占系統のドラフトゲノム配列の構築（metagenome assembled genome：MAG）等を行う．細菌群集からのDNA抽出については，ヒト糞便や土壌，海水等対象とする環境およびサンプルの種類に応じて適したDNA抽出法が異なる．特に，PCRでDNAの増幅を行う群集構造解析と異なりメタゲノム解析ではある程度のDNA量が必要であり，DNA抽出法が系統バイアスの原因にもなるため，抽出効率や系統バイアスを複数抽出法間で比較した先行研究を参考にして適切なDNA抽出法を選択する必要がある[3)]．また，ロングリードでのシークエンシングを行う場合は，DNAが断片化され過ぎないDNA抽出法を使用する必要がある．抽出できたDNAはDNA量に依存して，増幅を行うシークエンシングライブラリ作製法か，PCRフリーなライブラリ作製法かを選ぶ．さまざまなGC含量のゲノムをもつ細菌が存在し増幅バイアスが想定されるため，増幅を行わないライブラリ作製法の方が望ましい．メタゲノムのシークエンシングは現状ショートリードシークエンサーを用いることが大半である．一方で，メタ

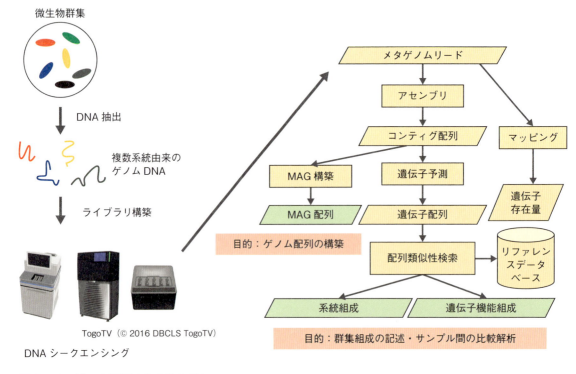

図1 メタゲノム解析の全体的な流れ

ゲノムからの個々の細菌のゲノム配列（MAG）の再構築をめざす場合は，ロングリードでのシークエンシングが有効である．シークエンサーは解析の目的とサンプルの数，シークエンシングにかけられるコスト等に依存して選択すべきである．今回は，マルチオミクス解析でよく使われる系統組成と遺伝子機能組成を計算する情報解析の部分について，解析ステップごとに解説する．メタゲノム配列データからのMAG構築については，解析目的が異なるため今回は扱わない．

準備

使用するソフトウェア（バージョンは動作確認済みのもの）

- [ ] fastp v.0.24.0（https://github.com/OpenGene/fastp）
- [ ] SingleM v.0.18.3（https://github.com/wwood/singlem）
- [ ] MEGAHIT v.1.2.9（https://github.com/voutcn/megahit）
- [ ] Prodigal v.2.6.3（https://github.com/hyattpd/Prodigal）
- [ ] BWA v.0.7.18（https://github.com/lh3/bwa）
- [ ] samtools v.1.21（https://github.com/samtools/samtools/）
- [ ] Subread v.2.0.7（https://subread.sourceforge.net/）
- [ ] seqkit v.2.9.0（https://bioinf.shenwei.me/seqkit/）

☐ KofamScan v.1.3.0（https://github.com/takaram/kofam_scan）

プロトコール

❶ 配列のクオリティフィルタリング

　FASTQ形式のファイルを入力としてfastpを用いて配列のクオリティフィルタリングを行う．paired-endのR1側のFASTQファイルを-iで指定し，R2側のFASTQファイルを-Iで指定する．クオリティフィルタリングの結果のFASTQファイルはR1側が-oに，R2側が-Oに保存される．クオリティフィルタリングの結果paired-endの両側が揃って残ったペアのみ保存される．-3は3′末端をFASTQのクオリティスコアによってトリムする．-n 1は塩基が読みとれなかったことを意味するNが1つでも出現したらそのリードを除去する設定．-l 75はトリミングやシークエンスアダプターの除去によってリード長が75 bp未満になったリードを除去する設定．もともとのリード長としては151 bpであり，短過ぎなければよいので75 bpにこだわる必要はないが，次の系統組成推定で用いるSingleMで72 bp以上の配列を対象とするため，75 bpとした．-w 1は使用するスレッド数を1にする設定．-wを設定しないとデフォルトでは3スレッドで計算を行う．CPUコア数を豊富に使える場合は，-w 10等多めに設定すると時間短縮になる．--detect_adapter_for_peはpaired-endのデータの場合にシークエンスアダプター配列を検出して除去する設定．

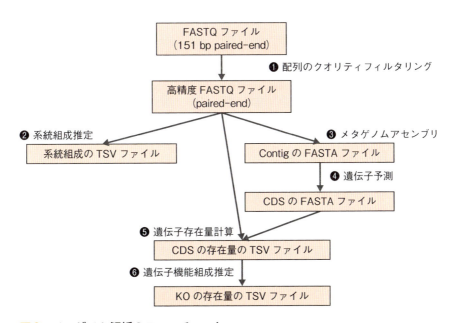

図2　メタゲノム解析のフローチャート

```shell
$ fastp -i Sample_1.fastq -o Sample_1.trim.fastq \
  -I Sample_2.fastq -O Sample_2.trim.fastq \
  -3 -n 1 -l 75 -w 1 --detect_adapter_for_pe
```

❷ 系統組成推定

　メタゲノムの系統組成推定はKraken2やMetaPhlAn4等さまざまなソフトウェアが存在しており，ゲノム中のどの部分の配列を系統推定に使うかはソフトウェアによって大きく異なる．また，細菌はさまざまな系統分類体系が使用されており，どのような系統分類体系に沿ったリファレンス配列データベースを用いるかも重要である．最近はMAGデータの系統推定で標準的に使用されている，Genome Taxonomy Database（GTDB）の系統分類体系に沿ったリファレンス配列データベースが用いられることが多い．ここでは，ほとんどの細菌のゲノム中に1コピーしか存在しない数十個のシングルコピー遺伝子を用いて系統推定を行うソフトウェアであるSingleMを用いて，メタゲノムサンプルごとの系統組成を推定する[4]．

　SingleMのリファレンスデータベースを--output-directoryで指定したディレクトリにダウンロードする．1.4 GBほどと大きくはないが，SingleMのサーバの速度の問題もあり数時間かかる．一度ダウンロードすれば，SingleMのリファレンスデータベースが更新されない限り再度ダウンロードは不要である．

```shell
$ singlem data --output-directory SingleMRef/
```

　ダウンロード完了後，保存したディレクトリをパスに記述する．

```shell
$ export SINGLEM_METAPACKAGE_PATH='/SingleMRef/の絶対パス'
```

　クオリティフィルタリング済みpaired-endリードからSingleMで系統推定を行い，サンプルの系統組成データを得る．paired-endのR1側のFASTQファイルを-1で指定し，R2側のFASTQファイルを-2で指定する．-pは新しくつくる結果の系統組成ファイル名を指定する．--assignment-threads 10はSingleMの系統推定で使用するスレッド数である．SingleMは内部でリード単位での配列類似性検索を行うため，サンプルあたり計算に数十分から数時間かかるが，スレッドを豊富に使える場合は多めに設定すると時間短縮になる．

```shell
$ singlem pipe -1 Sample_1.trim.fastq -2 Sample_2.trim.fastq \
  -p Sample.profile.tsv --assignment-threads 10
```

表1 　SingleMの結果の系統組成の表の例

taxonomy							Sample
unassigned							4.44
Root;	d__Bacteria;	p__Pseudo-monadota;	c_Alphaproteo-bacteria;	o__Sphingo-monadales;	f__Sphingo-monadaceae;	g__Sphingomonas	1.35
Root;	d__Bacteria;	p__Pseudo-monadota;	c__Gammapro-teobacteria;	o__Entero-bacterales;	f__Enterobac-teriaceae;	g__Enterobacter	80.35
Root;	d__Bacteria;	p__Pseudo-monadota;	c__Gammapro-teobacteria;	o__Pseudo-monadales;	f__Pseudomo-nadaceae;	g__Pseudomonas_E	12.39
Root;	d__Bacteria;	p__Pseudo-monadota;	c__Gammapro-teobacteria;	o__Pseudo-monadales;	f__Pseudomo-nadaceae;	g__Pseudomonas_B	1.17
Root;	d__Bacteria;	p__Bacillota;	c__Bacilli;	o__Lactoba-cillales;	f__Streptococ-caceae;	g__Lactococcus	0.3

SingleM summariseの結果はTSV形式のファイルになり，Microsoft Excel等のソフトウェアで閲覧可能である．この例の場合は，1サンプルの属組成が%で表されている．細菌の各属が所属する科，目，綱，門，ドメインの情報が記述されている．unassignedの行は，属名が推定出来なかった配列の%である．

　　SingleMの結果を系統組成の表としてわかりやすい形式（表1）へ変換する．`--output-species-by-site-level genus`は属組成を出力する設定である．他にも，`domain`や`phylum`, `class`, `order`, `family`, `species`が指定でき，指定した系統分類階層で系統組成を出力可能である．なお，speciesは分類できない配列も多く，speciesと指定して全くspeciesに分類できたリードが存在しない場合は，エラーメッセージが出るため注意が必要である．結果を解釈するうえでは`genus`が系統の解像度が高くアサインできる割合も比較的高いためバランスがよく個人的にはお勧めである．`--output-species-by-site-relative-abundance`で新しくつくる系統組成の表のTSV形式ファイル名を指定する．

```shell
$ singlem summarise --input-taxonomic-profile Sample.profile.tsv \
   --output-species-by-site-relative-abundance \
   Sample.profile.genus.tsv --output-species-by-site-level genus
```

　　複数サンプルのSingleMの結果を1つの表にまとめたい場合は`--input-taxonomic-profile`の後に複数サンプルのSingleMの結果ファイル名をスペース区切りで並べればよい．

```shell
$ singlem summarise --input-taxonomic-profile \
   Sample.profile.tsv Sample2.profile.tsv \
   --output-species-by-site-relative-abundance \
   Twosamples.profile.genus.tsv \
   --output-species-by-site-level genus
```

❸ メタゲノムアセンブリ

　メタゲノム配列のアセンブリは個別菌のアセンブリと異なり，複数系統が混ざった配列デー
タからのアセンブリになるためより複雑であり，専用のアセンブリソフトウェアがいくつも開
発されている．ここでは，ショートリードのメタゲノムアセンブリで広く使われているソフト
ウェアである，MEGAHITを用いてアセンブリを行う．-m 0.4は計算機の何％までのメモリ
（RAM）をMEGAHITの計算で使用するかを設定する．配列の複雑性にも依存するが，一般的
に数千万ペアのメタゲノムアセンブリでは最大120 GBほどのメモリを使用する．ただ，ほとん
どの場合は数十GBほどのメモリで十分であるため，計算機の最大4割のメモリを使用する設定
にすると，その計算機で他の計算も同時に実行でき便利である．クオリティフィルタリング済
みのpaired-endのR1側のFASTQファイルを-1で指定し，R2側のFASTQファイルを-2で
指定する．結果は-oで指定したディレクトリに保存される．結果ディレクトリは事前に作成し
ておく必要はない．計算にはサンプルあたり数時間から数十時間かかる．-tで計算に使用する
スレッド数を指定でき，スレッドを豊富に使える場合は多めに設定すると時間短縮になる．結
果ディレクトリ中のfinal.contigs.faがアセンブリ結果のコンティグのfastaファイルであ
る．コンティグ数や最大コンティグ長等のアセンブリ統計量は結果ディレクトリ中のlogファ
イルの末尾に書かれている．

```shell
$ megahit -m 0.4 -t 10 -1 Sample_1.trim.fastq \
  -2 Sample_2.trim.fastq -o Sample.assemble
```

❹ 遺伝子予測

　細菌のゲノムは基本的に遺伝子領域が約9割を占めており，真核生物にみられるようなエキ
ソン-イントロン構造もみられず，遺伝子構造が単純である．したがって，細菌ゲノム配列か
らのタンパク質コーディング遺伝子（coding sequence：CDS）の予測は，遺伝子の統計的な特
徴を用いたab initio遺伝子予測を行うソフトウェアが広く使われており，遺伝子の開始位置の
予測にはまだ難はあるものの，一般的に予測精度・感度ともに非常に高い．メタゲノムの場合
は複数系統のゲノム断片配列から遺伝子を予測する必要があるため問題が複雑になり，専用の
遺伝子予測ソフトウェアやメタゲノム用のパラメータ設定が使用されている．ここでは，細菌
ゲノムを対象としたCDS予測ソフトウェアとして広く使われている，Prodigalのメタゲノム用
のパラメータ設定を用いて，メタゲノムのコンティグ配列からCDSの予測を行う．-iでアセ
ンブル結果のコンティグ配列を指定し，-oで1行1遺伝子で遺伝子予測結果をタブ区切りテキ
ストとして出力する新規GFF形式ファイルの名前を指定し，-aで遺伝子予測結果のアミノ酸
配列を出力する新規FASTA形式ファイルの名前を指定する．-p metaがメタゲノム用のパラ
メータ設定である．-f gffは-oで出力するファイルの形式を指定可能であり，今回はゲノム
アノテーションで一般的に使われるGFF形式を指定する．-qは遺伝子予測の途中経過のさま
ざまな情報を画面に表示しない設定である．-qを指定しないと計算実行中に画面に大量にテキ
スト情報が表示されるため，指定することをお勧めする．

```shell
$ prodigal.linux -i final.contigs.fa -a final.contigs.fa.faa \
  -o final.contigs.fa.gff -p meta -f gff -q
```

❺ 遺伝子存在量計算

アセンブリ結果のコンティグ配列は群集中の各配列の存在量の情報が欠落しており，遺伝子機能組成を計算するためにはコンティグ配列に対してリードをマップし遺伝子の存在量の情報を別途計算する必要がある．一般的にメタゲノムの遺伝子機能組成解析は複数サンプルで行い結果を比較解析するため，サンプル間のリード数の違いを補正する必要がある．今回用いるソフトウェアであるfeatureCountsの結果はリードカウントデータであり，DESeq2やedgeR等のリードカウント結果を入力とする群間比較手法に利用可能である．DESeq2やedgeRは内部で遺伝子間やサンプル間のリードカウント数の補正を行うため，それらの統計解析を行うだけであればリード数のサンプル間補正を先に行う必要はない．しかしながら，メタゲノム解析ではDESeq2やedgeRによる統計解析以外にもさまざまな解析で遺伝子機能組成データを用いるため，先にサンプル間のリード数の違いを補正した方が後の解析が楽になる．補正方法としてはRNA-Seq解析でよく使われるFPKM（fragments per kilobase of exon per million reads mapped）やTPM（transcripts per million）等が比較的よく使われているが，一方でそれらの手法で補正するとリードカウントデータを入力とするDESeq2やedgeR等は使用できなくなる．そのため，比較したいサンプル間で最も少ないリード数のサンプルにあわせて，それぞれのサンプルのリードをダウンサンプリングする手法が広く使われている．ダウンサンプリングするリード数はできるだけ多くかつキリのよい数にすることが多く，ここでは1,500万リードとする．遺伝子の存在量を定量する目的では，paired-endの両方のリードをマップする必要はなく，R1側のFASTQファイルのみマッピングに用いる．そのため，ダウンサンプリングもR1側のリードだけ行う．ダウンサンプリングには，塩基配列データのさまざまな操作を行ううえで便利なソフトウェアであるseqkitを用いる．seqkitのsampleコマンドは-nでランダムサンプリングしたいリード数を指定できる．-sでR1側のクオリティフィルタリング後のFASTQファイルを入力として指定し，-oで新しくつくるランダムサンプリングした結果を出力するFASTQファイル名を指定する．-2はメモリ消費量を減らすための設定であり，この設定をしないと数千万本のリードデータでは多くの場合メモリ不足のエラーが出る．-sはランダムサンプリングする際の乱数発生に使用するシードの数値を指定する．入力データが同じ場合，この数値が同じであれば毎回同じ結果になるので結果を再現するうえで便利である．

```shell
$ seqkit sample -n 15000000 -2 -s 100 Sample_1.trim.fastq \
  -o Sample_1.trim.1.5M.fastq
```

ダウンサンプリング後のR1リードについて，広く使われているリードマッピングソフトウェアであるBWAのMEM（maximal exact match）アルゴリズムを用いてコンティグ配列に対し

てリードマッピングの計算を行う．最初にBWAでコンティグ配列の検索用indexを作成する．-a bwtswでBWT-SWアルゴリズムでのindex作成をするよう指定する．その後にコンティグ配列のファイル名をそのまま指定する．

```shell
$ bwa index -a bwtsw final.contigs.fa
```

indexを作成したコンティグ配列に対して，ダウンサンプリングしたR1側のリードをBWAのMEMアルゴリズムでマップする．-tで計算に使用するスレッド数を指定でき，スレッドを豊富に使える場合は多めに設定すると時間短縮になる．スレッドの指定の後にコンティグ配列のファイル名とダウンサンプリングしたR1側のリードのFASTQファイル名を並べる．リダイレクト演算子である>のあとにマッピング結果を出力する新規SAM形式のファイル名を指定する．マッピング結果のSAMファイルはSAM形式やBAM形式ファイルを扱うソフトウェアであるsamtoolsを用いてsortコマンドでBAM形式ファイルに変換する．-oで新規BAMファイルの名前を指定できる．

```shell
$ bwa mem -t 15 final.contigs.fa Sample_1.trim.1.5M.fastq > \
  final.contigs.fa.sam
$ samtools sort final.contigs.fa.sam -o final.contigs.fa.bam
```

RNA-Seq解析等でも広く用いられているリードカウントソフトウェアであるfeatureCountsを用いて，各コンティグ中のCDSごとにマップされたリードカウントを集計する．なお，featureCountsはSubreadパッケージのなかに含まれているため，使用するためにはSubreadをインストールする必要がある．-aでProdigalでの遺伝子予測結果で得られたGFF形式のファイル名を指定し，-oで新しくつくるリードカウント集計結果のTSV形式のファイル名を指定する．その後ろに先ほどsamtoolsで変換したBAM形式ファイルの名前を指定する．-Tで計算に使用するスレッド数を指定でき，スレッドを豊富に使える場合は多めに設定すると時間短縮になる．-tはGFF形式ファイル内のどのアノテーションごとにリードカウントを集計するかを指定するパラメータであり，Prodigalの結果の場合はCDSを指定する．-gはGFF形式ファイル内のどのIDを各CDSのIDとして出力するかを指定するパラメータであり，Prodigalの結果の場合はIDと指定する．なお，featureCountsは複数カ所にマップされたリードはカウントしない．つまり，この集計方法では単一または複数ゲノム中で数百bp以上にわたって完全一致する領域は解析対象にできない点に注意が必要である．

```shell
$ subread-2.0.7-Linux-x86_64/bin/featureCounts -T 10 -t CDS\
  -g ID-a final.contigs.fa.gff \
  -o counts.txt final.contigs.fa.bam
```

表2 featureCounts の結果の例

Geneid	Chr	Start	End	Strand	Length	final.contigs.fa.bam
1_1	k141_153366	1	309	+	309	1
2_1	k141_281170	2	352	+	351	2
4_1	k141_25561	290	376	−	87	1
5_1	k141_76683	3	260	−	258	39
6_1	k141_357850	136	279	−	144	6
7_1	k141_102244	78	296	+	219	5
8_1	k141_383410	3	209	+	207	2
8_2	k141_383410	225	431	+	207	2
9_1	k141_1	3	269	+	267	31
11_1	k141_332290	2	433	+	432	2
12_1	k141_460090	1	462	−	462	26
13_1	k141_434531	260	409	+	150	3
14_1	k141_255610	2	241	−	240	22
15_1	k141_306730	448	549	−	102	0
16_1	k141_2	2	301	−	300	7
17_1	k141_485650	2	616	−	615	9
19_1	k141_357851	225	371	+	147	0

featureCounts の結果（`counts.txt`）の例が，表2である．7列の TSV 形式のファイルであり，1～6列目がそれぞれ，Prodigal が自動で付けた CDS ID，その CDS が存在するコンティグの ID，コンティグ中の CDS 開始位置，コンティグ中の CDS 終了位置，CDS が DNA の二本鎖のどちら側に存在するか，CDS の塩基配列長をあらわしている．7列目が，その CDS にマップされたリードの数である．Prodigal は同一コンティグ上の複数遺伝子を _1, _2 のように ID 付けする．コンティグとしては存在するのにマップされたリード数が 0 の CDS がしばしばみられるが，これはリードのダウンサンプリングの影響やほとんど同じ配列が他のコンティグ中に存在した可能性，リード側のシークエンスエラーの影響等いくつかの原因が考えられる．

❻ 遺伝子機能組成推定

メタゲノムの遺伝子機能組成推定にはさまざまな手法が存在する．CDS 配列のリストがある場合，基本的には遺伝子機能と配列を整理したリファレンスデータベース相手に配列類似性検索を行うことが多い．リファレンスデータベースとしては，KEGG（Kyoto Encyclopedia of Genes and Genomes）Protein, InterPro, eggNOG, MetaCyc, Kofam 等が存在する．これらのうち，今回は KEGG Protein データベースと比べてライセンスの制限が少なくかつ KEGG のパスウェイデータベースへの連結が容易な Kofam データベースを使用する．Kofam データベースは KEGG における独自の遺伝子機能の体系である KEGG Orthology（KO）に基づいて，KO ID であらわされるタンパク質ファミリーごとにさまざまな系統由来のタンパク質配列の保存性のプ

ロファイルを隠れマルコフモデルとして構築し整理したデータベースである[5].Kofamデータベースへの配列類似性検索には数種類の方法があるが,ここではKEGGのグループが開発し広く使われているソフトウェアであるKofamScanを用いる.CDS配列をKofamScanで検索し遺伝子存在量の情報とあわせてKO IDごとの存在量を集計するには,いくつかの準備のステップが必要である.まずは,CDS配列のヘッダを変換する.Prodigalの結果のGFF形式のファイルからCDSのIDをとり出す.shellで標準で使用できるcat, cut, sed, grepコマンドをパイプで連結し結果をリダイレクト演算子で2種類のテキストファイルに出力する.sedコマンドで置換している文字列パターンの詳細はsedのマニュアルを参照していただきたい.

```shell
$ cat final.contigs.fa.gff | cut -f 1,9 | cut -d ';' -f 1 | \
  sed 's/[[:space:]]\{1,\}ID=[[:digit:]]\{1,\}_/_/g' | \
  grep '_' > faaid.txt
$ cat final.contigs.fa.gff | cut -f 9 | cut -d ';' -f 1 | \
  sed 's/ID=//' | grep '_' > id.txt
```

id.txtがProdigalが付けた正式なCDS IDのリスト,faaid.txtがProdigalがコンティグごとに連番でIDを付けたCDSの内部IDのリストである.これら2種類のIDをpasteコマンドを用いてタブで連結した結果をリダイレクト演算子でfaaid_id.txtに出力する.

```shell
$ paste faaid.txt id.txt > faaid_id.txt
```

作成した2種類のIDの対応表を用いて,CDSのFASTAファイルのヘッダをseqkitのreplaceコマンドでCDS IDに変換する.-pで一致させたいパターンを入力し,-r '{kv}'でキーと値の2種類の文字列の対応表を用いてIDの変換を行い,リダイレクト演算子で新たなFASTA形式のファイルに変換結果を保存する.

```shell
$ seqkit replace -p '^(\S+)' -r '{kv}' -k faaid_id.txt \
  final.contigs.fa.faa > final.contigs.fa.2.faa
```

KofamScanで用いるリファレンスデータをKEGGのFTPサイトからダウンロードする.KEGGのFTPサイトのほとんどのコンテンツはKEGGとライセンス契約が必要であるが,Kofamデータベースの内容は例外的にライセンス契約無しでダウンロードすることが可能である.ここでは,多くのshellで使用できるwgetコマンドで取得しているが,curlコマンド等で取得しても問題無い.KOのリストとKofamデータベースの隠れマルコフモデルのプロファイルのアーカイブファイルの2種類を取得する.これらのファイルはKofamデータベースが更新されない限り,一度取得すれば問題無い.ダウンロード後にファイルの圧縮をshellで標準で使用できる

gunzip コマンドと tar コマンドでそれぞれ展開する.

```shell
$ wget ftp://ftp.genome.jp/pub/db/kofam/ko_list.gz
$ wget ftp://ftp.genome.jp/pub/db/kofam/profiles.tar.gz
$ gunzip ko_list.gz
$ tar -xzvf profiles.tar.gz
```

CDSのFASTAファイルのヘッダの変換とKofamScanで使用するリファレンスデータのダウンロードと展開が完了したら，KofamScanでCDS配列のKofamへのプロファイル検索を行う．KofamScanをインストールすると実際は exec_annotation というコマンドでKofamScanを実行可能である．-pでダウンロードして展開したKofamのプロファイルのディレクトリを指定し，-kで同じくダウンロードして展開したKOリストのファイルを指定する．-oで新しくつくるKofamScanの結果の出力先のTSV形式のファイル名を指定し，その後ろに入力ファイルであるヘッダ変換後のCDSのFASTAファイル名を指定する．--tmp-dirで計算結果の一時保存先のディレクトリを指定する．一時保存先のディレクトリは自動で作成されるので事前に作成する必要はない．-f detail-tsvで出力するファイル形式として詳細なTSV形式を指定する．--cpuは使用するCPUコア数を指定できる．この計算は数十分以上かかるため，CPUコアを多数使える場合は多めに設定すると時間短縮になる．

```shell
$ exec_annotation -p profiles/ -k ko_list --cpu 10 -f detail-tsv \
  --tmp-dir 1500-tmp \
  -o final.contigs.fa.2.faa.kofam.tsv final.contigs.fa.2.faa
```

KofamScanの結果（表3）から統計的に意味のある結果のみ抽出する．ここではE-value（期待値）が0.1以下でかつCDSごとに最もE-valueが小さい結果のみを，shellで標準で使用できる cat, cut, awk コマンドをパイプで連結し結果をリダイレクト演算子でTSV形式のファイルに出力する．awk コマンドの具体的な内容の詳細は awk のマニュアルを参照していただきたい．

```shell
$ cat final.contigs.fa.2.faa.kofam.tsv | \
  awk '$6 <= 0.1 {FS="\t"; OFS="\t"; print $2, $3, $6, $7}' | \
  awk '!colname[$1]++{print}' > final.contigs.fa.2.faa.kofam.
  e0.1.top.tsv
```

各CDSの存在量のデータと，CDSごとのKofamScanによるKOアノテーションデータが揃ったので，遺伝子機能であるKO IDごとの存在量を集計する．shellで標準で使用できる cat, cut, grep, sed, join, awk, sort コマンドを使ったTSV形式のファイルの操作である．cut コマン

表3 KofamScanの結果の例

gene name	KO	thrshld	score	E-value	KO definition
1_1	K01142	230.17	21.5	0.0011	exodeoxyribonuclease III [EC:3.1.11.2]
1_1	K10772	291.5	17.9	0.023	AP endonuclease 2 [EC:3.1.11.2]
1_1	K10771	395.1	10.3	4.7	AP endonuclease 1 [EC:3.1.11.2]
5_1	K26653	824.57	34.5	2.4e-07	Lymphocystis disease virus RNA-directed DNA polymerase
5_1	K04590	631.63	11.1	2.6	vasoactive intestinal peptide receptor 2
6_1	K09129	180.87	12.8	1.4	uncharacterized protein
7_1	K02151	63.1	13.9	0.67	V-type H+-transporting ATPase subunit F
7_1	K21033	426.73	13	0.64	cytochrome P450 family 103

7列のTSV形式のファイルであり, 2列目がCDSのID, 3列目がKO ID, 6列目がE-value, 7列目がKOの遺伝子機能情報である. KOをアサインできなかったCDSについてはファイル内に記述されない.

表4 KO組成の例

K00002	6	alcohol dehydrogenase（NADP+）[EC:1.1.1.2]
K00007	67	D-arabinitol 4-dehydrogenase [EC:1.1.1.11]
K00008	1	L-iditol 2-dehydrogenase [EC:1.1.1.14]
K00011	7	aldehyde reductase [EC:1.1.1.21]
K00018	48	glycerate dehydrogenase [EC:1.1.1.29]
K00024	6	malate dehydrogenase [EC:1.1.1.37]
K00025	0	malate dehydrogenase [EC:1.1.1.37]
K00030	3	isocitrate dehydrogenase（NAD+）[EC:1.1.1.41]
K00034	5	glucose 1-dehydrogenase [EC:1.1.1.47]
K00042	3	2-hydroxy-3-oxopropionate reductase [EC:1.1.1.60]

3列のTSV形式のファイルであり, 1列目がKO ID, 2列目がリードカウントによる存在量, 3列目がKOの遺伝子機能情報である. 存在量が0のKOが存在するが, これはコンティグが存在してもマップできたリードが存在しなかったCDSに対応するKOである. そのようなCDSが存在する理由は「❺遺伝子存在量計算」で解説している.

ドでKOアノテーションが付けられたCDSのIDリストを作成し, grepコマンドでKOアノテーションが付けられたCDSのみの存在量データにする. sedコマンドでKOアノテーションデータの余分なヘッダ部分を削除し, joinコマンドで2ファイルを結合する. awkコマンドでKOごとに存在量を集計して, sortコマンドでKO IDでソートすることで最終的なKO組成のTSV形式ファイルを作成する（表4）.

```shell
$ cat final.contigs.fa.2.faa.kofam.e0.1.top.tsv | \
  cut -f 1 > final.contigs.fa.2.faa.kofam.e0.1.top.tsv.id.txt
```

```
$ grep -w -f final.contigs.fa.2.faa.kofam.e0.1.top.tsv.id.txt \
  counts.txt > counts2.txt
$ sed '1d' final.contigs.fa.2.faa.kofam.e0.1.top.tsv \
  > final.contigs.fa.2.faa.kofam.e0.1.top.2.tsv
$ join -t $'\t' -1 1 -2 1 counts2.txt \
  final.contigs.fa.2.faa.kofam.e0.1.top.2.tsv > 2joined.txt
$ cat 2joined.txt | \
  awk -F'\t' '{count[$8]++;sum[$8]+=$7;anno[$8]=$10}END{for(i in⏎
  count){print i,sum[i],anno[i]}}' | sort -t 1 > Sample1.KO.tsv
```

おわりに

　　得られたメタゲノムサンプルごとのKO組成のデータはカウントデータであり，DESeq2や edgeR等で行える統計的仮説検定や，主成分分析やクラスタリング等の多変量解析の入力として使用可能である．メタゲノムサンプルごとの系統組成のデータは％のデータであり，系統組成データと遺伝子機能組成データでデータの形式が異なる点に注意する必要があるが，両組成データはメタゲノム解析の基本となる解析結果データである．これらの組成データを基に細菌群集の全体像を記述しサンプル間で比較解析を行う．本内容が読者がメタゲノム解析を行う際の一助となれば幸いである．

◆ 文献

1) Sanna S, et al：Nat Genet, 54：100-106, doi:10.1038/s41588-021-00983-z（2022）
2) Ning L, et al：Nat Commun, 14：7135, doi:10.1038/s41467-023-42788-0（2023）
3) Mori H, et al：DNA Res, 30：doi:10.1093/dnares/dsad010（2023）
4) Woodcroft Ben J, et al：bioRxiv, doi:10.1101/2024.01.30.578060（2024）
5) Aramaki T, et al：Bioinformatics, 36：2251-2252, doi:10.1093/bioinformatics/btz859（2020）

第3章 各オミクスにおけるデータ解析
10. マルチオミクスデータの解析

阿部 興, 島村徹平

> **ポイント**
> マルチオミクスのデータを複合的に分析することで, モダリティ間の普遍的な特徴を抽出する分析を一貫性のある形で行うことができる. ここではRNA-SeqとRibo-Seqの同時分析を例に, マルチモーダル・マルチオミクスデータの解析の一端に触れていく.

はじめに

　実験技術の進歩に伴い, 1つのサンプルを対象に同時に複数の分子 (モダリティ) を計測することが可能になりつつある. このようなマルチオミクス・マルチモーダルなデータに対しては複数の手法が提案されているものの, 標準的といえる分析技術はまだ十分に確立されてはいない. 現状ではそれぞれのモダリティごとに分析を行い, 事後的に分析結果を比較して共通部分をとるなどの方法が用いられることが多い.

　一方で, マルチオミクスのデータを同時に分析することでノイズの多いデータを補完しあい普遍的な特徴を抽出する・欠損モダリティを再構築するといった, より高度な分析を行い得る可能性がある. 同じことをより保守的に表現すると, モダリティごとに分けて分析することで, 本来独立性を仮定すべきでないサンプルに対しても独立性を仮定した分析になってしまうとも言える. ここではRNA-SeqとRibo-Seqの同時分析を例に, マルチオミクスデータの解析の一端に触れていく.

分析対象

目標

　RNA-Seqのデータをいわばベースラインのように用いることによって, どのmRNAが積極的に翻訳されているかを知ることができる. Ribo-Seqについては第2章-4に山下, 岩崎による解説があるので合わせて参考にしてほしい. Tamuro et al[1]ではある遺伝子jにおけるRNAの発現量RNA_jとリボソームの発現量$Ribo_j$について,

$$N_j \propto Ribo_j / RNA_j$$

なる関係を用いて絶対リボソーム数 N_j を算出している. $\propto$ は左辺が右辺に比例することをあらわす. 本稿ではデータを直接割り算するのではなく, 発現量の平均を規定するパラメータに比を導入することにする.

$$RNAj \sim \mathrm{Pr}(RNA_j | \mu_j)$$
$$Ribo_j \sim \mathrm{Pr}(Ribo | \mu_j \beta_j) \ldots \quad (1)$$

$\mathrm{Pr}(\cdot)$ がモデルの確率分布をあらわし, 条件部が確率分布の平均とすると, β_j はRNAあたりのリボソームに比例する量, すなわち翻訳効率と相関すると解釈できる. モデルのパラメータをこのように考えることでデータのもつ誤差の構造を変えずに分析でき, 翻訳効率 w_j に影響を与える因子を直接調べることにつながる. また, 分母に0に近い値が入るときや, RNA_j と $Ribo_j$ との対応が必ずしも完全でないときにもデータを除去することなく扱えるといった利点もある. 分析するデータによって確率モデル $\mathrm{Pr}(\cdot)$ をどのように設計するかという各論にもおもしろさ・難しさはあるが, ここでの μ_j のような共通因子と w_j のような個別の因子を想定することがマルチオミクスデータの分析の最初のポイントである.

対象

Luan et al（2022）[3] は, リボソームタンパク質（RP）欠乏がヒト細胞の転写および翻訳プロファイルに与える影響を調査しデータも公開している. 75種類の異なるRPをノックダウンし, RNA-Seq と Ribo-Seq を使用して遺伝子発現の変化を分析した. また, RNA-Seq と Ribo-Seq の差次的発現解析を別々に実行し, 異なる遺伝子の共通部分に注目した. 先に述べた通り, ここではRNA-Seqの発現レベルをベースラインとして使用し, Ribo-Seqの発現レベルを調べることで, 翻訳に直接焦点を当てた分析を行う.

分析手法

準備

分析手法としてここでは非負値行列因子分解を拡張した Abe & Shimamura[2] の UNMF（unified nonnegative matrix factorization）を用いる. これを用いる理由は比較的柔軟に多くのデータで使え, 結果も理解しやすいからである（ただしこれは筆者らが開発した手法であるため, この評価に主観的なバイアスが入っている可能性はある）. また行列分解はデータ分析の基本的な道具であるため, これを理解することができれば応用は広がるであろう. 一方でデータが十分に得られる状況で予測や欠損値の補完が目的であれば, ディープニューラルネットワークなどの自由度の大きいモデルを用いたほうが精度の向上が見込まれる.

まず基本となる非負値行列因子分解（NMF）について概観していく. NMFは行列の形式で与えられた

$$Y \approx ZW'$$

となる非負の実行列 Z と W を探す. ここで W' は W の転置をあらわす. このような分解があ

れば，Zは行ごとの特徴，Wは列ごとの特徴と解釈できる．上の式を行列の要素ごとに見ると

$$y_{ij} \approx \sum_r z_{ir} w_{jr}$$

と書ける．本稿の「目標」の項目で述べたように，このような行列分解を複数の行列に対して考え，共通因子と個別の因子を想定したい．ここで行列を二次元配列と捉えると，ほぼ自明な拡張として次のような三次元配列の場合を考えることができる．すなわち3つの添字で要素 y_{ijk} を指定できる Y に対して，各要素が

$$y_{ijk} \approx \sum_r z_{ir} w_{jr} h_{kr}$$

となる分解をつくればよい．このような分解はテンソル分解とよばれる．ただしテンソル分解の場合は分解の仕方が一意でなく，ここで考えたものは特にCP分解ともよばれる．複数の行列をまとめて三次元配列とみなせば，z_{ir}，w_{jr} はモダリティ k によらない共通因子，h_{kr} は k に依存する個別因子となる．ところで上の記法では一般の多次元配列を考えようとすると記号がどんどん増えてしまいやや不便である．そこで $V=(Z', W', H')'$ とまとめて置き，

$$y_n \approx \sum_l \prod_d v_{dl}^{x_{nd}}$$

という記法を導入する（図1B）．ここで v_{dl} は V の (d, l) 成分，x_{nd} は添字についてのダミー変数である．また，Y の各要素を適当な規則で並べ y_n と添字づけした（図1C）．この記法はいわばデータの形式と文脈を分離する意味をもち，欠損値や重複があってもモデルの変更の必要がない．また「遺伝子がAでかつモダリティがRibo-Seqのときの潜在変数」のような交互作用を扱うこともできる（図1D）．まとめるとプログラムの入力はデータの目的変数 y と説明変数 X であり，出力は潜在変数 V である．これより実際のデータで V を求めていく．

実践

本稿では分析にR言語を用いる．Pythonと混同されないよう注意してほしい．データは文献3で提供されている[3]．https://www.ncbi.nlm.nih.gov/geo/query/acc.cgi?acc=GSE168445より，あらかじめダウンロードして作業ディレクトリにあるものとする．まず必要なパッケージを読み込む．Rのパッケージを提供している主なリポジトリにはCRANとBiocunductorがある．Biocunductorには生命科学に関連したパッケージが多く，CRANは汎用的なものが多い．それぞれでインストール方法が異なる．

```R
install.packages(c("readr", "dplyr", "tidyr",
"ggplot2", "pheatmap"))
library(moltenNMF)
library(readr)
library(dplyr)
```

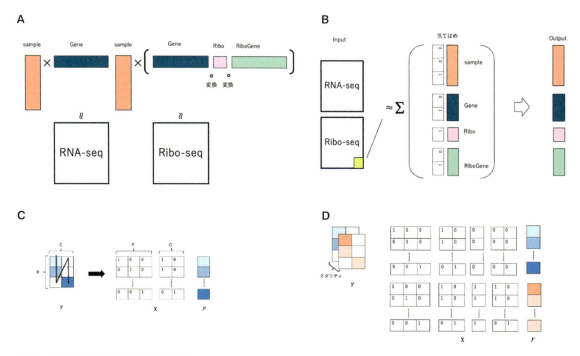

図1 UMNFで扱う行列の模式図
A) 共通因子と個別因子を含めた行列の同時分解．同じ色の行列は同じ行列を示す．**B)** UNMFの入力と出力，当てはめのプロセス．各色がAの行列と対応する．**C)** 通常の行列分解と同じ分解を実現するとき．**D)** 共通因子と個別の因子を含めた因子分解をするとき．

```
library(tidyr)
library(ggplot2)
library(pheatmap)
BiocManager::install(c("org.Hs.eg.db", "topGO", "AnnotationDbi"))
library(topGO)
library(org.Hs.eg.db)
library(AnnotationDbi)
```

また文献2の実装であるmoltenNMFはCRANやBiocunductorには登録されていないのでGitHubからインストールする．

```
devtools::install_github("abikoushi/moltenNMF")
```

データをまとめてRに読み込み，計画行列を次のようにつくる．

```R
dat_ribo <- read_table(path_ribo, skip = 1, col_names = FALSE)
dat_rna <- read_table(path_rna, skip = 1, col_names = FALSE)
name_ribo <- scan(path_ribo, nlines = 1, what = character())
colnames(dat_ribo) <- c("gene", name_ribo)
name_rna <- scan(path_rna, nlines = 1, what = character())
colnames(dat_rna) <- c("gene", name_rna)
dat_ribo <- pivot_longer(dat_ribo, -gene, names_to = "sample") %>%
  mutate(mod = "ribo")
dat_rna <- pivot_longer(dat_rna, -gene, names_to = "sample") %>%
  mutate(mod = "rna")
dat_comb <- bind_rows(dat_ribo, dat_rna) %>%
  mutate(geneRibo = if_else(mod=="ribo",
                            paste(mod, gene, sep = ":"),
                            NA_character_))
rm(dat_rna, dat_ribo)
X <- sparse_onehot(value ~ sample + gene + mod + geneRibo,
                   data = dat_comb,
                   binary_dummy = TRUE)
```

sparse_oneho 関数を使用するとデータフレーム中で NA になっている箇所にはすべてに 0 が入る（ただし NA をこのように変換するのは moltenNMF パッケージ特有の仕様であるため，他のパッケージを併用する際は注意してほしい）．模式的にコード中の変数名を記号として用いて書くと

$$
\sum_l \prod_d v_{dl}^{x_{nd}} = \begin{cases} \Sigma_l\, V[sample,l]\, V[gene,l] & when \quad mod=rna \\ \Sigma_l\, V[sample,l]\, V[gene,l]\, V[mod,l]\, V[geneRibo,l] & when \quad mod=ribo \end{cases}
$$

という関係をつくろうとしている（図1を再度参考にしてほしい）．$V[sample, l]\, V[gene, l]$ が（1）式の共通因子，$V[mod,]\, V[geneRibo,]$ が（1）式の個別因子 w_j に対応する．Ribo-Seq のカウントは値のスケールが RNA に比べ全体的に小さいことが予想されるため，$V[mod, l]$ の因子にはこの傾向を調整させる狙いがある．

本題からはややずれるが，このような交互作用項を考えると「線形モデル」が意外と広い枠組みであることに気づくかもしれない．例えば x_1, x_2 が既知のとき，x^2, x_2^2, $x_1 x_2$ も既知であるから多項式を用いた回帰モデルは線形モデルである．

次にこのデータセットに対してモデルのパラメータを推定する．Luan et al（2022）[3] では遺伝子セットを8種の GO term とその他に分けて分析している．その結果と比較しやすいようにここでは $L=9$ としておく．筆者の環境では1時間程度の時間がかかった．結果は saveRDS 関数で書き出して保存しておく．

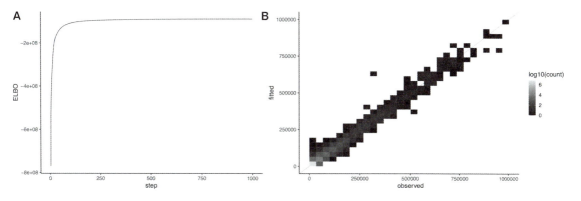

図2　推定プロセスの確認
A) ELBO. 単調増加の傾向を示しており，後半では傾きが平坦に近づいている．**B)** 実データと推定値のプロット．おおむね対角線上を中心に分布しており，データへの適合がうかがえる．

```r
rank <- 9L
system.time({
  out9 <- mNMF_vb.default(y = dat_comb$value, X, L = rank)
})
saveRDS(out9, file = "out9.rds")
```

結果を見る前に，推定アルゴリズムがうまく進行していたかを確認する．

```r
theme_set(theme_classic(base_size = 16))
ggplot(data = NULL,aes(x = 2:1000, y = out9$ELBO[-1])) +
  geom_line() + labs(x = "step", y = "ELBO")
```

　ELBOは対数周辺尤度の下限（evidence lower bound）であり，最適化の目的関数である．ここで[-1]はRの記法でベクトルの1番目を除くすべてをあらわす．最適化の最初のステップはランダムに初期化したパラメータで評価された値であるため，ステップ全体のなかで極端に小さい数になることが多い．そのため，他と合わせてプロットするとグラフの縦軸が広くなりすぎ，かえって収束の様子がわかりにくいことがある．筆者は一度除いてプロットしてみることが多い．図2Aを見る限り，最適化はうまく進行している様子である．グラフの傾きが平坦に近づいていないときは`maxit`が足りない場合が多い．ELBOが単調に増加していないときはより厳しめの（strictlyな）事前分布を採用するといい．すなわち引数aやbにより大きい値を入力する．また，当てはまりについても確認しておく．

```r
fit_y <- product_m.default(X, out9$shape/out9$rate)
```

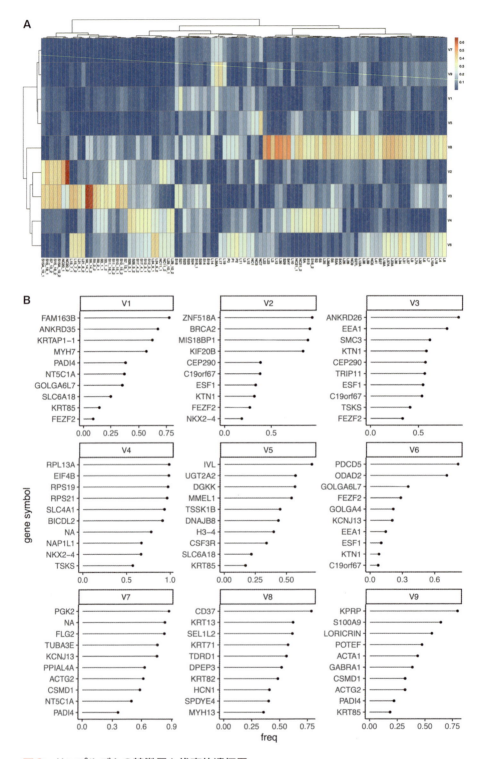

図3　サンプルごとの特徴量と代表的遺伝子
どちらもVの要素である．**A)** サンプルごとのヒートマップ．**B)** 積極的に翻訳されている代表的遺伝子．

```
ggplot(data = NULL, aes(x = dat_comb$value, y = fit_y)) +
  geom_abline(slope = 1, intercept = 0, alpha = 0.2) +
  geom_bin2d(aes(fill = after_stat(log10(count)))) +
  scale_fill_gradient(low = "grey10", high = "grey90") +
  labs(x = "observed", y = "fitted")
```

　散布図はグラフ上の45°の線を中心に分布している（図2B）．多くの場合Lの値を大きくするとバラツキ具合が小さくなる．これは未知のデータに対する「予測」ではなく，推定値を推定に使用したデータを使って確認しているため，バラツキが小さければいいとは言えない．しかし，散布図の傾きが全体的に対角線から大きく外れるような系統的なズレが生じている場合は原因を考えたほうがよい．筆者の経験ではそのようなときは指定した計画行列が間違っていることが多い．場合によってはデータそのものに十分な当てはまりを達成するだけの情報が含まれていないこともあるだろう．また，本稿では図の見た目を整えやすいことからggplot2を使用したが，手元の画面で分析者自身が確認する目的であれば，plot(out9$ELBO[-1], type = "l")のようにより手軽なコマンドを用いても全く問題ない．

　さて，これより推定結果の可視化を行う．まず各サンプルについてのヒートマップをプロットしてみる（図3A）．図3Aを見るとサンプルごとに異なる傾向の特徴量が得られていることがわかる．

```
V_sample <- grepV(out9$shape/out9$rate, "sample_",
  normalize = TRUE, simplifynames = TRUE)
colnames(V_sample) <- paste0("V", 1:9)
pheatmap(t(V_sample), clustering_method = "ward.D")
```

　そしてこの潜在変数の各列のもつ意味を考えるには，対応する遺伝子を見るとよい（図3B）．もとの遺伝子IDのままだとわかりにくいのでAnnotationDbiパッケージを利用して遺伝子シンボルに変換する．また，ここでflexという列名で作成している変数は頻度（freq）「潜在変数Vの列1におけるあるgeneの相対頻度」と排他性（excl）「あるgeneの潜在変数における潜在変数の各列の相対頻度」の調和平均である．頻度の順のみを考慮して代表的な遺伝子をとると，全体に発現量の大きい遺伝子が常に上位に来てしまう場合があるのでそれを回避しようとしている．もちろん目的によっては重複を気にせず発現量の大きい遺伝子を見たい場合もあり，頻度の順が常に悪いわけではない．

```
V_gr <- grepV(out9$shape/out9$rate, "geneRibo_",
  normalize = FALSE, simplifynames = TRUE)
colnames(V_gr) <- paste0("V", 1:9)
dfV <- tibble::rownames_to_column(data.frame(V_gr),
```

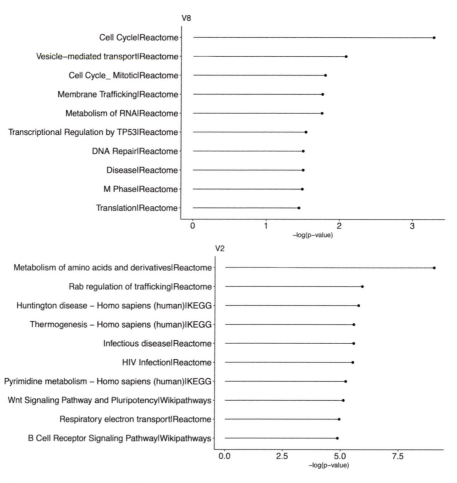

図4　エンリッチメント解析
各機能についてフィッシャーの正確確率検定によるp値（帰無仮説：オッズ比＝1のp値）を示した．ここでのlogは常用対数．

```
var = "geneid") %>%
mutate(geneid = gsub("^ribo:", "", geneid)) %>%
pivot_longer(V1:V9, names_to = "component") %>%
group_by(geneid) %>%
mutate(freq = value / sum(value)) %>%
group_by(component) %>%
mutate(excl = value / sum(value)) %>%
ungroup() %>%
mutate(flex = 1 / (1 / freq + 1 / excl)) %>%
group_by(component) %>%
slice_max(order_by = flex, n = 10) %>%
ungroup()
```

```r
annots <- AnnotationDbi::select(org.Hs.eg.db, keys = dfV$geneid,
  columns = "SYMBOL", keytype = "ENSEMBL")
dfV <- left_join(dfV, annots, by = c("geneid" = "ENSEMBL"),
                 relationship = "many-to-many")
ggplot(dfV, aes(x = reorder_within(SYMBOL, freq, within = component),
               y = freq, ymax = freq, ymin = 0)) +
  geom_point() +
  geom_linerange() +
  facet_wrap(~component, scales = "free") +
  scale_x_reordered() +
  scale_y_continuous(n.breaks = 4) +
  labs(x = "gene symbol") +
  coord_flip()
```

　これらの遺伝子群に対してさらにエンリッチメント解析（gene set enrichment analysis）を行うことにしよう．ここではimpalaをリファレンスとしてフィッシャーの正確確率検定を用いることで遺伝子の濃縮を調べる．先ほどと同様の方法で200遺伝子をピックアップした．この部分のコードは上と重複する部分もあり，長くなるのでダウンロードデータにのみ掲載する．図4より，まずサンプルについてのヒートマップで傾向が特徴的にわかれていたV8に注目すると，Cell Cycle関連の遺伝子が濃縮していることがわかる（図4A）．この結果はLuan et alの分析とも一致する．またS15やS7に限定的に発現しているV2を見るとアミノ酸の代謝に関連する遺伝子が濃縮している様子である（図4B）．このようにマジョリティではないが特徴的な集団はいわばデータの「すそ野」の部分に位置することが多いので，複数のモダリティを同時に分析することではじめて見えてくる場合がある．

　最後に潜在変数のランク L の選び方について簡単に触れておく．ここでは $L=9$ としたが一般にはこの L の値も不明で何らかの意味で「よい」値を選びたいことが多い．そのときはELBOを最大化する L や，クロスバリデーションにおける損失を最小化する L を選択することがよく行われる．筆者の考えでは，これらの指標を用いるとしても最適なモデルだけでなく，より大きめのモデルと小さめのモデルも試し，結果として言えそうなことがモデルのわずかな変更で大きく変わらないか確認することが望ましい．統計学の分野では定量的指標の多くが確率的に発生するまちがいを許容することで成り立つため，「最適」や「最良」が達成されていたとしても，定性的な理解は無視できない．

おわりに

　本節ではRNA-SeqとRibo-Seqデータの同時分析を扱った．これ以外にも非負のカウントデータは多く，同様の考え方が使える場面は多い．本稿がこれらの分析の参考になることを期待する．一方で大規模なデータに対する効率的な計算技術や，連続値と離散値が混在する場合

を扱うより柔軟なモデルの開発も必要である．これらには筆者もとり組んでいるがバイオインフォマティクスの分野のオープンな課題といえる．

さらに統計モデリングを学びたい読者へ

本稿で用いた手法はベイズ統計に基づき実装されている．ベイズ統計学はそれ自体が研究対象となる分野であるが，ユーザーとしてデータ分析に用いるにはじつはそれほどハードルは高くなく，便利な道具の一つである．興味のある方に向けて参考図書1を推薦する．これを読むと統計モデリングというものがどのような考え方でなされているか理解しやすくなるだろう．推定アルゴリズムも含めて自分で導出したい読者には参考図書2を推薦する．どちらもそれぞれ個性があり優れた本である．本稿では駆け足でしか述べられなかった条件付き確率や非負値行列因子分解の解説も参考図書2にあるため，上の説明がわかりにくかった方は参考にしてほしい．

◆ 文献

1）Tomuro K, et al：Nat Commun, 15：7061, doi:10.1038/s41467-024-51258-0（2024）
2）Abe K & Shimamura T：Brief Bioinform, 24：doi:10.1093/bib/bbad253（2023）
3）Luan Y, et al：Nucleic Acids Res, 50：6601-6617, doi:10.1093/nar/gkac053（2022）

◆ 参考図書

1）「StanとRでベイズ統計モデリング（Wonderful R2）」（松浦健太郎，石田基広／監），共立出版，2016
2）「ベイズ推論による機械学習入門」（須山敦志，杉山 将／監），講談社，2017

各研究におけるマルチオミクス実験・解析の実例
1. 2型糖尿病に伴う糖代謝変化と制御のマルチオミクス解析

大野　聡，黒田真也

> **ポイント**
> グルコースは生体にとって重要な栄養源である．肝臓は血糖値を一定に保つために糖新生やグリコーゲン分解を行うが，肥満や糖尿病ではこの機構が破綻している．代謝フラックスは代謝物量や代謝酵素量より表現型に近く，代謝異常を顕著にあらわす指標となる．しかし，従来の同位体標識実験を用いた代謝フラックスの計測にはコストと時間がかかる．本稿では，マルチオミクスデータから代謝フラックスを推定する新規手法OMELETを開発し，2型糖尿病モデルマウスでの肝臓グルコース代謝異常の定量的な理解をめざしたわれわれの研究を紹介する．

はじめに

　グルコースは生体にとって最も重要な栄養源の一つであり，ヒトなどの哺乳類では血糖値（血中グルコース濃度）を一定に保つ恒常性維持機構が備わっている．中でも肝臓はグルコース恒常性維持にかかわる主要な臓器である．肝臓は空腹時には糖新生やグリコーゲン分解を介してグルコースを血中へ放出している．しかし，肥満や糖尿病では慢性的に血糖値が高く，グルコース恒常性維持機構が破綻している．したがって，肝臓グルコース代謝とその制御機構を定量的に理解することは，肥満や糖尿病の病態解明にきわめて重要である．

　肥満や糖尿病における代謝異常を理解するには，代謝がどの程度変化しているか，その変化に対して酵素や代謝物など複数の制御因子が，それぞれどの程度寄与しているかという定量的な情報が必要である．代謝反応の反応速度（代謝フラックス）は代謝物濃度や代謝酵素より直接的に代謝の変化を捉えることができる．一般に代謝フラックスは同位体標識実験を用いて計測されるが，特に生体内の特定の臓器における代謝フラックスの計測にはコストと時間が必要だった．また近年の計測機器の発展により，代謝フラックス変化にかかわる代謝酵素や代謝物などの制御因子を大規模に計測可能になったが，それぞれの制御因子が代謝変化にどの程度影響しているかはわかっていなかった．

　そこでわれわれは，同位体標識実験を行わずにマルチオミクスデータを用いて代謝フラックスとその制御を解析する新規手法OMELETを開発し，野生型および2型糖尿病モデルマウスを用いて，2型糖尿病に伴う肝臓グルコース代謝異常を定量的に理解することを目的とした[1]．

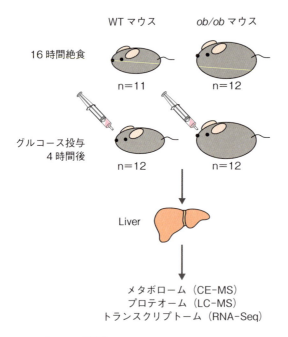

図1　マルチオミクスデータの計測
野生型マウスおよび2型糖尿病モデルマウスである*ob/ob*マウスより，メタボローム・プロテオーム・トランスクリプトームデータを計測した．（文献1を参考に作成）

実験とマルチオミクス計測

　実験には，10週齢のC57BL/6J野生型マウス，およびレプチンの欠損による過食を呈し2型糖尿病・肥満のモデルとして用いられる*ob/ob*マウスを用いた．マウスを一晩（16時間）絶食させた後に肝臓を直ちに液体窒素で凍結し，メタボローム・プロテオーム・トランスクリプトーム計測用のサンプルを調製した．なお，オミクスデータは同じ個体のマウスからそれぞれ計測された．また，絶食後のマウスに2 g/kg-body-weightのグルコースを経口投与し，投与4時間後のマウスについても同様の計測を行った．これにより，絶食状態の野生型マウス，絶食状態の*ob/ob*マウス，グルコース投与4時間後の野生型マウス，グルコース投与4時間後の*ob/ob*マウスの合計4条件・47個体のマウスのマルチオミクスデータを取得した（図1）．

　メタボローム分析は，グルコース代謝系を含む幅広い代謝物の計測に適したキャピラリー電気泳動エレクトロスプレーイオン化質量分析法（CE-ESI-MS）を用いた．本研究ではグルコース代謝系のみに着目したモデリングを行ったが，代謝全体に着目したわれわれのトランスオミクス解析も実施している[2]．プロテオーム分析は，液体クロマトグラフィータンデム質量分析装置（LC-MS/MS）を用いたデータ非依存的解析法（DIA）により計測した．DIAはターゲットとするタンパク質を事前に指定する必要があるが，データ依存的解析法（DDA）によるショットガン分析より高感度で定量可能である．今回はグルコース代謝の代謝酵素をターゲットして計測した．トランスクリプトーム分析はHiSeq 2500 Platform（イルミナ社）を用いて計測し，TopHatおよびCufflinksを用いて解析した．

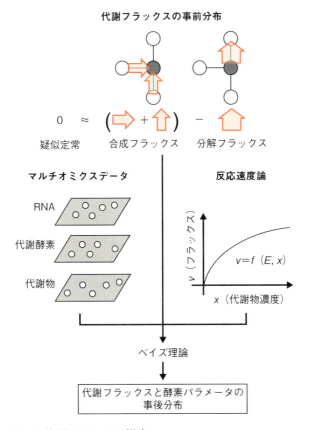

図2　OMELETによる代謝フラックス推定
OMELETではベイズ理論に基づき，代謝フラックスの事前分布と測定された酵素量・転写物量の尤度を考慮して，代謝フラックスを含むパラメータの事後分布が推定される．なお，Eは酵素量をあらわす．

OMELETによる代謝フラックス推定

　われわれは，代謝物・酵素・転写物の量から反応速度論とベイズ理論に基づき代謝フラックスを推定する手法であるOMELETを開発した．OMELETではベイズ理論に基づき，代謝フラックスの事前分布と測定された酵素量・転写物量の尤度を考慮して，代謝フラックスを含むパラメータの事後分布が推定される（図2）．

　われわれは代謝フラックスの事前分布として多変量正規分布を採用した．ここでは，各反応の代謝フラックスは独立ではなく，基質または生成物の代謝物を介して隣接した反応の代謝フラックスに影響しうる．酵素量に対する尤度を算出する際には反応速度論を考える．われわれはlin-log反応速度論[3]を用いたが，基本的には質量作用則やMichaelis-Menten則のような一般的な反応速度論を想像していただいて構わない．反応速度論に基づき，パラメータである代謝フラックスと代謝物量の計測値から酵素量を予測し，計測値に対する尤度を算出する．また，転写物量と代謝酵素量はおおよそ比例するという仮定に立ち酵素量から転写物量を予測し，計測値に対する尤度を算出する．これらの事前分布と尤度を用いて，マルコフ連鎖モンテカルロ

法（MCMC）によりパラメータである代謝フラックスの事後分布を推定する．こうして代謝フラックスが算出されると，条件間・反応間での代謝フラックスの差の議論が可能となる．さらに，条件間の代謝フラックスの差に対する制御因子の寄与もすぐに算出できる．

OMELETの性能を評価するため，肝培養細胞および酵母のグルコース代謝に関する既存の常微分方程式モデル[4) 5)]から酵素量・代謝物量を生成した．生成された酵素量・代謝物量からOMELETにより推定された代謝フラックス値は，常微分方程式モデルでシミュレートされた代謝フラックス値と高く相関し，さらには酵素量の変化に伴う代謝フラックスの変化もよく一致した．このことから，OMELETが各条件や変異体間の代謝フラックスの違いを正確に推定でき，異なる生物種の代謝ネットワークにも適用可能であることが示唆された．

OMELETのソースコードはGitHubで公開されており（https://github.com/usa0ri/OMELET），MATLABおよびDocker上でのRを用いて実行できる．また，既存の代謝の常微分方程式モデルは，BioModels（https://www.ebi.ac.uk/biomodels/）よりSBML（systems biology markup language）ファイルを取得し，MATLABのSimBiology Toolboxを用いて実行された．

肝臓のグルコース代謝の代謝フラックスの推定

野生型マウスおよび肥満・2型糖尿病モデルの*ob/ob*マウスから取得したメタボローム・プロテオーム・トランスクリプトームデータに対してOMELETを適用し，肝臓のグルコース代謝の代謝フラックスを推定した（図3）．計測時の血中グルコースおよびインスリンの濃度はほぼ一定だったため，野生型および*ob/ob*マウスの肝臓におけるグルコース代謝はほぼ定常状態だとみなした．OMELET適用時には絶食時およびグルコース投与4時間後のデータを用いたが，以下では絶食時のマウスについての結果のみ議論する．

OMELETにより推定された代謝フラックスについて，*ob/ob*マウスの方が野生型マウスより糖新生の代謝フラックスが大きかった（図3A）．これは，糖尿病に伴う肝臓での糖産生が促進することと一致する．それだけでなく，ピルビン酸サイクルの代謝フラックスについても，*ob/ob*マウスの方が野生型マウスより大きかった．また，glucose 6-phosphatase（G6PC）を介したグルコース産生の供給源として，グリコーゲン・グリセロール・乳酸・アラニン・グルタミン酸の割合を算出すると，野生型マウスより*ob/ob*マウスではグリセロールからのグルコース産生割合が増加し，一方でグリコーゲンとグルタミン酸からは減少した（図3B）．これにより，*ob/ob*マウスでは単純にグルコース代謝のフラックス全体が増えているだけでなく，特定の代謝経路がより顕著に変化していることが示唆された．

なお，一部の代謝反応の代謝フラックスは，先行研究において同位体を用いて計測された代謝フラックスとよく一致しており，OMELETは同位体標識実験なしでも十分に正確な代謝フラックスを推定できることが検証された．一方で，TCA回路については事後分布が広く解釈が難しかったため，今後の方法の改善あるいは必要なデータの取得が望まれる．

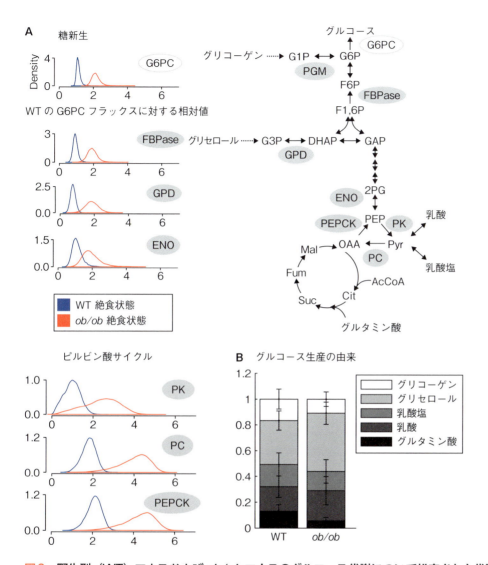

図3 野生型（WT）マウスおよび*ob/ob*マウスのグルコース代謝について推定された代謝フラックス
A）グルコース代謝における代謝フラックスの事後分布．代表として，糖新生・ピルビン酸サイクルの代謝フラックスの一部を示す．各反応の代謝フラックスは，絶食状態の野生型マウスにおける糖産生（G6PC）フラックスの平均値に対する比率として示されている．B）グルコース生産が由来する代謝物の割合．事後分布の平均値と標準偏差を図示している．（文献1より引用）

2型糖尿病に伴う代謝フラックス変化に対する制御因子の寄与

　酵素や代謝物などの制御因子がどの程度代謝フラックスに影響するかを解析するため，マルチオミクスデータとOMELETから推定された反応速度パラメータから，2型糖尿病に伴う代謝フラックス変化（野生型マウスに対する*ob/ob*マウスの代謝フラックスの比）に対する各制御因子の寄与を誤差の伝播則に基づき算出した．ここでは制御因子として，転写物・酵素・基質代謝物・生成物代謝物・コファクター・アロステリックエフェクター，およびその他を考慮し

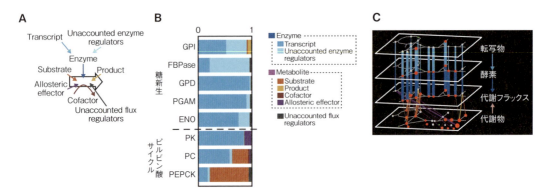

図4 絶食時の野生型マウスとob/obマウスの代謝フラックスの差に対する調節因子の寄与
A）代謝フラックスに対する制御の模式図．B）絶食状態における野生型マウスとob/obマウスの代謝フラックスの変化に対する調節因子の寄与．代表として糖新生とピルビン酸サイクルについての調節因子の寄与のみ図示する．C）絶食時の野生型マウスとob/obマウスの違いに関する定量的トランスオミックネットワーク．ノードは転写物・酵素・代謝フラックス・代謝物を，ノードの大きさはそれらの量をあらわす．エッジは制御を，エッジの太さは制御の寄与をあらわす．（文献1より引用）

ている（図4A）．
　代謝フラックスに対する各制御因子の寄与を算出したところ，ob/obマウスにおける糖新生の代謝フラックスの増加は代謝物ではなく，主に転写物量の増加が酵素発現を介して引き起こされることがわかった（図4B）．一方で，ピルビン酸サイクルの代謝フラックス増加の機序は反応によって異なっており，pyruvate kinase（PK）は主に転写物量，pyruvate carboxylase（PC）は転写物と基質代謝物の両方，phosphoenolpyruvate carboxykinase（PEPCK）は主に基質代謝物の増加で引き起こされることが明らかとなった．このことから，ピルビン酸サイクルの代謝フラックスの増加は，まずPKの転写物量の増加によりPKフラックスの増加が起こり，それが下流のPC・PEPCKの基質代謝物の増加をもたらし，最終的に基質代謝物の増加に駆動されてPEPCKフラックスの増加が起こったという機序が示唆された．
　以上より，マルチオミクスデータとOMELETを用いて推定された代謝フラックスおよび代謝フラックスに対する制御因子の寄与を統合することで，定量的なトランスオミクスネットワーク（図4C），すなわちマルチオミクスを統合した一つのネットワークとして，2型糖尿病に伴う肝臓グルコース代謝の変化とそれを引き起こす制御の一端が明らかとなった．

おわりに

　近年，オミクス計測技術の発展によりさまざまな生物種においてマルチオミクスデータが蓄積されている．一方でマルチオミクスデータを統合し有益な生物学的知見を導き出すことが現在の課題となっており，新たな解析技術開発の必要性が増している．開発したOMELETはマルチオミクスデータが取得できていれば生物種や代謝経路を問わず適用可能であるため，同位体標識実験が困難なマウスやヒトにおけるさまざまな代謝疾患の病態の解明に貢献することが期待される．

本研究は主に，現在コーネル大学に所属する植松沙織博士によって実施された．また，マウスの実験は奈良先端科学技術大学院大学の小鍛治俊也助教，九州大学の久保田浩行教授・伊藤有紀氏，CE-MSを用いたメタボローム分析は東京大学の田中香織氏，慶應義塾大学の平山明由准教授・曽我朋義教授，トランスクリプトーム分析は東京大学の鈴木穣教授，プロテオーム分析は新潟大学の幡野敦助教・松本雅記教授，九州大学の中山敬一教授にご協力いただいた．この場を借りて感謝申し上げる．

コラム：OMELET 開発の経緯

ここでは，語られることの少ないモデル開発の流れについて，OMELETを例に紹介したいと思う．

本プロジェクトは，マルチオミクスデータ取得後に，これらのデータから代謝フラックスを推定できないか，と考えはじまった．各マルチオミクスデータが同一個体から取得されていたので，代謝のモデリングは，①個体間の平均的なフラックスを推定するアプローチ，または②各個体について代謝フラックスを算出するアプローチの2つが考えられた．とはいえ，今回は合計4条件・47個体のデータしかない．①について個体間の平均値のデータのみを使う場合は，例えば4点でMichaelis-Menten式のフィッティングを行うようなもので，信頼できる結果にはならない．一方で②の各個体について代謝フラックスを算出するにしても，データに対して算出すべきパラメータの数（フラックスの数）が多く，やはり信頼できる結果にはならなかった．そこで，代謝フラックスの個体間での分布が多変量正規分布に従う，という事前分布を置いたベイジアンアプローチを採用し，少ないパラメータですべての個体のデータを再現することで，現実的なモデリングが可能となった．代謝物の合成フラックスと分解フラックスのバランス（物質収支）が代謝フラックスの線形和で表現できる点と，正規分布の和も正規分布に従うという性質（再生性）の相性がよい点でも，多変量正規分布による事前分布は適切だと考えた．ここが一番悩んだところで，酵素量と転写物量の算出と尤度の計算はすぐに考えられた．

代謝ネットワークについて，最初は枝分かれのない単純な糖新生経路のみでモデリングを行った．うまくデータに対してフィットできて，かつ代謝フラックスの事後分布が広すぎなければ新しい代謝反応を加えて，ということをくり返し，最終的に現在のネットワークに至る．すべての代謝反応を網羅したモデリングが現実的でない以上，代謝ネットワークの選択にはどうしても研究者によるバイアスが入る．生物学的な知見に基づく場合もあれば，計算上特定の反応を含めるとモデリングがうまくいかなくなる，という場合もある．一般的には，代謝経路を広げるほど推定すべきパラメータが増え，必要なデータや計算コストが増大する．それらのバランスを考えて適切な代謝ネットワークを選択することが代謝モデリングでは必須である．代謝ネットワークの選択は査読者に指摘されやすいポイントでもあるため，「なぜ反応Aを含めているのか」「なぜ反応Bは含めないのか」について，説明できるように準備することが必要である．

◆ 文献

1) Uematsu S, et al：iScience, 25：103787, doi:10.1016/j.isci.2022.103787（2022）
2) Kokaji T, et al：Sci Signal, 13：doi:10.1126/scisignal.aaz1236（2020）
3) Visser D & Heijnen JJ：Metab Eng, 5：164-176, doi:10.1016/s1096-7176(03)00025-9（2003）
4) Marín-Hernández Á, et al：Biochim Biophys Acta Gen Subj, 1864：129687, doi:10.1016/j.bbagen.2020.129687（2020）
5) Smallbone K, et al：FEBS Lett, 587：2832-2841, doi:10.1016/j.febslet.2013.06.043（2013）

第4章 各研究におけるマルチオミクス実験・解析の実例

2. 循環器疾患のマルチオミクス解析

野村征太郎

> **ポイント**　循環器は心臓と血管によって構成されており，全身に血液を送り込む動的な臓器である．その機能が破綻して発症する循環器疾患は，さまざまな細胞が絡み合って時間的・空間的に複雑な病態を呈する．その発症は遺伝要素と環境要素の組み合わせによって制御されている．このような病態を理解するうえで，ゲノム解析と組織オミクス解析を融合させることがきわめて重要になる．本稿では，心房細動・冠動脈疾患・心不全という循環器3大疾患を対象として，マルチオミクス解析による病態解明，および精密医療への応用展開を目指すわれわれの取り組みについて紹介する．

はじめに

　医師が患者を診察する際に，患者の表現型をよく観察して必要な検査を行い，適切と考えられる治療を行ってその効果を検証していく．しかしながら，その患者がなぜその疾患に発症したか，という病態の「基礎」に基づいた理解が本質的には重要となる．具体的には，疾患発症にはある種の遺伝要因が重要であり，そこに外部からの環境要因が体の中の各細胞に影響を与える．つまり，遺伝要因と環境要因の相互作用がいかに疾患発症を規定しているか，といった理解が重要である．そのために，われわれは患者の遺伝情報，患者由来iPS細胞，疾患モデル動物，臨床検体を融合した患者中心の研究を推進している（図1）．本稿では，心房細動・冠動脈疾患・心不全という循環器疾患における3大疾患を対象としたわれわれのマルチオミクス研究のとり組みについて紹介する．

心房細動のゲノム・オミクス解析

　心房細動は本邦でも80万人が罹患しており，心臓の電気生理学的異常によって惹起される不整脈疾患である．われわれは理化学研究所の伊藤薫先生らと共同で，バイオバンク・ジャパンに登録された日本人20万人以上のゲノムデータを解析し，心房細動におけるゲノムワイド関連解析（GWAS）を実施し，心房細動の発症とかかわる150の疾患感受性座位（SNP）を同定した（図2）．さらに，それらのデータを用いたポリジェニック・リスクスコア（PRS）を構築したところ，このスコアだけで脳梗塞患者のうち心原性脳梗塞（心房細動が原因で脳梗塞を発症）

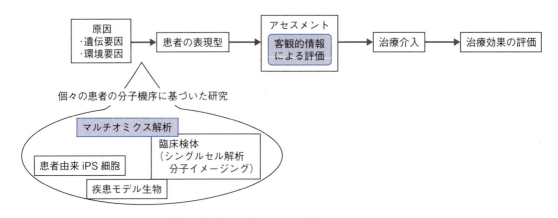

図1 内科学における病態の基礎に基づいた精密医療の構築

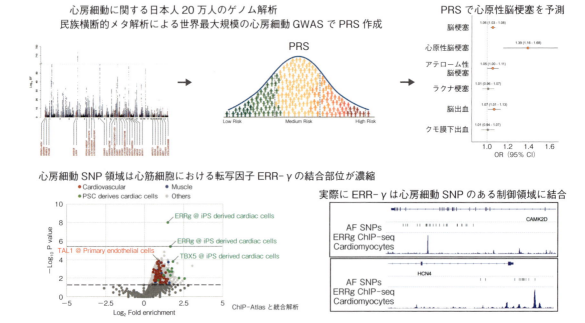

図2 心房細動のゲノム・オミクス解析から転写因子ERR-γを介した機序の解明
（文献1をもとに作成）

の患者を分離できることがわかった．さらに，ChIP-Atlasというエピゲノム情報データベースと統合することによって，心筋細胞における上記SNP領域に転写因子ERR-γの結合が濃縮していることがわかった．すなわち，遺伝的な要因によって転写因子ERR-γによる転写制御に異常が生じることが原因で心房細動は発症すると予測された．そこでわれわれは，ヒトiPS細胞から分化させた心筋細胞にERR-γ阻害薬を添加したところ，心房細動SNPの下流遺伝子群（イオンチャネルや心筋成熟化遺伝子）の発現が低下し，心筋細胞の収縮リズムが不整となり，カルシウムハンドリングに異常をきたした．以上より，遺伝的要因による転写因子ERR-γの

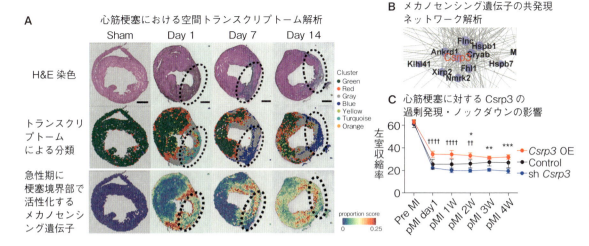

図3 心筋梗塞境界部で活性化するメカノセンシング遺伝子Csrp3による心臓代償機構
A）心筋梗塞後の心臓の空間トランスクリプトーム解析．B）メカノセンシング遺伝子の共発現ネットワーク解析．C）Csrp3遺伝子の過剰発現およびノックダウンによる心筋梗塞後リモデリングの心機能評価．（文献2より引用）

機能低下が，ヒトにおける心房細動の発症の一因であることが明らかとなった[1]．

心筋梗塞における空間オミクス解析

　心臓を灌流する冠動脈に狭窄および閉塞が生じて心筋梗塞が生じると，梗塞領域の心筋細胞は壊死して脱落し，徐々に同部位において炎症や線維化が生じる．このような心臓リモデリングの過程における時空間的な分子機序を明らかにするため，われわれはシングルセル解析と空間トランスクリプトーム解析を統合して評価した[2]．マウスの冠動脈を縮窄して心筋梗塞モデルを作製し，心筋梗塞1日後・7日後・14日後のタイミングで心臓を摘出し，単離した心筋細胞のシングルセルRNA-Seq解析と心臓の空間トランスクリプトーム解析（10x Genomics社のVisium）を統合解析し，遺伝子発現パターンによって時空間的に特徴的なクラスターを抽出した（図3A）．その結果，心筋梗塞境界部の心筋細胞において特異的にメカノセンシング遺伝子群の顕著な発現上昇を呈することを発見した．さらにこの遺伝子群をWGCNA（weighted gene co-expression network analysis）で解析するとCsrp3遺伝子が中心的に存在していることがわかった（図3B）．

　このネットワークのハブ遺伝子であるCsrp3の空間的な発現上昇が心臓リモデリングおよび空間トランスクリプトームに与える影響を確認するために，心筋細胞に特異的に遺伝子を導入できるAAV9を用いてCsrp3のノックダウン・過剰発現を施し，心筋梗塞後の心臓機能評価および空間トランスクリプトーム解析を実施した．その結果，Csrp3遺伝子のノックダウン（KD）によって梗塞後の病的リモデリングは増悪し，Csrp3遺伝子の過剰発現（OE）によって改善した（図3C）．さらに，空間トランスクリプトーム解析によって，Csrp3 KDによって急性期の梗塞境界部で特徴的なメカノセンシング遺伝子モジュールの発現が消失してCsrp3 OEによっ

てそれが増強したことから，Csrp3はメカノセンシング遺伝子群全体の発現を上流から制御していることがわかった．この一連の研究によって，シングルセル解析と空間オミクスを統合することで，時間的・空間的に生じる生命現象の背景にある分子機序を高精度で理解できることがわかった．

心不全マルチオミクス解析による病態解明と治療法開発

われわれは10年ほど前から心臓のシングルセルオミクス解析のパイプラインの構築を進め，マウス圧負荷心不全モデル・ヒト心不全患者の心臓から単離した心筋細胞からシングルセルcDNAライブラリを作成する技術を開発し，心臓のシングルセルRNA-Seq解析を実施した[3]．その結果，心臓への圧負荷刺激によって心筋細胞は当初は肥大シグナルを活性化させて肥大型心筋となるが，病的なシグナルが持続すると代償型心筋（肥大型心筋の特徴を維持した心筋）と不全型心筋（肥大型心筋の特徴を喪失した心筋）に分岐することがわかった（図4A）．さらに不全型心筋への誘導にはDNA損傷・p53シグナルの活性化が必要であることを見出した．また，ヒト心不全患者の臨床検体を用いてDNA損傷の程度を免疫染色で定量する分子病理解析を構築し（図4B），心筋DNA損傷の程度が心不全患者の心臓の可逆性を規定していることを明らかにした（図4C，D）[4][5]．

心臓には心筋細胞だけでなく線維芽細胞・内皮細胞・免疫細胞などさまざまな細胞種が存在し，それらが相互作用して病態が形成されている．われわれは非心筋細胞のシングルセルRNA-Seq解析も実施し，前述した心筋細胞のシングルセルRNA-Seqデータと統合解析した．この解析によって心臓に存在する細胞種がすべて明らかとなっただけでなく，リガンド/受容体相互作用データベースと統合することで心臓における分子間相互作用ネットワークを構築した[6]．その結果，心筋細胞との相互作用が一番強く示唆された線維芽細胞に着目し，その遺伝子ネットワークの中心に存在するHtra3遺伝子に着目した（図5A）．この遺伝子はセリンプロテアーゼとして機能することが知られていたが，心臓における機能は未解明であった．そこでこの遺伝子をノックアウトしてみると軽く心臓に圧負荷を加えるだけで線維化が亢進して心不全が増悪した．さらにこのマウスの心臓線維芽細胞をFACSでとり出してシングルセルRNA-Seq解析を行うとTGF-βシグナルが顕著に亢進していることがわかり，生化学実験によってHtra3タンパク質はTGF-βタンパク質に直接結合して分解することがわかった．またこのマウスの心筋細胞においてもTGF-βシグナルの亢進に加えてDNA損傷・p53シグナルの活性化が認められ，心筋細胞のDNA損傷の上流には線維芽細胞から誘導されるTGF-βシグナルが存在することがわかった（図5B）．この結果から，心不全の重症化に伴って心筋細胞でDNA損傷応答が活性化していることを確認するとともに，同時にさまざまな分泌性因子の遺伝子発現が亢進していることを見出した（図5C）．

続いて，心臓から分泌される因子のなかでどの因子が心不全の病態と関係するかを明らかにするため，ヒト心不全患者の重症度に分類した血漿プロテオームデータを機械学習により解析したところ，軽症心不全と重症心不全を最も高い精度で分離するタンパク質としてIGFBP7が同定された（図6A）．ヒト心不全患者の心臓シングルセルRNA-Seqデータを解析すると，心

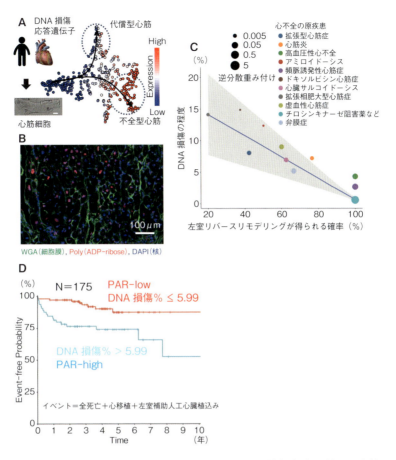

図4 心筋DNA損傷の定量評価で心不全全般の薬剤治療に対する応答性を予測できる

A) ヒト心不全患者の心筋シングルセルRNA-Seq解析による心筋細胞のtrajectory変化．**B)** 心臓組織検体のDNA損傷に関する免疫染色〔緑：WGA（細胞膜），赤：Poly（ADP-ribose）（DNA損傷応答），青：DAPI（核）〕．**C)** 心不全におけるさまざまな原疾患における左室リバースリモデリング（心機能回復）発生率とDNA損傷陽性率の関係性．**D)** DNA損傷陽性の程度による心不全患者の予後層別化．（文献3～5より引用）

筋細胞だけでなく血管内皮細胞からもIGFBP7の強い発現が認められることがわかった．そこでアデノ随伴ウイルスベクターを用いてIGFBP7を心筋細胞で強制発現すると，それだけで心臓機能の低下が認められたことから，この因子は単なるバイオマーカーではなく，心不全増悪因子であると示唆された（図6B）．そこで大阪大学の中神啓徳先生との共同研究で，IGFBP7に対するワクチンを開発してマウスに投与すると，IGFBP7に対する中和抗体が産生されるとともに，圧負荷誘導性心不全の病態を治療できることがわかった（図6C）．さらにワクチンを投与した後に心臓から心筋細胞を単離してシングルセルRNA-Seq解析を実施すると，心筋細胞における酸化的リン酸化（ミトコンドリア代謝）が回復していることがわかった．すなわち，心不全になると微小環境下に分泌されるIGFBP7がインスリンと結合することで心筋細胞への

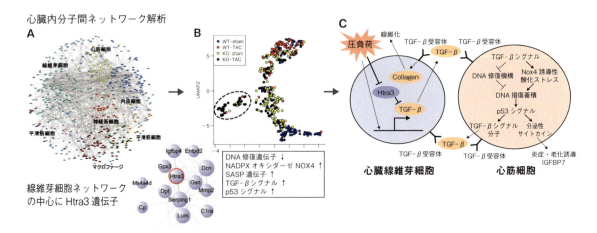

図5 細胞間相互作用から明らかにした線維芽細胞が誘導する心筋DNA損傷経路
A) シングルセルRNA-Seqから構築した心臓内分子間ネットワーク（右下に線維芽細胞ネットワークも示す）．B) Htra3ノックアウト（KO）マウスと野生型（WT）マウスにTAC（圧負荷手術）およびsham（偽手術）を加えた後の心筋シングルセルRNA-Seq解析．点線の丸で囲った領域の細胞で特徴的な遺伝子発現変化を下に示す．C) 心臓線維芽細胞と心筋細胞の相互作用で形成される心不全の病態モデル．（文献6より引用）

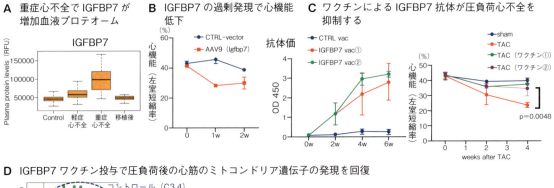

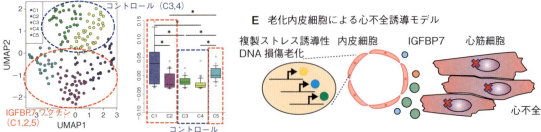

図6 IGFBP7ワクチン治療で心筋ミトコンドリアを回復して心不全を治療できる
（文献7より引用）

インスリンシグナルを減弱させ，酸化的リン酸化を抑制する，という機序が明らかとなり，これをワクチンで治療できることを実証した[7]．

おわりに

　本稿では，循環器疾患をテーマとして，精密医療に資するマルチオミクス解析研究を紹介した．このようなマルチオミクス解析技術は今後さまざまな分野の解析手法と統合されることによって，さらに医学・生命科学の発展に寄与するだろう．例えば，大量のシングルセルRNA-Seqデータを自己教師あり学習で深層学習し，クロマチン構造やネットワークダイナミクスをターゲットタスクとしてファインチューニングし，心筋症にかかわる遺伝子を検出する新しいモデルを構築した，というAIとマルチオミクスを連動させた研究も発展してきている[8]．ゲノム編集とシングルセル解析を統合することによって，疾患とかかわる遺伝子の機能を個体において細胞レベルの表現型と網羅的に関連づける技術手法も開発されている[9]．そして最近，アミノ酸配列によるタンパク質言語モデル・AlphaFoldによるタンパク質構造情報・ゲノム変異情報頻度情報によるファインチューニングを組合わせて病的なゲノム変異を高精度で予測するAlphaMissenseも発表され[10]，これらで検出される病的変異とシングルセル解析で検出される細胞表現型を統合的に解析する研究も興味深い．バージョンの上がったAlphaFold3もリリースされた[11]．シングルセルオミクス解析と空間オミクス解析の統合自体を深層学習で進める研究手法も発展し，組織における細胞の特徴づけがより明瞭となってきた[12][13]．このような最先端の技術をとり込むだけでなく自ら発展させていくことによって，自らが興味対象とする病態や生命現象の理解を加速する研究を発展していくことができると期待される．

　先人たちの科学の積み重ねによって医学・生命科学は発展してきた．しかしそれでも，今救えない患者，困っている患者は数多く存在する．そういった患者を救う鍵は，今見えていない，分子の情報に隠されているかもしれない．それを解き明かすためには，誰も見つけられていない，誰もやっていないことをやる勇気・創造力が必要となってくるだろう．そして，研究がいくら進歩したとしても，一人でできる研究には限界がある．仲間や後輩を育てて，最先端の一歩先，そしてそのもう一歩先をめざして，皆で学問を発展させていきたい．

◆ 文献

1 ）Miyazawa K, et al：Nat Genet, 55：187-197, doi:10.1038/s41588-022-01284-9（2023）
2 ）Yamada S, et al：Nat Cardiovasc Res, 1：doi:10.1038/s44161-022-00140-7, 1072-1083（2022）
3 ）Nomura S, et al：Nat Commun, 9：4435, doi:10.1038/s41467-018-06639-7（2018）
4 ）Ko T, et al：JACC Basic Transl Sci, 4：670-680, doi:10.1016/j.jacbts.2019.05.010（2019）
5 ）Dai Z, et al：JACC Heart Fail, 12：648-661, doi:10.1016/j.jchf.2023.09.027（2024）
6 ）Ko T, et al：Nat Commun, 13：3275, doi:10.1038/s41467-022-30630-y（2022）
7 ）Katoh M, et al：Circulation, 150：374-389, doi:10.1161/CIRCULATIONAHA.123.064719（2024）
8 ）Theodoris CV, et al：Nature, 618：616-624, doi:10.1038/s41586-023-06139-9（2023）
9 ）Santinha AJ, et al：Nature, 622：367-375, doi:10.1038/s41586-023-06570-y（2023）
10）Cheng J, et al：Science, 381：eadg7492, doi:10.1126/science.adg7492（2023）
11）Abramson J, et al：Nature, 630：493-500, doi:10.1038/s41586-024-07487-w（2024）
12）Szałata A, et al：Nat Methods, 21：1430-1443, doi:10.1038/s41592-024-02353-z（2024）
13）Gulati GS, et al：Nat Rev Mol Cell Biol：doi:10.1038/s41580-024-00768-2（2024）

各研究におけるマルチオミクス実験・解析の実例

第4章

3. 脂肪細胞分化における マルチオミクス解析

松村欣宏, 伊藤 亮, 米代武司, 稲垣 毅, 酒井寿郎

> **ポイント**
> 転写因子とエピゲノム制御因子はクロマチン上で精緻に相互作用して機能することで, 遺伝子発現を制御する. クロマチン上でのタンパク質複合体の形成は細胞外からのシグナルに依存して時空間的にダイナミックに制御されることから, エピゲノムによる遺伝子発現制御を理解するにはプロテオーム, トランスクリプトーム, エピゲノムのデータを統合し, 時系列を踏まえて解析する必要がある. 本稿では全身のエネルギー代謝にかかわる脂肪細胞において, われわれが実施した分化過程におけるマルチオミクス解析, および明らかとなった転写-エピゲノム制御機構について紹介したい.

はじめに

　　細胞分化の過程ではエピゲノム修飾酵素によるクロマチン制御と転写因子による転写制御が協調することで, 分化に必要な遺伝子発現プログラムが段階的に進行する[1]. エピゲノム修飾酵素と転写因子はクロマチン上でタンパク質複合体を形成することで機能する. また細胞分化を促すホルモンや細胞内シグナルに依存して, エピゲノム修飾酵素複合体は分化の過程で動的に変化する. このような複雑な生命現象を捉えるのに, マルチオミクス解析は効果的なアプローチである. われわれは脂肪細胞分化における転写-エピゲノム機構を理解することを目的として, プロテオーム, トランスクリプトーム, エピゲノムのデータを統合するマルチオミクス解析を行った. 本稿で紹介するオミクスデータの統合の流れを図1Aに示した. はじめに既存のトランスクリプトームデータ[2]を用い, 脂肪細胞の分化にかかわる新規エピゲノム制御因子を抽出した. 候補となるエピゲノム制御因子に焦点を置きプロテオーム, トランスクリプトーム, 修飾ヒストン, エピゲノム制御因子, およびその相互作用タンパク質のクロマチン免疫沈降シークエンス (ChIP-Seq) を展開した. これらのデータの統合解析により, 新規エピゲノム酵素複合体を同定し, 転写-エピゲノム制御における役割を解明することができた. 実際のデータを示しつつ, 解析結果の検証や解釈について解説したい.

トランスクリプトームデータから抽出する新規エピゲノム制御因子

　　脂肪細胞の分化にかかわる新規エピゲノム制御因子を抽出するために, 3T3-L1前駆脂肪細胞

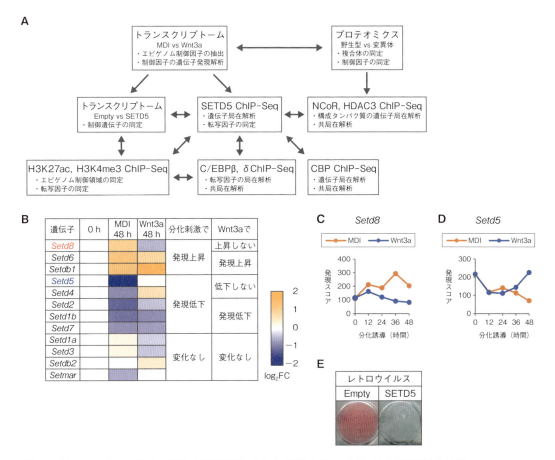

図1 オミクスデータ統合の流れと脂肪細胞分化を制御するエピゲノム制御因子の抽出
A) 本稿で紹介するオミクスデータとデータ統合の流れ. B) SETドメイン含有タンパク質をコードする遺伝子の発現変化. C) 脂肪細胞分化過程の*Setd8*の遺伝子発現. D) 脂肪細胞分化過程の*Setd5*の遺伝子発現. E) 前駆脂肪細胞におけるSETD5の発現と脂肪蓄積の抑制. (B, C, Dは文献2より, Eは文献5より引用)

の (A) 通常の脂肪細胞分化の条件 (インスリン, デキサメタゾン, イソブチルメチルキサンチン混合のMDIカクテルによる誘導), および (B) 分化が抑制される条件 (Wnt3a添加) のトランスクリプトームデータを用いた[2]. MDIカクテル刺激により前駆脂肪細胞が成熟脂肪細胞に分化するには, 通常192時間を要する. 分化の結果ではなく, 原因となるエピゲノム制御因子を抽出するため, 分化誘導48時間のデータを解析した. ヒストンメチル化にかかわるSETドメイン含有タンパク質[3)4)]をコードする遺伝子に着目すると, 分化刺激で発現上昇する遺伝子, 発現低下する遺伝子, 変化しない遺伝子に分類された (図1B). *Setd8*, *Setd6*, *Setdb1*は分化刺激で発現が上昇し, そのうち*Setd8*は分化が抑制されるWnt3a存在下では発現上昇しなかった (図1B, C). 一方, *Setd5*, *Setd4*, *Setd2*, *Setd1b*, *Setd7*は分化刺激で発現が低下し, そのうち*Setd5*, *Setd4*はWnt3a存在下では発現低下しなかった (図1B, D). われわれは分化刺激あるいはWnt3a依存的に発現が制御されるSETドメイン含有タンパク質が, 脂肪細胞分化にかかわるエピゲノム制御因子の候補であると仮説を立て, 機能解析を行った. 本稿では分化刺激

で発現低下するSETD5の解析について詳しく述べる[5]．SETD8, SETDB1については，すでに報告した論文を参考にしていただきたい[2][6]．

　前述の*Setd5*の遺伝子発現パターンから，SETD5は前駆脂肪細胞においてエピゲノム制御を介して分化を抑制し，分化に伴うSETD5の発現低下による脱抑制が細胞分化を促すのではないかと予想した．分化後においてSETD5の発現を維持する目的で，レトロウイルスを用いて内在と同レベルにSETD5を発現する前駆脂肪細胞を作製した．遺伝子の挿入されていない（Empty）レトロウイルスを感染させた前駆脂肪細胞を対照として用いた．SETD5発現前駆脂肪細胞は，MDIカクテルによって分化を誘導しても脂肪滴の蓄積がみられなかった（図1E）．トランスクリプトームデータから抽出したSETD5は，脂肪細胞分化の抑制因子であることが示された．

プロテオミクス解析でわかるエピゲノム制御因子の実態

　SETD5は他のヒストンメチル化酵素と同様にSETドメイン[3][4]を有することから，ヒストンメチル化を介して脂肪細胞分化を抑制すると考えた．しかし予想に反し，SETドメインを欠失させた変異体（ΔSET）も野生型と同様に脂肪細胞分化を抑制した（図2A，B）．そこでSETD5は他のタンパク質との相互作用を介して，脂肪細胞分化を抑制するのではと考え，SETD5のプロテオミクス解析を行った．前述のSETD5発現前駆脂肪細胞は，V5タグを融合させたSETD5を発現する．抗V5タグ抗体を用いたショットガンプロテオミクス解析を行ったところ，SETD5はヒストン脱アセチル化酵素3（HDAC3），核内受容体コリプレッサー（NCoR）と相互作用することがわかった（図2C）．またSETD5は細胞周期にかかわる後期促進複合体／サイクローム（APC/C）[7][8]のサブユニットであるANAPC1, ANAPC2とも相互作用することがわかった（図2C，後述）．ΔSET変異体は野生型と同様にHDAC3, NCoRと相互作用した（図2C）．一方，437-918番目のアミノ酸を欠失させた変異体（Δ437-918）はHDAC3, NCoRと相互作用しなかった（図2A，C）．また，Δ437-918変異体は脂肪細胞分化を抑制できなかった（図2B）．これらのことからSETD5はHDAC3, NCoRとの相互作用を介して脂肪細胞分化を抑制することが示唆された．

プロテオミクスとChIP-Seqの統合解析でわかるクロマチン上でのエピゲノム酵素複合体形成

エピゲノム酵素複合体の足場となる転写因子の同定

　プロモーターは転写開始点の上流に位置し，基本転写因子やRNAポリメラーゼの結合を介して転写開始にかかわる[9][10]．一方，遺伝子制御領域であるエンハンサーはプロモーターから数百塩基から数百万塩基離れて位置し，標的遺伝子の転写を調節する[10][11]．細胞特異的なエンハンサーはエピゲノムの制御を受け，細胞分化の過程で活性化される[11][12]．プロテオミクスから見出したSETD5-NCoR-HDAC3複合体によるエピゲノム制御を明らかにするため，修飾ヒ

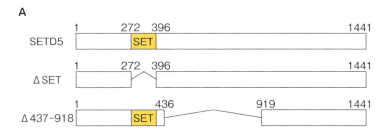

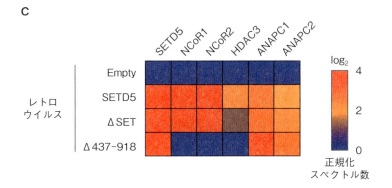

図2 SETD5の機能解析とタンパク質複合体の解析
A) SETD5タンパク質のドメイン構造と変異体の模式図．**B)** 前駆脂肪細胞におけるSETD5および変異体の発現と脂肪蓄積に与える効果．**C)** SETD5および変異体のプロテオミクス解析．（文献5より引用）

ストンのChIP-Seqを行った．ヒストンH3の4番目リジンのトリメチル化（H3K4me3）修飾は活性化されたプロモーターにみられ，H3の27番目リジンのアセチル化（H3K27ac）修飾は活性化されたプロモーターとエンハンサーにみられる[12) 13)]．したがってH3K27ac修飾が存在する遺伝子領域は，H3K4me3修飾の有無により活性なプロモーターとエンハンサーに分類することができる．対照の前駆脂肪細胞とSETD5発現前駆脂肪細胞において，分化誘導前の0時間，分化誘導後48時間のタイムポイントでH3K27acのChIP-Seqデータを取得した．対照の前駆脂肪細胞では，分化誘導後に約9,500のエンハンサー領域と約1,500のプロモーター領域においてH3K27ac修飾が増加した（図3A）．一方，SETD5発現細胞では約3,000のエンハンサー領域，約400のプロモーター領域において，対照の前駆脂肪細胞でみられたH3K27ac修飾の増加がみられなかった（図3A）．これらの領域には脂肪細胞分化を制御する主要転写因子である

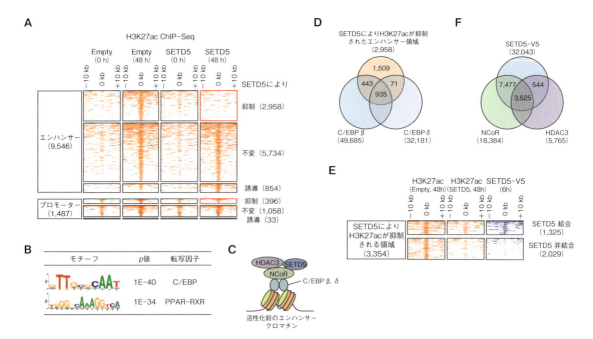

図3 ChIP-SeqによるH3K27ac修飾とSETD5タンパク質複合体の局在解析
A) H3K27ac修飾のChIP-Seq解析. **B)** モチーフ解析による転写因子の予測. **C)** SETD5-NCoR-HDAC3-C/EBPβ, δ複合体の模式図. **D)** H3K27ac修飾とC/EBPβ, δの共局在解析. **E)** H3K27ac修飾とSETD5の共局在解析. **F)** SETD5, NCoR, HDAC3の共局在解析. （文献5より引用）

CCAAT-enhancer binding protein α（C/EBPα）やperoxisome proliferator-activated receptor γ（PPARγ）遺伝子のエンハンサーが含まれており，gene ontology解析では脂質代謝経路にかかわる遺伝子が有意に濃縮していた[5]．SETD5発現前駆脂肪細胞のトランスクリプトームのデータにおいても，これら脂質代謝経路にかかわる遺伝子の発現は低下していたことから，SETD5はH3K27ac修飾の抑制を介して遺伝子発現を抑制していることが示唆された[5]．SETD5-NCoR-HDAC3複合体の足場となる転写因子を明らかにする目的で，SETD5によりH3K27ac修飾が抑制された約3,000のエンハンサー領域のDNA配列を用いてモチーフ解析を行った．モチーフ解析では転写因子C/EBPの結合配列が有意に濃縮されていたことから（図3B），SETD5-NCoR-HDAC3複合体は分化誘導初期に誘導される転写因子C/EBPβやCEBPδと相互作用しエンハンサーに結合することが示唆された（図3C）．

クロマチン上でのエピゲノム酵素複合体形成

プロテオミクスおよびH3K27acのChIP-Seqのモチーフ解析から見出したSETD5-NCoR-HDAC3-C/EBPβ（δ）複合体を検証するために，2つのアプローチをとった．はじめに共免疫沈降による相互作用解析，次に複合体の構成タンパク質のChIP-Seqによる共局在解析である．共免疫沈降ではSETD5とNCoR2, HDAC3, C/EBPβとの相互作用が確認できた[5]．C/EBPβ, CEBPδ, NCoR, HDAC3のChIP-Seqはすでに報告されている分化誘導後4時間のデータを利用した[14)15)]．SETD5のChIP-Seqは，V5タグを融合させたSETD5を発現する前駆

脂肪細胞から抗V5抗体を用いて，分化誘導前の0時間，およびSETD5がタンパク質分解される前である分化誘導6時間のタイムポイントでデータを取得した．SETD5のタンパク質分解機構については後述する．ChIP-Seqの共局在解析から，SETD5によりH3K27ac修飾が抑制されるエンハンサー領域（Cebpa, Ppargエンハンサーを含む）の多くにはC/EBP βとCEBP δが局在することがわかった（図3D）．また，SETD5によりH3K27ac修飾が抑制される領域は，SETD5が直接結合あるいは結合しない領域に分類された（図3E）．さらに，SETD5の結合領域の一部は，NCoR, HDAC3が共局在することがわかった（図3F）．このようにプロテオミクスとChIP-Seqの統合解析に生化学的解析を加えることで，エンハンサーのクロマチン上でのエピゲノム酵素複合体の形成とH3K27ac修飾の制御を明らかにできた．

時系列データ解析でわかるエピゲノム酵素複合体のダイナミクスとエンハンサー活性化機構

エピゲノム酵素複合体のダイナミクス

エンハンサーのクロマチン上でSETD5-NCoR-HDAC3複合体はH3K27ac修飾を抑制する．脂肪細胞分化の過程では細胞分裂とともにエンハンサーが活性化されるが，この複合体がクロマチン上で形成されたままだとエンハンサーは活性化されない．そこでエンハンサーが活性化される分化誘導48時間までに，この複合体が動的に変化するのではと考えた．生化学的にSETD5のタンパク質安定性を検討したところ，分化誘導15時間から24時間にユビキチン-プロテアソーム経路を介して急速に分解されることがわかった（図4A）．SETD5のプロテオミクスデータを再解析したところ，細胞周期にかかわるユビキチンリガーゼであるAPC/Cの構成タンパク質ANAPC1, ANAPC2が見出された（図2C）．また，SETD5が分解される分化誘導15時間から24時間のタイミングで，APC/Cの活性化タンパク質CDC20の遺伝子発現が誘導される（図4B）．ユビキチンE3リガーゼ活性をもつANAPC11，あるいはCDC20の発現抑制はSETD5のタンパク質安定性とクロマチン局在を増加させることから，APC/CとCDC20依存的にSETD5が分解されることがわかった[5]．次にエピゲノム酵素複合体の動的変化を明らかにするため，SETD5, NCoR2, HDAC3のクロマチン局在について定量的ChIP-PCRによる時系列解析を行った．細胞周期のG_1期にあたる分化誘導6時間から12時間にかけて，Cebpa, PpargのエンハンサーのクロマチンでSETD5-NCoR-HDAC3複合体が形成され，細胞周期のG_2/M期にあたる分化誘導24時間でSETD5が分解され複合体から消失することがわかった（図4C）．このようにマルチオミクス解析で得られた知見を元に時系列解析を行うことで，エピゲノム酵素複合体のクロマチン上でのダイナミクスを捉えることが可能となる．

エピゲノム酵素複合体によるエンハンサー活性化の制御

エンハンサーの活性化過程において，SETD5-NCoR-HDAC3複合体からSETD5が時間依存的に消失する意義を明らかにするため，ヒストンアセチル化酵素（CBP）のクロマチン局在について時系列解析を行った．分化誘導6時間においてCBPはエンハンサークロマチンにすでに局在するが，この段階ではSETD5-NCoR-HDAC3複合体もクロマチン局在しており，H3K27ac

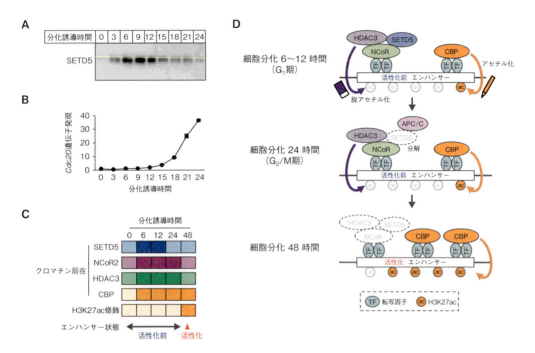

図4 時系列データ解析によるエピゲノム酵素複合体のダイナミクスとエンハンサー活性化機構
A) SETD5タンパク質の時系列解析．**B)** *Cdc20*の遺伝子発現の時系列解析．**C)** エピゲノム酵素複合体のクロマチン局在の時系列解析．**D)** エピゲノム酵素複合体のダイナミクスとエンハンサーの活性化機構のモデル図．（文献5より引用）

修飾は低く保たれてエンハンサーはまだ活性化されない（図4C）．そこでSETD5がCBPのクロマチン局在に与える影響を解析した．SETD5の発現はCBPの*Cebpa, Pparg*エンハンサーのクロマチンへの局在を抑制する一方，SETD5の発現抑制はCBPのクロマチン局在を促進した[5]．これらの結果から，分化誘導初期にはSETD5はエンハンサーのクロマチン上でNCoR-HDAC3と複合体を形成してCBPの局在を抑制しているものの，時間依存的にこの複合体からSETD5が消失してCBPのクロマチン局在を促し，H3K27ac修飾の増加とエンハンサー活性化を導くことが示唆された（図4D）．このエピゲノム酵素複合体の時空間ダイナミクスが，細胞周期と同期したエンハンサー活性化と細胞分化の制御に重要と考えられる．

おわりに

本稿では脂肪細胞分化におけるプロテオーム，トランスクリプトーム，エピゲノムの統合解析について紹介した．また，マルチオミクス解析の知見に基づき時系列解析を展開することにより，複雑な転写-エピゲノム制御のしくみを高解像度に捉えることに成功した一例を紹介した．今回紹介したマルチオミクス解析のアプローチは細胞分化だけでなく，シグナル伝達，細胞間コミュニケーション，および疾患発症のメカニズムの解明にも応用できると考えられる．本稿が他の研究の一助となれば幸いである．

コラム：どの時系列タイミングでマルチオミクスデータを取得する？

種々のオミクス解析技術の発展に伴い，マルチオミクス解析を実際に行うハードルは下がってきた．しかし，当初から時系列を揃えて複数のオミクスデータを取得することは，コストやサンプル調製の観点から容易ではない．トランスクリプトーム解析は他のオミクス解析に比べて少ない細胞数で実施可能であり，また最近では比較的安価な受託解析サービスも利用可能なため，われわれはトランスクリプトームの時系列解析からスタートすることが多い．トランスクリプトームのデータ解析から，興味のある遺伝子の発現が変動するタイミングを見出し，その変動の前後を狙って他のオミクス解析を実施するようにしている．今回はコントロールの前駆脂肪細胞とSETD5発現前駆脂肪細胞を用い，分化誘導前の0時間と分化誘導48時間の計4検体についてH3K27acのChIP-Seqを実施した．このタイミングでの解析により，分化刺激によるエンハンサーの活性化とSETD5によるその抑制の両方を捉えることができた．

◆ 文献

1）Takahashi H, et al：Bioessays, 46：e2300084, doi:10.1002/bies.202300084（2024）
2）Wakabayashi K, et al：Mol Cell Biol, 29：3544-3555, doi:10.1128/MCB.01856-08（2009）
3）Black JC, et al：Mol Cell, 48：491-507, doi:10.1016/j.molcel.2012.11.006（2012）
4）Husmann D & Gozani O：Nat Struct Mol Biol, 26：880-889, doi:10.1038/s41594-019-0298-7（2019）
5）Matsumura Y, et al：Nat Commun, 12：7045, doi:10.1038/s41467-021-27321-5（2021）
6）Matsumura Y, et al：Mol Cell, 60：584-596, doi:10.1016/j.molcel.2015.10.025（2015）
7）Watson ER, et al：Trends Cell Biol, 29：117-134, doi:10.1016/j.tcb.2018.09.007（2019）
8）Kimata Y：Trends Cell Biol, 29：591-603, doi:10.1016/j.tcb.2019.03.001（2019）
9）Haberle V & Stark A：Nat Rev Mol Cell Biol, 19：621-637, doi:10.1038/s41580-018-0028-8（2018）
10）Matsumura Y, et al：J Biochem, 172：9-16, doi:10.1093/jb/mvac033（2022）
11）Heinz S, et al：Nat Rev Mol Cell Biol, 16：144-154, doi:10.1038/nrm3949（2015）
12）Calo E & Wysocka J：Mol Cell, 49：825-837, doi:10.1016/j.molcel.2013.01.038（2013）
13）Heintzman ND, et al：Nat Genet, 39：311-318, doi:10.1038/ng1966（2007）
14）Siersbæk R, et al：EMBO J, 30：1459-1472, doi:10.1038/emboj.2011.65（2011）
15）Siersbæk R, et al：Mol Cell, 66：420-435.e5, doi:10.1016/j.molcel.2017.04.010（2017）

各研究におけるマルチオミクス実験・解析の実例
4. 腫瘍微小環境における マルチオミクス解析

大澤 毅

> **ポイント**
>
> 近年，疾患生物学研究において，臓器間や細胞間を連関するオミクス統合解析がさかんに行われている．また最近では，疾患オミクス解析がオルガネラレベルの解像度で明らかになってきており注目を浴びている．固形がんでは，不完全な血管構築や血流不全により生じる低酸素，低栄養，低pHなどのがん微小環境が存在し，エピゲノム，トランスクリプトーム，プロテオーム，メタボロームなどさまざまな階層のオミクス変動を介して，転移・浸潤能などを促進し，治療抵抗性や再発・転移など予後不良などのがん悪性化に寄与することが知られてきた．この粗悪ながん微小環境では，がん細胞自身のオミクス変動のみならず，細胞間の代謝相互作用もがん悪性化に重要な役割を果たすため，細胞間の代謝相互作用が新しいがん治療標的として注目を集めている．また，生活習慣病においてもこれら細胞間を介した多階層のオミクス制御が関与していることが知られている．そこで本稿では，がんや生活習慣病などの疾患の本質的な原因となり得る細胞—多細胞間の連関をマルチオミクス解析の視点から概説したい．

はじめに

　がんや生活習慣病などの克服には，多階層オミクスを統合した疾患の病態解明から治療戦略の確立が重要と考えられる．がん組織内には，酸素や栄養状況が時空間的に変化するがん微小環境に起因する細胞不均一性（ヘテロジェナイティー）が存在する．固形がんでは，不完全な血管構築や血流不全により生じる低酸素，低栄養，低pHなどのがん微小環境が，細胞間の相互作用やオルガネラ間の相互作用を介して，エピゲノム，遺伝子発現，タンパク質の相互作用，エネルギー代謝変動など，各階層における膨大な多次元要素が有機的につながって，がん細胞の転移や浸潤能の促進を引き起こし，がんの悪性化に寄与することが知られている．また，このような粗悪ながん微小環境に適応したがん細胞は，しばしば細胞死耐性を獲得し，免疫寛容や薬剤耐性を示すことで再発や患者の予後不良に関与することが報告されている．このことから，酸素や栄養の供給が不足したがん微小環境で生存するがん細胞に対する創薬標的を探索することが重要であると考えられる．本稿では，近年一般的になってきた，エピゲノム，トランスクリプトーム，メタボロームのマルチオミクス解析から新たに見えてきた，粗悪ながん微小環境で中心的な役割を果たす細胞—細胞間レベルのマルチオミクス解析の視点から最近の知見を紹介したい．

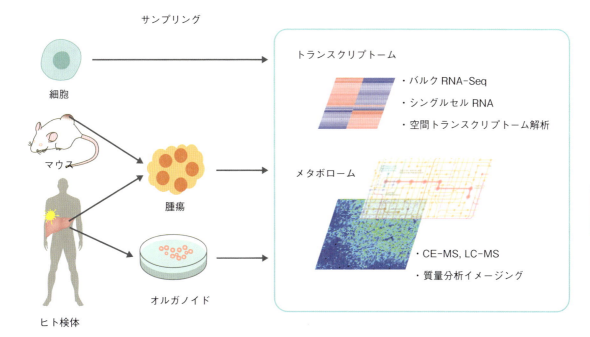

図1 細胞や腫瘍組織からトランスクリプトーム解析およびメタボローム解析を実施するための代謝物抽出実験のワークフロー

ヒト/マウス細胞やヒト腫瘍組織やマウス移植腫瘍を摘出し，トランスクリプトーム解析（バルクRNA-Seq，シングルセルRNA-Seq，空間トランスクリプトーム解析）やメタボローム解析（CE-MS, LC-MSや質量分析イメージング）のサンプル抽出までのフローを示した．がん細胞株やヒト腫瘍組織検体やマウスに移植した腫瘍をサンプリングする．腫瘍を摘出し，本稿にある前処理を経て代謝物測定を行う．

1. オミクス統合解析からみたがん細胞の悪性化機構

　正常細胞と比べてがん細胞では解糖系に依存した代謝に変化することが古くから知られている．オット・ワーブルグ博士（1883〜1970年）により1920年代に提唱された有名な事象であるが[1]，酸素の有無にかかわらずがん細胞は，エネルギー産生としては非効率な経路（酸化的リン酸化が1分子のグルコースから38ATP産生するのに対し，解糖系からは2ATPしか産生しない）である解糖系を中心的に利用するというものである．また，増殖期や低酸素のがん細胞において解糖系は，主要なエネルギー産生系であり，さらに，解糖系から核酸合成，アミノ酸合成，タンパク質合成，細胞膜合成など細胞増殖のために必要な分子が制御される．また，グルタミン（グルタミノリシス）やロイシン，イソロイシン，リジンなどの分岐鎖アミノ酸（BCAA）を利用した経路が，がん幹細胞維持に重要であるということが注目されている[2,3]．また，増殖期の細胞における解糖系の亢進は，低酸素で活性化するHIF-1αを介した一連の解糖系酵素群の発現誘導（転写制御）や，低酸素応答性ヒストンメチル化・脱メチル化酵素群（エピゲノム制御）が関与していることが報告されている．さらに，最近では，タンパク質のリン酸化や複合体形成のみならず，RNA修飾やRNA—タンパク質の結合を介した（エピトランスクリプトーム）制御など，増殖期のがん細胞における多階層オミクスが解糖系を制御することが報告されている．

これまで単なる低酸素や解糖系の結果として考えられてきた低pHがん微小環境においても，酢酸代謝の中心代謝酵素であるACSS2が発現誘導されることを明らかとした[5][6]．われわれの研究グループは，がんにおける酸性状態を模した培養系を用い，がん細胞に対しトランスクリプトーム，エピゲノムなどのオミクス統合解析を行った．その結果，コレステロール代謝におけるマスターレギュレーターとして知られるSREBP2を，低pHで機能する転写因子として見出した[7]．マルチオミクス解析が一般化されつつある現在，これまで知られていない多次元を連関するフィードバック制御機構が次々と発見されることが期待できる．

2. 研究の戦略と実験デザインの考え方

特に増殖期や低酸素のがん細胞において解糖系は主要なエネルギー産生系となり，さらに核酸合成，アミノ酸合成，タンパク質合成，細胞膜合成など細胞増殖に必要な分子の供給源となる．このような代謝変容を捉えるために，われわれは，複数のオミクスの組合わせ，具体的にはトランスクリプトーム（遺伝子発現変動の解析：RNA-Seqによるトランスクリプトーム解析）およびメタボローム（代謝物の網羅的解析：CE-MSを用いた定量的メタボローム解析と空間的情報の取得：イメージングMSによる代謝物の局在解析）のサンプリング・戦略をとることとした（図1）．その他，クロマチン免疫沈降シークエンス（ChIP-Seq）によるエピゲノム解析やシングルセル解析によりさまざまなレベルで遺伝子発現や代謝適応機構を解析することが可能である．以下に，実験で注意するポイント，コツをまとめた．

実験で注意するポイント，コツ

効果的なマルチオミクス解析には，適切なサンプリング戦略が重要だと考える．特にわれわれは以下の点に注意してサンプリングを行っている．また，メタボローム解析では，CE-MSとイメージングMSを相補的に使用することで，より包括的な代謝物プロファイルを得ることができる．特に，イメージングMS実施時は以下の点に注意が必要である．

- **時空間的な考慮**：同一サンプルから異なるオミクス解析用の検体を採取する際は，可能な限り近接した領域から採取する
- **品質管理**：RNAやタンパク質の分解を最小限に抑えるため，採取後すみやかに液体窒素で凍結する
- **技術的な再現性**：各オミクス解析に必要な最小サンプル量を考慮した実験計画の立案
- **組織切片の調製**：均一な厚さ（8 μm）での切片作製
- **マトリクスの選択**：目的代謝物に適したマトリクスの使用
- **空間分解能**：血管からの距離などを考慮した測定範囲の設定

メタボローム解析で注意が必要な点

CE-MS解析において．

- マウス組織は液体窒素ですみやかに凍結し，-80℃で保存する
- 組織の破砕時は，ジルコニアビーズを用いて均一に処理する
- 内部標準物質の添加による定量性の確保
- カチオン・アニオン分析それぞれに適した条件設定

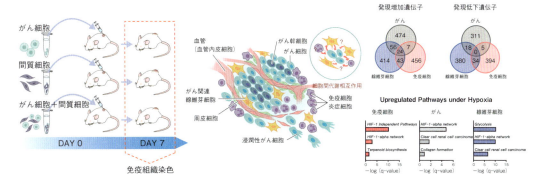

図2 腫瘍組織は，がん細胞，がん関連線維芽細胞（CAF），免疫細胞，血管内皮細胞などさまざまな細胞で構成される

がん細胞は，隣接する間質細胞または免疫細胞を代謝リプログラムし，がん細胞の増殖に利用できるアミノ酸などの栄養素を提供し，また，免疫寛容するシグナル伝達物質を分泌する．本研究では，がん細胞単独，線維芽細胞単独やがん細胞と線維芽細胞を共移植する系を用いて，1細胞レベルでの解析を行っている．また，低酸素腫瘍微小環境は，がん細胞，線維芽細胞，および単球／マクロファージにおいて異なる遺伝子発現系を誘導する．低酸素下ではHIF-1αを介した解糖系はさまざまな細胞で共通して亢進されるが，単球／マクロファージではHIF-1αに非依存的経路も亢進することが明らかとなってきた．

オミクス実験の結果の検証

実験結果の検証には，複数のアプローチを組合わせている．

- メタボローム解析では，CE-MSとイメージングMSを相補的に使用して結果を確認する
- 代謝物の定量には，内部標準物質による標準化を実施する
- 遺伝子発現変動は，リアルタイムPCRにより独立して検証する
- タンパク質レベルでの確認として，ウエスタンブロットや免疫組織化学的解析を実施する

有用なプラットフォームと解析ツール

代謝物解析においては，以下のツールを活用している．

- **MassHunter**：CE-MSデータの解析
- **Mirion**：イメージングMSデータの処理
- **MetaboAnalyst**：メタボロームデータの統計解析
- **Cytoscape**：代謝ネットワークの可視化

論文化に必要なポイント

マルチオミクス研究の論文化では，以下の点に注意している．

- **データの質の担保**：適切な実験デザインと品質管理の記述
- **解析手法の透明性**：データ処理・解析パイプラインの詳細な記述
- **生物学的な意義**：見出された現象の生理的・病理的意義の考察
- **データの可用性**：生データの公開リポジトリへの登録

3. がん微小環境における細胞間代謝相互作用

がん組織内の腫瘍微小環境は，栄養素や酸素，pHのみならず，さまざまな種類の細胞間の相

互作用によって形成される[8]. 例えば，がん細胞は，腫瘍微小環境で最も豊富な細胞の一つであるがん関連線維芽細胞（CAF）からのアラニンやグルタミンといった代謝物質を利用して増殖する. また，免疫細胞もがんの進行に関与しており，がん細胞から分泌される乳酸やキヌレニンなどの代謝物質が免疫細胞の免疫抑制機能を増強することが知られている[9]. さらに，T細胞の代謝異常は，がん細胞に対する免疫応答を抑制することが報告されている[10]. われわれの研究室においても，がん細胞単独，あるいは多細胞連関モデルを用いた腫瘍形成実験を行ったところ，がん細胞—CAF—免疫細胞の代謝相互作用が腫瘍形成に大きく寄与することが最近わかってきた（図2）. また，低酸素腫瘍微小環境は，がん細胞，線維芽細胞，および単球／マクロファージにおいて異なる遺伝子発現系を誘導した. 低酸素下ではHIF-1 α を介した解糖系はさまざまな細胞で共通して亢進されるが，単球／マクロファージではHIF-1 α に非依存的経路も亢進することが明らかとなってきた（図2）.

これらの代謝相互作用を介した細胞間連関は，がん細胞の遺伝子やエピジェネティックな変化を誘導することが知られており，がんの進行や治療耐性に影響を与える可能性がある. 例えば，CAFはがん細胞の増殖を促進するサイトカインを分泌することで，がん細胞の遺伝子発現プロファイルを変化させることが報告されている. また，腫瘍微小環境に存在する酸素の欠乏は，がん細胞の遺伝子発現や代謝プロセスを変化させ，治療抵抗性を引き起こすことが報告されている. したがって，腫瘍微小環境における細胞間相互作用の理解は，新しい治療法の開発に重要な役割を果たすことが期待される.

4. メタボローム実験の実践

われわれの研究室では，これまで，トランスクリプトームやメタボローム解析を用いて腫瘍微小環境の代謝変容を捉えてきた. 本稿では，メタボローム実験の実践として，CE-MEを用いたメタボローム解析および空間メタボローム解析を紹介する.

代謝物の［電荷］／［イオン半径］の比に基づいて移動する電気的性質を利用して分画するキャピラリー電気泳動法（以下，CE）に質量分析装置を（以下，MS）組合わせたCE-MS（capillary electrophoresis mass spectrometry）は，メタボロームにおいて汎用的に使われている液体クロマトグラフィーやガスクロマトグラフィーでは見えてこなかった高極性代謝物の測定が可能である[10]. 測定可能な高極性代謝物は，中心代謝とよばれる解糖系やクエン酸回路を担う代謝物を含み，特に他の分離系では不可能であった糖リン酸やポリアミンの測定を得意とする. 測定対象の代謝変動を全体的に俯瞰することができるが，一方で代謝物の空間情報をもたないことから，他の解析法との組合わせから取得する必要がある. 代謝物の空間情報は，イオン源をマトリクス支援レーザー脱離イオン化法（MALDI）に高分解能質量分析計を連結させたイメージングMSにより得ることができる. 組織切片にMALDI測定に必要なマトリクス（Matrix）を均一に塗布し，ここに窒素レーザー光を照射することで，マトリクスが急速に加熱され，マトリクスとサンプルが気化され，質量分析計に入る. 結果として，組織切片のどの位置に測定目的とする代謝物が分布しているかを測定できる. しかし，定量性は低いため，CE-MSなどと組合わせることで定量性を担保する必要がある[11]. 本稿では空間メタボロームを実施するために必要な，CE-MSおよびイメージングMSを実施するために必要な前処理から測定方法までを解説する.

準備

機器

- ☐ Agilent CE/MS システム（アジレント・テクノロジー社）
- ・ CE（#G7100A）
- ・ LC/Q-TOF（#G6546A）
- ・ 1260 Infinity Ⅱ（#G7100B）
- ・ Quiet Cover MS（#G6011B）
- ・ CE-ESI-Sprayer（#G1607-60002）
- ☐ キャピラリー ： Polymicro Flexible Fused Silica Capillary Tubing（#1068150017，モレックス社）
- ☐ 分析用バイアルチューブ：11 mm PP vial, Crinp/Snap（#5190-3155，アジレント・テクノロジー社）
- ☐ バッファー用バイアルチューブ：Vial, crimp/snap, 2mL, clr（#5182-9697，アジレント・テクノロジー社）
- ☐ Snap caps, polyurethane（#5042-6491，アジレント・テクノロジー社）
- ☐ Shake Master NEO（#BMS-M10N21，バイオメディカルサイエンス社）
- ☐ ジルコニアビーズ（3.0 mm）（#ZZ30，バイオメディカルサイエンス社）
- ☐ ジルコニアビーズ（5.0 mm）（#ZZ50，バイオメディカルサイエンス社）
- ☐ Centri Vap（#7310022，LABCONCO社）
- ☐ AP SMALDI 10 ON Q Exactive
- ・ AP-SMALDI 10（TransMIT社）
- ・ SMALDIPrep（TransMIT社）
- ・ Q Exactive（#IQLAAEGAAPFALGMAZR，サーモフィッシャーサイエンティフィック社）
- ☐ クライオスタットミクロトーム（Leica CM 1950，ライカマイクロシステムズ社）
- ☐ プラチナプロスライドグラス（#PRO-01 など，松浪硝子工業）

試薬

- ☐ メタノールLC/MS用（#138-14521 など，富士フイルム和光純薬社）
- ☐ 内部標準物質（IS：Internal Standard）

  IS1
- ・ メチオニンスルホン（#359-25941 など，富士フイルム和光純薬社）

- 2-モルホリノエタンスルホン酸（MES）（#GB12など，富士フイルム和光純薬社）
- カンファー-10-スルホン酸（CSA）（#203-09751など，富士フイルム和光純薬社）

  IS2
- 3-アミノピロリジン（3-AP）
- 1,3,5-ベンゼントリカルボン酸（Trimesate）（#206-03641など，富士フイルム和光純薬社）

☐ ジヒドロキシ安息香酸（DHB）（#046-02262など，富士フイルム和光純薬社）

プロトコール

CE-MS

マウス組織からの代謝物抽出

❶ マウス組織は液体窒素ですみやかに凍結し，−80℃のディープフリーザーで保存する．液体窒素中，または氷上などの冷却下で50 mg程度を切り出し，ジルコニアビーズ（5 mm×2個，3 mm×4個）が入った2.0 mLストロングチューブに入れる．切り出した組織の重量を記録しておき，分析後に組織重量あたりの代謝物量を算出する際に使用する

❷ 秤量した組織とビーズが入ったチューブに各20 μMのIS1を含む500 μLのメタノールを加え，ビーズ式ホモジナイザーで1,500 rpm，5分間，組織を破砕する

❸ Milli-Q水クロロホルム500 μLおよびMilli-Q水200 μLを加え，よく撹拌する

❹ 4,600×g，4℃，15分間で遠心分離を行い，上層を限外濾過フィルターに移す

❺ 9,100×g，20℃，3時間で限外濾過を行う

❻ 濾液を遠心濃縮機で40℃で2時間乾固する

❼ CE-MS解析直前にIS2を含むMilli-Q水50 μLで溶解し，10 μLを分析用バイアルチューブに移す

❽ CE-MSに供する

カチオン分析

☐ 泳動バッファー：1 M蟻酸

☐ シース液：0.1 mMヘキサキス（2,2-ジフルオロエトキシ）ホスファゼンを含むメタノール/水（50% v/v）

☐ キャピラリー：溶融シリカキャピラリー（50 mm i.d. 3 100 cm）

標準物質の質量（[purine＋H)]+，m/z 121.0509）と（[Hexakis（1H,1H,3H-perfluoro-propoxy）phosphazene ＋H]+，m/z 922.0098）を使用して取得スペクトルを自動的に再キャリブレーションした．代謝物を同定するために，すべてのピークの相対移動時間を，参照化合物である3-aminopyrrolidineに対して正規化して算出することで，CEの特性である溶出時間のずれを補正する．代謝物の同定は，m/z値および相対移動時間を代謝物標準物質と比較する．定量は，メチオニンスルホンによる内部標準化技術を使用して作成した検量線とピーク面積を比

較し算出する[12].

アニオン分析

　　□泳動バッファー：50 mM ammonium acetate溶液（pH 8.5）

　　□シース液：0.1 mMヘキサ–キス（2,2–ジフルオロエトキシ）ホスファゼンを含むメタノール/5 mM酢酸アンモニウム（50 % v/v）

　　□キャピラリー：COSMO（＋）（chemically coated with cationic polymer）キャピラリー（50 mm i.d. ×105 cm）

　アニオン分析には，リファレンス，および内部標準としてtrimesateとCamphorsulfonic Acidを使用する．キャピラリー電圧は3,500 Vに設定する．TOF-MSでは，フラグメンテーション，スキマー，Oct RFVの電圧をそれぞれ100，50，200Vに設定し，乾燥窒素ガス（ヒーター温度300℃）の流量を7 L/minに維持する．標準物質の質量（[13C isotopic ion of deprotonated acetic acid dimer（2CH3COOH – H）]–, m/z 120.03841），および（[Hexakis + deprotonated acetic acid（CH3COOH – H）]–, m/z 680.03554）を参照に取得スペクトルの自動再較正が行われる．精密質量データは，50〜1,000 m/zの範囲で1.5 spectra/sの速度で取得する[13]．CE-TOFMSの生データは，アジレント・テクノロジー社のソフトウェアMassHunter（ver.10.2）を用いて解析する．各実験のデータ処理では，データ変換，0.02 m/zスライスへのビニング，ベースラインの除去，ピークピッキング，統合，冗長な特徴の除去を含み，すべての可能なピークのリストを得ることができる．補正移動時間に基づいてアライメントを行いデータマトリクスを作成し，標準ライブラリのm/zと補正移動時間を照合して，アライメントされたピークに代謝物名を付与する．ピーク面積を内部標準物質のピーク面積で割った相対ピーク面積を算出し，サンプルと標準混合物の相対ピーク面積から代謝物濃度を算出する．

CE	
イオンソース	ESI
イオンモード	ポジティブ（カチオン），ネガティブ（アニオン）
電圧	30 kV
サンプル導入	50 mbarで3秒（3 nL）
キャピラリー温度	20℃
サンプルトレイ温度	5℃以下
シース液量	10 μL/min
TOF MS	
キャピラリー電圧	4 kV（カチオン），3.5 kV（アニオン）
窒素ガス	10 L/min
窒素ガス温度	300℃
ネブライザーガス圧	7 psig
フラグメンテーション電圧	70 V（カチオン），100 V（アニオン）
スキマー電圧	50 V（カチオン），50 V（アニオン）
Oct RFV電圧	V（カチオン），200 V（アニオン）

MALDI-イメージング

サンプル作製

❶組織サンプルは，外科的切除時に液体窒素中で包埋剤を使用せずに急速凍結し，分析まで
80℃で保存する
　※ パラフィン包埋組織切片も，脱パラフィン処理，酵素処理を行うことでMSイメージン
　　グ解析に利用することが可能である
❷組織はクライオスタットミクロトームで8 mmの厚さに切り出し，顕微鏡用スライドグラ
スに融解マウントする
❸自動マトリクス調製システムを用いてDHBを切片に塗布する

測定

❶高分解能質量分析イメージングの測定は，四重極オービトラップ質量分析計（Q Exactive）に
結合した大気圧イメージングイオンソース（AP-SMALDI 10，TransMIT社）を用いて行う
❷データ処理はソフトウェアパッケージMirion（version 3.1.64.4，TransMIT社）を用いて
行い，Dm/z = 0.01のビン幅で生の質量データセットからマスイメージを生成する

266　　実験デザインからわかる　マルチオミクス研究実践テキスト

MALDI	
レーザー減衰器設定	
10％フィルター	30
レーザー周波数	60 Hz
レーザーパルス / スポット	30
スキャンシナリオ	マルチスキャン（140〜190 m/z，610〜660 m/z）
空間分解能	8 μm
質量分析計	
イオンモード	ポジティブ
質量分解能（m/z 200）	140,000
AGCターゲット	1.00E＋06
IT	500 ms
スプレー電圧	4.0 kV
キャピラリー温度	250℃
SレンズRFレベル	60
スキャンタイプ	SIM

実験例

1. 腫瘍組織のスペルミジン定量

本稿のプロトコールに従い，マウス皮下で形成された腫瘍を摘出し（図1），本稿に記載した前処理を経てCE-TOF-MSで測定した．スペルミジンのようなポリアミンはカチオン性高極性代謝物であり，液体クロマトグラフィーによる分離ではHILIC（親水性相互作用液体クロマトグラフィー）などの高極性の代謝物を保持する技術により測定可能ではあるが，保持時間が不安定，劇薬指定の有機溶媒を大量に移動相として使用するなどの問題点がある．

2. イメージングMSによる腫瘍組織切片中の代謝物の局在

ホスホエタノールアミン（PEtn）とグルタミン，ヘモグロビンのレベルの腫瘍組織内での局在を決定するため，HeLa細胞腫瘍異種移植片内で，マトリクス支援レーザー脱離イオン化質量分析イメージング分析を用いた．ホスフォエタノールアミン，グルタミン，ヘムの分布は，m/z 179.9823[M＋K]＋，m/z 185.0323[M＋K]＋，m/z616.1768のシグナルに従い，質量公差3 ppmで解析した[14]．PEtnレベルは，腫瘍組織内の低レベルのグルタミンとヘムに関連する無血管領域で高かった（図3）．

このように，メタボローム解析は，生物の複雑な細胞間，オルガネラ間など微小なコミュニケーションを可視化する技術としてさまざまな分野で利用されはじめている．空間メタボロームの現時点での一つの到達点として，1細胞RNA-Seqや時空間トランスクリプトームと統合解析することにより，CE-MSを用いた一義的なメタボローム情報を空間メタボローム情報に変換

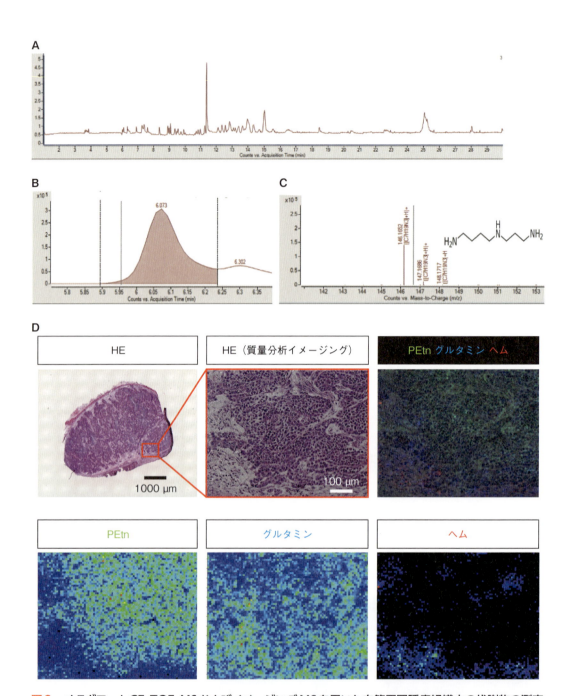

図3 メタボロームCE-TOF-MSおよびイメージングMSを用いた血管周囲腫瘍組織中の代謝物の測定
メタボローム解析（CE-TOF-MS）の測定例（スペルミジン）．**A)** CE-MSのクロマトグラム（未公開データのため，加工してある）．**B)** Aのクロマトグラムデータからスペルミジンのm/zのみを抽出した．スペルミジンが6分付近に検出されている．**C)** Bのピークの質量スペクトル．同位体比を基に，小数第4位まで計算されたm/zによりスペルミジンを検出していることがわかる．**D)** マウス移植腫瘍内では，血管周囲腫瘍組織ではグルタミンが増加し，血管（ヘム）から距離がある腫瘍組織ではPEtnが蓄積した．ヒト子宮頸がん（HeLa）細胞の腫瘍異種移植モデルにおける代謝物の濃度を質量分析イメージングにより測定した．

する試みが近年さかんに行われはじめている[15].また,高感度,高分解能で定量された代謝物の量的および時間的情報を,イメージングMSに付与することでターゲットとする代謝物の局在を明らかにできることを述べた.本稿では,ターゲットとする代謝物が,がん組織内の特に栄養飢餓環境で蓄積することを明らかにした例を紹介した[6].空間メタボロームには,解像度不足,時間的情報の取得の困難など,さまざまな課題点も多いが,今後の技術開発により,より高分解能で時間的情報を付与したデータが取得可能となることが期待される.

おわりに

　　生命は核酸,糖質,脂質,タンパク質などの複雑な有機化合物から構成されている.近年,次世代シークエンサー,質量分析器やクライオ電子顕微鏡などの普及により,ゲノム配列,転写,翻訳,代謝,タンパク質複合体,などの生命現象が網羅的に解析されてきており,従来の多細胞間相互作用,あるいは1細胞解析では捉えきれない,オルガネラレベルの代謝相互作用の解析へと展開され,疾患の病態の研究はさまざまなスケールでの組織微小環境における代謝相互作用の評価が可能となってきている.本稿では,がん細胞自身は,がん代謝を変化させることにより,低酸素,栄養飢餓,酸性pHなどの腫瘍微小環境に適応する.これは,治療に抵抗性をもつがん細胞が存在する理由の一つであり,適応がんが創薬の新たな標的になる可能性がある.また,がん細胞と異なる細胞間の代謝相互作用は,がんの進行と生存に不可欠な栄養素を供給する.CAFは,腫瘍微小環境内で最も豊富な細胞であり,腫瘍の形成に必要な栄養素の供給源である.したがって,CAFを標的とした治療法の開発が期待される.がんや生活習慣病の治療は,細胞内での特定の代謝経路のみならず生体における代謝ロバストネス制御につながる新しい疾患治療戦略となることが期待される.

◆ 文献

1) Warburg O：Science, 123：309-314, doi:10.1126/science.123.3191.309（1956）
2) McKeehan WL：Cell Biol Int Rep, 6：635-650, doi:10.1016/0309-1651（82）90125-4（1982）
3) Hattori A, et al：Nature, 545：500-504, doi:10.1038/nature22314（2017）
4) Esteller M & Pandolfi PP：Cancer Discov, 7：359-368, doi:10.1158/2159-8290.CD-16-1292（2017）
5) DeNicola GM & Cantley LC：Mol Cell, 60：514-523, doi:10.1016/j.molcel.2015.10.018（2015）
6) Schug ZT, et al：Cancer Cell, 27：57-71, doi:10.1016/j.ccell.2014.12.002（2015）
7) Kondo A, et al：Cell Rep, 18：2228-2242, doi:10.1016/j.celrep.2017.02.006（2017）
8) Tomuro K, et al：Nat Commun, 15：7061, doi:10.1038/s41467-024-51258-0（2024）
9) Sousa CM, et al：Nature, 536：479-483, doi:10.1038/nature19084（2016）
10) Everaerts FM, et al：Ann N Y Acad Sci, 209：419-444, doi:10.1111/j.1749-6632.1973.tb47546.x（1973）
11) Sugiura, Y et al：J Mass Spectrom Soc Jpn, 65：215-219（2017）
12) Soga T, et al：J Biol Chem, 281：16768-16776, doi:10.1074/jbc.M601876200（2006）
13) Soga T, et al：Anal Chem, 81：6165-6174, doi:10.1021/ac900675k（2009）
14) Osawa T, et al：Cell Rep, 29：89-103.e7, doi:10.1016/j.celrep.2019.08.087（2019）
15) Xiao Z, et al：Nat Commun, 10：3763, doi:10.1038/s41467-019-11738-0（2019）

各研究におけるマルチオミクス実験・解析の実例

5. 長寿研究におけるマルチオミクス解析

佐々木貴史,新井康通

> **ポイント**
> 長寿研究においても各種マルチオミクス解析が導入され,広範な生物学的データが収集可能となってきた.さらに実地調査データだけでなく診療報酬明細書や電子カルテなどのリアルワールドデータ(RWD)から老化に関する表現型データを得られるようになってきた.これらの"biological big data"にRWDを合わせたマルチオミクス解析から算出されるゲノム,細胞レベルの老化関連データから,超高齢社会の課題解決につながるエビデンスの創出が重要となると考えれる.

はじめに

長寿研究においてもマルチオミクス解析は長寿関連因子を包括的に探るための有力なアプローチである.ゲノミクス,トランスクリプトミクス,プロテオミクス,メタボロミクスといった各種オミクス技術を用いることで,遺伝子レベルから代謝産物レベルまでの広範な生物学的データが得られる.これらの"biological big data"に加えて,診療報酬明細書や電子カルテなどのリアルワールドデータ(RWD)の利用も広がっている.本稿ではそれぞれのオミクス領域について長寿研究での使われ方と実際にわれわれの研究室でのアプローチについて紹介する.

長寿ゲノミクス研究

長寿ゲノミクス研究は人間の寿命や健康寿命に関与する遺伝的要因を特定し,関連するパスウェイなどの理解をめざしている研究である.これまでに双子研究による寿命遺伝率解析,連鎖解析,ゲノムワイド関連解析(GWAS),およびポリジェニックリスクスコア(PRS)解析などを用いた長寿遺伝因子解析が行われてきた.

双子研究は遺伝と環境の影響を推定するための手法である.一卵性双生児では基本的に全遺伝多型を共有しているが二卵性双生児は平均して50%であり,一卵性双生児と二卵性双生児の死亡年齢の分散の違いから,寿命遺伝因子の遺伝率はおおよそ20〜30%であると推定されている[1].連鎖解析は家系内での長寿因子同定をめざした研究だが,家系外における一般集団での検証が難しく,また多因子性の形質に関しては解像度が低いという限界があり現在はあまり用いられていない.GWAS解析は全ゲノムにわたる遺伝多型のアレル頻度差を長寿者群と一般集団間で比較することにより長寿に関連する遺伝多型を同定する方法である.Deelenらは複数

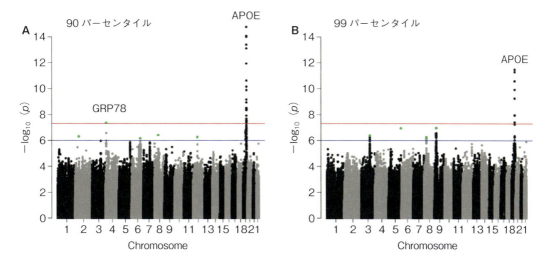

図1 ヨーロッパ90及び99パーセンタイル長寿者を対象としたメタGWAS
ヨーロッパのゲノムワイド関連メタ解析の結果．90パーセンタイル症例対全対照（A）および99パーセンタイル症例対全対照（B）の欧州ゲノムワイド関連メタ解析の-log₁₀ P値を示すマンハッタンプロット．（文献2より引用）

のヨーロッパ長寿GWASデータから，長寿者群：85歳以上7,729人，一般集団群：65歳以下16,121人を対象とした長寿GWASメタ解析を行い，長寿相関多型としてAPOE4ミスセンス変異rs429358（p = 1.0×10⁻⁶¹）を同定した（図1）[2]．Baeらはアメリカ・イタリアの96〜119歳の長寿者2,304人を用いたGWAS解析を行い，同様にAPOE4ミスセンス変異rs429358（p = 3.14×10⁻⁸³）を同定した[3]．どちらもAPOE遺伝子領域に効果量の大きい長寿関連遺伝多型を同定しているが，それ以外の領域には目立った遺伝多型はみられなかった．われわれも日本人百寿者964人のAPOE遺伝型解析をした結果，百寿者ではAPOE4アレル頻度が低下する結果が得られている[4]．APOE4はアルツハイマー型認知症の最大の遺伝リスクであることから，低認知症リスクであることが世界共通の長寿遺伝因子の一つであると考えられる．

またpostGWAS解析により，長寿者は一般集団と比較して心血管疾患や糖尿病などの加齢関連疾患の遺伝因子に逆相関する遺伝因子を有していることが報告されている[2]．これらの結果から，長寿者は加齢関連疾患になりにくい遺伝因子を有していると考えられる．

GWASでは集団データを用いて相関遺伝因子を探索するのに対し，PRS解析は，個々のゲノム情報に基づいて遺伝多型の累積効果を評価し，個々の遺伝的リスクを数値化する手法である．GWASで同定された遺伝多型とそのオッズ比を組合わせて算出されるPRSは長寿に対する個人の遺伝的傾向を予測する手段としても応用可能であると考えられる．PRS解析の優れている点の1つは，対象人種集団でのGWAS統計量が公開されていれば，それらを使って比較的少人数のデータでも解析が可能となることである．われわれは百寿者964人のゲノム多型を同定し東北メディカルメガバンク機構（ToMMo）の一般集団と比較を行っているが，再現性をとるために百寿者を同じ規模でリクルートすることは現実的ではない．そこで百寿者GWAS統計量を用いて百寿者ポリジェニックスコア（CentPGS）を確立し，百寿者予備群である元気高齢者集団（Kawasaki Wellbeing and Aging Project：KAWP, 85〜89歳1,016人）に対してCentPGS

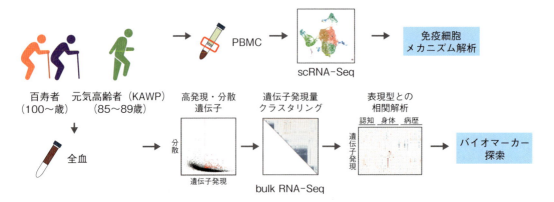

図2 シングルセルRNA-Seq（scRNA-Seq）とbulk RNA-Seq
scRNA-Seqのコストは低下してきたもののまだ高価なため，主に特徴的な少数サンプルを用いたメカニズム解析に用いるのに対し，bulk RNA-Seqは表現型と相関する血中遺伝子マーカーの探索に用いている．

を算出し，そのスコアとの元気高齢者集団の表現型との相関解析を行うことにより，長寿因子と相関する表現型の同定を試みている（論文準備中）．

長寿研究のトランスクリプトミクスとプロテオミクス研究

　トランスクリプトミクスとプロテオミクスは細胞・組織レベルでの遺伝子・タンパク質の動態を高精度に捉え，生物学的プロセスを理解するための強力なツールである．これらは長寿研究でも多く用いられ，長寿に関連する生物学的特徴の解明に寄与している．トランスクリプトミクスでは，試料全体をまとめて遺伝子発現解析するbulk RNA-Seqや1細胞ごとの遺伝子発現解析を行うシングルセルRNA-Seq（scRNA-Seq）が主に用いられている．bulk RNA-SeqはscRNA-Seqと比較してコスト面が安価で作業量が少ないため比較的大規模なサンプル群の解析が可能であり，疾患のバイオマーカー探索や治療ターゲットの同定に利用される．われわれは長寿バイオマーカー探索のため，通常のscRNA-Seqで除去される顆粒球も含んだ全血のbulk RNA-Seq解析により，健康寿命やレジリエンスに関連するマーカーの探索を進めている（図2）．scRNA-Seqは1細胞ごとの遺伝子発現解析が可能なことから詳細なメカニズム解析が可能であると期待されている．われわれは理化学研究所との共同研究で，scRNA-Seqにより110歳以上のスーパーセンチナリアンでは通常は少量しか存在しないCD4陽性キラーT細胞のクローン性増殖が起きていることを報告した（図3）．これらの免疫細胞の機能はいまだ不明であるが，百寿者は特殊な免疫細胞集団を有していることが明らかになった[5]．今後はT細胞受容体レパトア解析からウイルスや腫瘍細胞など，CD4陽性キラーT細胞がどのような抗原に反応して増殖しているか解明することが期待される．
　SOMA scanやOLINKなどの網羅的プロテオミクス解析が実用化され長寿研究にも用いられるようになってきた．Lehallierらは4,263人の若年成人から非高齢者（18〜95歳）の血漿タンパク質2,925個を測定しヒト血漿プロテオームの加齢に伴う顕著な非線形変化を解析し，40, 50,

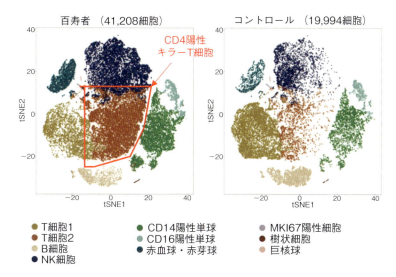

図3 スーパーセンチナリアンにおけるCD4陽性キラーT細胞の増殖
（文献5より引用）

80歳代におけるプロテオームの変化は血漿プロテオームに影響が大きい生物学的経路はそれぞれ年代により異なることを反映しており，加齢に関連する疾患や表現型形質のゲノムやプロテオームとの関連性の違いを明らかにした[6]．

長寿研究のメタボロミクスおよびエピゲノミクス研究

　老化に伴う代謝の変化は，エネルギー代謝，脂質代謝，アミノ酸代謝など，多くの生物学的プロセスに影響を与えており，これらはメタボロミクス解析により解析することが可能である．Bunningらは125組の双子ペアを含む268人の健常人の横断コホートについて，770代謝物を定量する非標的血漿メタボロミクス解析により6つの主要な老化の軌跡を明らかにし，52代謝物を用いて成人被験者（16歳以上）の年齢予測式を構築している[7]．また腸内細菌代謝産物も生体に影響を与えることがわかってきており，われわれは慶應義塾大学医学部免疫微生物学教室本田賢也教授との共同研究により，百寿者の腸内細菌で特徴的にみられる菌種を同定し，それらの腸内細菌によって代謝される二次胆汁酸の1種であるisoalloLCAが顕著に増えていることを見出し，このisoalloLCAがグラム陽性病原性細菌に対する強い抗菌活性を有していることを見出した[8]．

　DNAメチル化やヒストン修飾などのエピゲノム変化は遺伝子発現制御に関連しているが，老化や関連疾患の進行により変化することが明らかになってきた．これらのエピゲノム変化を逆に利用し，加齢によりDNAメチル化状態が変化するゲノム領域を同定し，DNAメチル化状態を測定することにより，生体の生物学的年齢を推定する方法としてエピゲノム時計がHorvathらによって報告された[9]．このDNAメチル化状態の変化は加齢だけでなくストレスなどでも亢進することから，現在は第2世代，第3世代の生物学的老化度を反映したエピゲノム時計が開

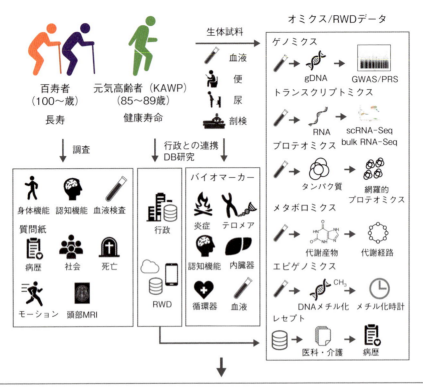

図4 慶應義塾大学医学部百寿総合研究センターでの長寿研究におけるオミクス解析

発されている[10]．われわれも共同研究として参加し，百寿者を含む日本人を対象としたエピゲノム時計の開発もされ，百寿者で加齢がよくされていると考えられるパスウェイの解析などを報告している[11]．

おわりに

　前述のオミクスデータが実際にどのように長寿にかかわるのかを調べるためには，オミクス解析に耐えうるバイオサンプルの収集とサンプルに紐づいた加齢関連の表現型データの収集が重要となる．また最近多くのRWDが研究にも活用されるようになってきており，長寿研究では医療および介護診療報酬明細書（レセプトデータ）を活用した研究も進められている．中西らは，日本人百寿者と非百寿者の死亡前1年間の医療費に，年齢と性別による違いを解析するために，75歳以上の日本人34,317人を対象としたこのレセプト解析研究で，人生最後の年の医療費と入院患者の割合は，高年齢層で有意に低く105歳から109歳の患者で最も低い値を示すことが報告し，百寿者を含む高齢者でもRWDが活用できることを示している[12]．

　これまでにわれわれの研究室では105歳以上の百寿者を主な対象とした全国超百寿者研究

（The Japanese Semi-supercentenarian Study：JSS）を30年以上にわたって進めており，生体試料を含む世界最大級の百寿者リソースを収集している．また百寿者研究で得られた結果を85歳以上の超高齢者コホートで解析することにより，百寿者だけでなく一般の高齢者にも百寿者研究の結果を還元できるよう研究を進めている．この成果を社会還元するためには大学だけではなく，行政機関や民間企業との連携が重要となってきていることから，われわれは川崎市と連携し85〜89歳で自立している元気な"百寿者予備群"を対象としたKAWPを進めている．このKAWPでは調査で得られた老化関連の表現型データおよび収集したバイオサンプルを用いた各種オミクスデータに加えて，医療および介護レセプトデータなどのRWDを組合わせたフォローアップおよび予後解析を進めている．このRWDを用いた解析は強力な研究ツールとなると期待しており，実際にレセプトデータを用いたフォローアップにより従来は脱落により死亡情報が得られないケースでも脱落後の情報を得ることができており，データクオリティー改善に大きく貢献している．また介護認定情報を組み入れることにより自立期間と健康寿命期間の推定が可能となり，これまで死亡が中心だった解析に健康寿命という新たな解析の軸を加えることが可能となった．今後はオミクスから算出されるbiological-big dataとRWD-dataをつなげ，ゲノム，細胞レベルの老化からデータから超高齢社会の課題解決につながるエビデンスを創出し，社会に還元できる長寿研究をめざしている（図4）．

◆ 文献

1） Herskind AM, et al：Hum Genet, 97：319-323, doi:10.1007/BF02185763（1996）
2） Deelen J, et al：Nat Commun, 10：3669, doi:10.1038/s41467-019-11558-2（2019）
3） Bae H, et al：Int J Mol Sci, 24：doi:10.3390/ijms24010116（2022）
4） Sasaki T, et al：J Gerontol A Biol Sci Med Sci, 75：1874-1879, doi:10.1093/gerona/glz242（2020）
5） Hashimoto K, et al：Proc Natl Acad Sci U S A, 116：24242-24251, doi:10.1073/pnas.1907883116（2019）
6） Lehallier B, et al：Nat Med, 25：1843-1850, doi:10.1038/s41591-019-0673-2（2019）
7） Bunning BJ, et al：Aging Cell, 19：e13073, doi:10.1111/acel.13073（2020）
8） Sato Y, et al：Nature, 599：458-464, doi:10.1038/s41586-021-03832-5（2021）
9） Horvath S：Genome Biol, 14：R115, doi:10.1186/gb-2013-14-10-r115（2013）
10） Lu AT, et al：Aging（Albany NY），14：9484-9549, doi:10.18632/aging.204434（2022）
11） Komaki S, et al：Lancet Healthy Longev, 4：e83-e90, doi:10.1016/S2666-7568（23）00002-8（2023）
12） Nakanishi Y, et al：JAMA Netw Open, 4：e2131884, doi:10.1001/jamanetworkopen.2021.31884（2021）

各研究におけるマルチオミクス実験・解析の実例
6. 脳とマルチオミクス解析

酒井誠一郎, 津山 淳, 七田 崇

> **ポイント**
> 脳組織には神経細胞, グリア細胞, 血管を構成する細胞などが存在する. 脳機能は脳細胞の解剖学的位置関係, 生理学的な細胞機能, 生化学的な代謝によって正しく発現し, 脳内環境の変化にも適切に対応することができる. 各種オミクス解析は, 脳における臓器機能を生み出す分子メカニズムを解明する強力なツールとなる. プロテオミクス, リピドミクス, 次世代シークエンス解析, エピジェネティック解析によって, 脳内の活性分子を同定することや, 脳細胞がもつ機能を解析することが可能である.

はじめに

　脳細胞の機能解析は, 最近の神経科学や次世代シークエンス解析の発展によって大きく変化を遂げた. 一細胞, 全細胞レベルで脳細胞の遺伝子発現の制御メカニズムを解明することによって, 脳内現象の責任分子を同定することも可能である. 本稿では, 脳組織や脳細胞からタンパク質, 脂質, 核酸を網羅的に解析する手法を解説する.

脳組織のタンパク質解析

　脳組織からタンパク質を抽出する場合は, 解析したい脳組織をマイクロチューブなどに入れて氷上に置く. そこから通常の細胞ライセートをつくるときに使用する界面活性剤や尿素を, プロテアーゼ阻害剤と共に加えて, 脳組織ライセートを作製してもよい. しかし質量分析にかける場合や, ライセートを細胞などに添加して活性を見る場合は, 界面活性剤や阻害剤の混入が問題になる. この場合は, 脳組織にPBSや細胞培養液（RPMI-1640やDMEMなど）を適量加え, チューブの中ですり潰すだけでも, 可溶なタンパク質を抽出することができる（図1A）. PBSや細胞培養液で作製した脳組織ライセートは, 15,000 rpm（20,000×g）で10分間遠心し, 細胞質画分と膜画分に分ける. 細胞質画分は, そのまま質量分析にかけたり, 培養細胞に添加して活性をもつ画分をさらに抽出したりすることができる. 膜画分に存在して水に不溶なタンパク質も, Percollによる密度勾配遠心によってオルガネラごとに分けて, 活性などを調べることができる. ただし, 小胞体画分にはリボソームで翻訳中のmRNAを有する画分（ポリソーム画分）が存在するため, qPCRによって画分が有する活性を測定するときは注意を要する.

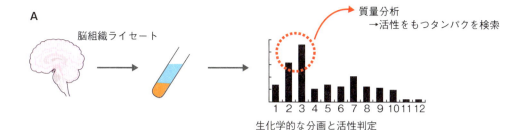

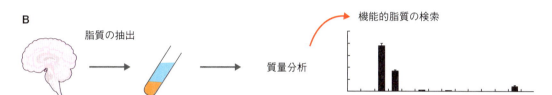

図1 プロテオミクスとリピドミクスによる脳内分子のスクリーニング
A) 脳組織や脳細胞からタンパク質を抽出し，生化学的に分画した後，活性をもつ画分について質量分析を行う．得られた候補タンパク質から，活性をもつタンパク質をスクリーニングする．B) 脳組織や脳細胞から有機溶媒を用いて脂質を抽出し，質量分析を行う．可能なら，脂質代謝にかかわる酵素を欠損したマウスを用意し，質量分析によって得られる網羅的な脂質解析の結果を野生型と比較する．差がみられる脂質をスクリーニングして機能的脂質を見出す．

活性のある画分中に含まれるタンパク質はLC-MSやMALDI-TOF MSで検出できる．得られたタンパク質の中から，目的に合うタンパク質をスクリーニングする．何らかの活性をもつタンパク質をスクリーニングする場合は，質量分析によって得られた候補タンパク質を，細胞に発現させることによって活性を測定する．動物細胞に過剰発現させる場合は，Kozak配列を付加してプラスミドにクローニングし，PEIを用いた一過性発現や，レンチウイルスを用いた持続発現を試すことによって活性を測定する．タンパク質そのものが必要な場合は，6-HisタグやGSTタグを付加して大腸菌に発現させて精製する．GSTによる精製の方が，夾雑物が少ない印象であるが，活性の測定方法に合わせた精製法を選択する必要がある[1]．

脳組織の脂質解析

解析対象とする脂質の種類に合わせた抽出法を選択する必要があるが，Bligh & Dyer法による抽出が一般的である（図1B）．抽出した脂質は，窒素を吹き付けて有機溶媒を飛ばした後，脂肪酸フリーのBSA（牛血清アルブミン）を溶かしたPBSを加えてよく攪拌することで，培養細胞に添加して活性を測定することも可能である．脳組織から抽出した脂質は質量分析によって網羅同定できる．非常に多くの種類の脂質を検出できるが，注目する脂質の種類が決まっている場合は，その代謝物も含めて含有量を測定し，組織内でどのような代謝機転が作動しているか推察する．それぞれの脂質の活性については，その脂質が市販されているようであれば，購入して測定できる．

前述の方法によって脳組織の網羅的な脂質代謝解析が可能であるが，何らかの活性をもつ脳内の機能性脂質を探索する場合は，脂質代謝酵素に着目した方が早道であるように思われる．まず脳組織や細胞からRNA-Seqなどの遺伝子発現解析を行い，その特長や経時変化などから着目する脂質代謝酵素を決定する．この酵素を欠損したマウスを解析すると，脳内の脂質が変化するため，その変化に伴う脳内現象の意義を解明できる．さらに質量分析によって脳内脂質を網羅解析し，野生型マウスと比較することによって，脳内現象を引き起こす機能的脂質の候補を見出すことができる．この候補となる脂質は，市販されているようであれば入手して，該当する脂質代謝酵素の欠損マウスに投与し，野生型マウスと同等の脳内現象が起こる脂質を検索することによって，機能的脂質を決定する．解析対象とする脂質の種類によって，その国内の専門家に相談の上，研究を進めることも重要であると思われる[2]．

神経細胞の次世代シークエンス解析

　近年の次世代シークエンス解析技術の発展と普及に伴って，脳から抽出した神経細胞の遺伝子発現解析にも次世代シークエンスが用いられるようになってきた．しかし，神経細胞の次世代シークエンス解析を行ううえで直面する大きな問題として，神経細胞は非常に死にやすいということが挙げられる．まず，神経細胞は低酸素状態に弱いが，動物の解剖直後から神経細胞は低酸素状態にさらされる．また，樹状突起や軸索が組織のトリミングや細胞分散によって切断されることで物理的なダメージを負う．さらに，これら細胞ダメージや細胞外に漏れ出た神経伝達物質によって神経細胞が異常興奮することで過剰なカルシウムイオンが細胞内に流入し，細胞死が誘導される．神経細胞の次世代シークエンス解析を行うには，神経細胞のダメージを減らして生存率を上げるための工夫が必要である．特に成熟動物の神経細胞は酸素要求量が多く，解剖後の細胞ダメージに非常に脆弱なので，ダメージを低減する工夫をしないと神経細胞がほとんど存在しないサンプルをとり扱うことになってしまう．急性スライス標本を用いた電気生理実験やイメージングでは神経細胞の生存率が実験の成否を大きく左右するので，これらの実験では解剖やスライスによる細胞ダメージを低減する方法が長年探求されてきた[3]．具体的には，神経活動を抑制して酸素要求量を低減させるとともに異常興奮を防ぐ目的で，ナトリウムイオンをスクロースやN-メチル-D（-）-グルカミン（NMDG）等に置き換えた細胞外溶液を氷冷して使用する．また，細胞外溶液中のCa^{2+}濃度を減らすことも神経細胞死を防ぐために有効である．物理的なダメージに関しては，マイクロスライサーを用いて脳をスライスすることや，細胞分散時のピペッティングを非常にゆっくり丁寧に行うことで低減することができる．

　これら細胞のダメージを減らす工夫を行ったとしても，取り出した脳から細胞を分散し終えたときには神経細胞の多くが死んでおり，細胞懸濁液に含まれる神経細胞の割合は低下してしまっている．また，脳の細胞を分散した懸濁液には切断された樹状突起や軸索，ミエリンなどに由来する細かなデブリが多く含まれる．したがって，神経細胞の次世代シークエンス解析を行うためには，fluorescence-activated cell sorting（FACS）やmagnetic cell sorting（MACS）などの方法によって不要なデブリを除去し，多種多様な細胞が含まれる懸濁液から神経細胞を

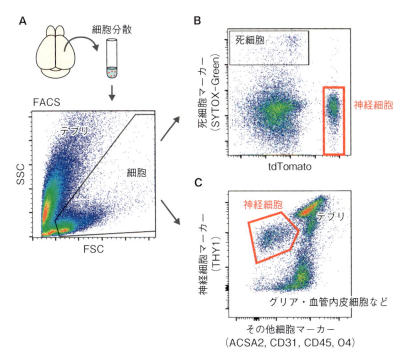

図2 FACSによる神経細胞の単離
A) 脳から抽出した細胞を分散し，FACSによって神経細胞を単離する．まずは前方散乱（FSC），側方散乱（SSC）で大まかに細胞とデブリを分離する．**B)** 興奮性神経細胞特異的にtdTomatoを発現する（VgluT1-Cre; tdTomato stop flox）マウス．蛍光タンパク質を用いて単離する場合，蛍光が十分に明るいマウス系統を使用すると神経細胞の単離が容易である．**C)** 抗体染色で蛍光標識する場合は，神経細胞以外の細胞を抗体標識して除去することで，THY1陽性の神経細胞を選択的に単離することができる．

単離しなければならない．われわれは，FACSを使用して，脳から抽出した神経細胞を単離する方法を確立したのでそれを紹介する（図2）[2]．FACSで細胞を単離するには細胞タイプ特異的に蛍光標識する必要があるが，遺伝子改変動物を用いて細胞タイプ特異的に蛍光タンパク質を発現させるのが1つの方法である．さまざまな種類の神経細胞で特異的に蛍光タンパク質を発現する遺伝子組換えマウスの系統が樹立されているので，それらを用いることで特定の種類の神経細胞のみを単離することが可能である．もう1つは細胞膜表面の抗原に対する抗体を用いて細胞を蛍光染色する方法である．神経細胞の表面抗原としてはTHY1（CD90）が使用できるが，THY1は免疫細胞でも発現しているうえに神経細胞由来のデブリにも存在しているので，神経細胞以外の細胞を抗体染色して除去することによってTHY1陽性の神経細胞を単離することが可能である．われわれは，これらの方法で単離した神経細胞からRNAやDNAを抽出して，RNA-Seq，ATAC-Seq，Cut & Tagといった次世代シークエンス解析を行っている．また，グリア細胞など神経細胞以外の細胞も同様に選択的に単離して次世代シークエンス解析を行うことができる．

脳細胞のシングルセル RNA-Seq

　脳は，神経細胞，グリア細胞，血管を構成する細胞など多様な種類の細胞によって構成されている．遺伝子発現の違いに基づいてマウス脳内に存在する細胞の種類を分類すると，34種類の細胞タイプ，338種類のサブタイプが脳内に存在し，それらをさらに詳細に分類すると5,300以上のクラスターに分けることができると報告されている[4]．このように脳は非常に多くの種類の細胞によって構成されており，それら細胞の種類ごとに特異的な機能を有していると考えられているので，個々の細胞サブタイプの遺伝子発現を調べることができるシングルセルRNA-Seq（scRNA-Seq）は脳研究において非常に有用である．

　scRNA-Seqの場合も細胞の生存率に気を使う必要があり，サンプル調製は前述した神経細胞単離法が適用できる．他に，脳組織から核を抽出して核内のRNAからRNA-Seqを行うこともでき（snRNA-Seq），この方法では細胞の生存率に影響されずより多くの神経細胞を回収することが可能である．しかし核からのRNA抽出では，細胞全体からよりもRNA量が少なくなり，検出できる遺伝子数も少なくなってしまう点に注意が必要である．scRNA-Seqの方法としては，単一細胞を1ウェルずつプレートに単離して逆転写を行う方法[5]，単一細胞とそれを標識するDNAバーコード付きビーズを含む液滴をマイクロ流路で形成してそのなかで逆転写を行う方法[6]が主に用いられているが，実験の簡便さと1回の実験でより多くの細胞からデータが得られることから，液滴内で逆転写を行う方法が主流になりつつある．

　scRNA-Seqによって得られたデータからは，細胞タイプを分類して遺伝子発現を調べるだけでなく，多細胞のデータを使用して受容体とリガンドの発現から細胞間相互作用を解析する方法が複数開発されている[7]．脳内では神経細胞やグリア細胞が液性因子や接着因子を介した細胞間情報伝達を行っており，scRNA-Seqによる相互作用解析がその解明に役立つであろう．また，scRNA-Seqの解析では，mRNAのスプライシングと分解の動態から遺伝子発現の継時変化を推測する方法（RNA velocity解析）が開発されており[8]，神経発生や病態の進行など細胞の経時的な変化を調べるのに用いられている．scRNA-Seqの実験技術や解析方法は日進月歩で進化しており，より多くの細胞からより高感度で遺伝子発現を検出でき，得られる情報も高度複雑化してきている．また，実験動物だけでなくヒト患者の遺伝子発現解析にもscRNA-Seqが用いられるようになってきており[9]，脳研究におけるシングルセル解析の重要性がさらに増している．

脳細胞のエピジェネティック解析

　近年のエピゲノム解析の発展は目覚ましく，少数の細胞からさまざまなデータを得られるようになっている．これらの技術を用いることで，多くの細胞数を得ることが困難な生体内の病理組織由来細胞などの詳細な解析を行うことが可能となっている．われわれは脳梗塞モデルマウスのニューロンやミクログリアを単離し，ATAC（Assay for Transposase-Accessible Chromatin）-Seq[10]，CUT & Tag（Cleavage Under Targets and Tagmentation）[11]さらにはHiCHIP[12]などのエピジェネティック解析を実施している．脳細胞は脳梗塞に伴って大きく遺

伝子発現を変化させるが，その中心的な制御メカニズムが明らかになりつつある[13].

1. ATAC-SeqおよびCUT & Tag

　ATAC-SeqはTn5トランスポザーゼによってクロマチン接近可能性をゲノムワイドに調べることが可能な技術であり，細胞のクロマチンの開閉状態を調べる手法として広く用いられている．ATAC-Seqは従来法のままでさまざまな細胞に適応可能であり，少数の細胞で実施可能なため，多くの細胞数を用意することが難しい生体内の細胞に対しても行いやすい.

　脳梗塞を発症するとミクログリアのクロマチン接近可能性は大きく変化し，正常脳由来のミクログリアには見られないオープンクロマチン領域が多数出現する．このような変化は少なくとも脳梗塞後2週間以上は継続する．ATAC-Seqデータから得られた脳梗塞後の時系列特異的なピークをHOMERソフトウェアによるモチーフエンリッチメント解析を行うことで制御転写因子の候補を得ることができる．ATAC-Seqの利点として，比較したい事象の前後で発現量の変化が乏しい転写因子を逃さず解析対象にできる点があげられる.

　CUT & TagはゲノムDNA上のヒストンタンパク質修飾部位や転写因子の結合部位をゲノムワイドに同定可能な手法である．ChIP-Seqと比較してきわめて少数の細胞で実施可能であり，プロトコールも簡便な点が特徴である．しかしながら，CUT & Tagは細胞種や標的とするタンパク質に応じて条件検討が必要となる．さまざまなパラメーターを変化させてみると最も重要な条件はpA-Tn5を作用させる際の塩濃度であり，塩濃度が低いと非特異的なTn5活性がみられるようになる．一方で塩濃度が高すぎるとpA-Tn5のゲノムへの相互作用が阻害され，さらに転写因子がゲノムから遊離するリスクを高める．ヒストンタンパク質に関しては従来法で安定して行うことが可能である．解析手法については発展途上であり，ピークコールの手法としてSEACR[14]やGoPeak[15]が開発されているが，転写因子などの非ヒストンタンパク質の正確なピークコールはいまだ難易度が高い．特に少数の生体内の細胞からCUT & Tagを行った場合は重複配列やノイズも多くみられる．そのため常にコントロール抗体のCUT & Tagデータとの比較を行いつつ，得られたピークのモチーフ解析を行い，目的の転写因子の結合配列がCUT & Tagピークに強く濃集されているかを確認しながら解析を行う必要がある.

2. HiChIP

　HiChIPは特定のタンパク質とDNAの三次元相互作用を解析可能な手法であり，高解像度のコンタクトマップを生成可能な*in-situ* HiC[16]とChIP-Seqを組合わせた技術である．HiChIPはHiCの10分の1程度のリード数でプロモーターやエンハンサーの相互作用を検出することが可能であり，先行技術のChIA-PET[17]と比較して100分の1程度の細胞数で実行可能である.

　われわれは脳梗塞後の脳組織からミクログリアをFACSで単離し，抗H3K27ac抗体を用いたHiChIPを実施している．得られたデータはFitHiChIP[18]を用いてピークコーリングされた．炎症性サイトカインである*Il1a*と*Il1b*遺伝子のプロモーター領域は相互作用しており，脳梗塞後には周辺のエンハンサーも含めてエンハンサー−プロモーター相互作用が形成される（図3）．正常脳においても*Il1b*遺伝子周辺のゲノム領域において，クロマチンアクセシビリティ領域は認められるが，脳梗塞が起点となることでエンハンサーとプロモーターの相互作用がみられるようになる点は興味深い．エンハンサーが特定のプロモーターをどのように活性化しているか

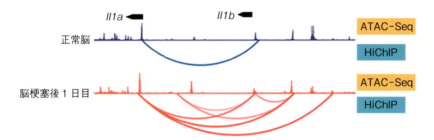

図3　脳梗塞マウス由来のミクログリアを用いたエピゲノム解析
脳梗塞後の脳組織由来ミクログリアのエピゲノム解析．少数細胞で実施可能なエピゲノム解析技術を用いることで生体内由来の細胞からさまざまな情報を得ることが可能である．炎症性サイトカインである*Il1b*遺伝子のプロモーター領域は脳梗塞後に周辺のクロマチンアクセシビリティ領域と相互作用を形成する．

はいまだ不明な点が多いが，HiC や HiChIP のように直接的にクロマチン相互作用を観測可能な技術が発展してきたことにより，大きな進展が期待されている．

おわりに

　脳組織を用いたプロテオミクス，リピドミクス，次世代シークエンス解析について概説した．これらの方法は脳細胞の機能を把握し，脳組織における活性分子を同定するために有効である．特に，遺伝子欠損マウスとの相性がよく，野生型とオミクス解析の結果を比較することにより，脳内で起こる現象の責任分子を同定して検証を行うために最適である．

◆ 文献

1) Shichita T, et al：Nat Med, 15：946-950, doi:10.1038/nm.1999（2009）
2) Nakamura A, et al：Neuron, 111：2995-3010.e9, doi:10.1016/j.neuron.2023.06.024（2023）
3) Ting JT, et al：Methods Mol Biol, 1183：221-242, doi:10.1007/978-1-4939-1096-0_14（2014）
4) Yao Z, et al：Nature, 624：317-332, doi:10.1038/s41586-023-06812-z（2023）
5) Picelli S, et al：Nat Methods, 10：1096-1098, doi:10.1038/nmeth.2639（2013）
6) Zhang X, et al：Mol Cell, 73：130-142.e5, doi:10.1016/j.molcel.2018.10.020（2019）
7) Dimitrov D, et al：Nat Commun, 13：3224, doi:10.1038/s41467-022-30755-0（2022）
8) La Manno G, et al：Nature, 560：494-498, doi:10.1038/s41586-018-0414-6（2018）
9) Piwecka M, et al：Nat Rev Neurol, 19：346-362, doi:10.1038/s41582-023-00809-y（2023）
10) Buenrostro JD, et al：Nat Methods, 10：1213-1218, doi:10.1038/nmeth.2688（2013）
11) Kaya-Okur HS, et al：Nat Commun, 10：1930, doi:10.1038/s41467-019-09982-5（2019）
12) Mumbach MR, et al：Nat Methods, 13：919-922, doi:10.1038/nmeth.3999（2016）
13) Shichita T, et al：Nat Rev Neurosci, 24：299-312, doi:10.1038/s41583-023-00690-0（2023）
14) Meers MP, et al：Epigenetics Chromatin, 12：42, doi:10.1186/s13072-019-0287-4（2019）
15) Yashar WM, et al：Genome Biol, 23：144, doi:10.1186/s13059-022-02707-w（2022）
16) Rao SS, et al：Cell, 159：1665-1680, doi:10.1016/j.cell.2014.11.021（2014）
17) Fullwood MJ, et al：Nature, 462：58-64, doi:10.1038/nature08497（2009）
18) Bhattacharyya S, et al：Nat Commun, 10：4221, doi:10.1038/s41467-019-11950-y（2019）

索引

■ 記号・数字

10x Genomics............................174
1細胞解析..................................27
1細胞摂動モデリング 183
1細胞糖鎖・RNAシークエンス....78
1細胞プールCRISPRスクリーニング
....183
1層抽出系..................................98
5′ CRISPR.................................45
6-Hisタグ................................277
Δ SET......................................252

■ A

ACSS2.....................................260
Adaptive sampling 107
ADT..185
AlphaFold................................249
AlphaMissense..........................249
Anaconda.................................141
APC/C.....................................252
API...15
APOE4.....................................271
application programing interface...15
ARC..152
ArchR......................................154
ATAC-Seq 138, 281
ATAC-Seq法..............................29
Augur......................................185

■ B

base call....................................25
BCAA......................................259
Bioconductor......................20, 226
biological big data 270
biological replicates....................97
BioModels................................238
Bligh & Dyer法...................98, 277
BSA..277
bulk RNA-Seq.........................137

■ C

C/EBP a...................................254
CAF..262
Capture Hi-C............................119
CBP..255
CCAAT-enhancer binding protein
a...254
CD90.......................................279
CDS...................................64, 216
CE...204
CE-ESI-MS...............................236
CE-MS.....................................262
CE-MS法...................................87
CE-MSメタボローム解析.............86
CE-TOFMS法............................89
Cell Ranger.......................140, 152
Cell Ranger ATAC....................152
CentPGS..................................271
ChatGPT...................................20
ChIA-PET................................281
ChIP-Atlas...............................244
ChIP-Seq..............250, 253, 254, 260
ChIP-Seq法...............................28
chromVAR...............................156
Cicero.....................................155
CID...104
CITE-Seq...........................44, 138
Claude......................................20
Colaboratory.............................19
CosMx......................................38
CRAN.....................................226
CRISPR/Cas..............................42
CROP-Seq................................183
CTC..80
Cufflinks..................................236
Cumulus..................................152
CustardPy................................119
CUT & Tag...............................281

■ D

DAR..154
DDA...................68, 103, 205, 236
DDBJ......................................174
de novoアセンブリ....................107
DeepLift..................................155
DIA.....................68, 73, 103, 205, 236
DIA-NN....................................74
DIAumpireSE............................74
differentially accesible region 154
Direct capture配列.....................45
DIW window幅............................73
DNA損傷.................................246
DNAバーコード....................78, 280
Docker................................19, 238
Dockerイメージ........................121
DREG_DYN.............................165
DRF..133
dTAD......................................133
dTオリゴ...................................38

■ E

ECCITE-Seq.............................185
eggNOG..................................219
ELBO......................................162
EM-Seq....................................27
ERR- γ....................................244
extraction blank........................97

■ F

FACS.................................278, 281
fastp.......................................213
FASTQ....................................175
FASTQ形式..............................119
FASTQファイル.......................140
featureCounts.....................217, 218
FF..37
FFPE..................................32, 37
FFPE検体................................176
FitHiChIP................................281

283

fluorescence-activated cell sorting...... 278
Folch法..98
fold change.......................................208
FPKM...217
Fragpiple...74

G

G6PC...238
GC..204
GC/MS法..87
Gene Expression Omnibus................153
gene ontology解析.............................254
Genome Taxonomy Database.........214
GEO...125, 153
ggplot..20
GitHub...238
GoPeak..281
GPU..19
GPU演算...119
gRNA...185
GSTタグ...277
GTDB...214
GWAS..243, 270

H

H3K27ac..253
H3K4me3..253
h5ad形式..142
HDAC3...252
HE染色画像..176
Hi-C...118
HiChIP...281
HiCHIP...280
HIF-1 α..259
HILIC...267
HOMERソフトウェア..........................281
Htra3遺伝子..246

I

IGFBP7...246
internal standard.................................98
internal standard blank.......................97
InterPro..219
IS..98
isoalloLCA...273
iTRAQ...68

J

JASPAR..156
JSS..275
Jupyter Lab.......................................141

K

Kawasaki Wellbeing and Aging
    Project..271
KAWP...271
KEGG..19, 219
KO...219
Kofam..219
KofamScan..220
Kozak配列..277
Kraken2...214

L

LC...204
LC-MS...277
LC-MS/MS...........................66, 95, 236
LC-MS法..87
leidenアルゴリズム.............................146
Linux...141
Lipidomics Standards Initiative........96
LLM...20
LMA..77
Loupe Browser..................................177
Loupeブラウザ....................................153
LOWESS..169
LSI..96

M

MACS...278
MAG...211
magnetic cell sorting.........................278
MALDI...262
MALDI-TOF MS.................................277
MALDI-イメージング..........................266
MATLAB..238
matplotlib..20
maximum injection time......................73
MaxIT..73
MCMC..238
MEGAHIT...216
Merscope...38
MetaboAnalyst...................................209
MetaCyc..219
metagenome assembled genome...211

MetaPhlAn4.......................................214
Micro-C..119
Micro-Capture-C................................119
Mixscape....................................184, 185
mmVelo...162
Monocle3..155
mRNA..174
MS-DIAL.....................................105, 206
MS1情報...102
MS2情報...102
MSFragger..74
muon...147, 151
MYC..92

N

Nanopore...33
NCoR...252
NGS..24, 66
NMDG...278
NMF...225
NMR..87

O

OLINK...272
OMELET...237

P

p-Profiler...74
p53シグナル.......................................246
padlockプローブ.................................179
PC..240
PCA..74, 145
PCR...78
PeakVI...154
PEI..277
PEPCK...240
peroxisome proliferator-activated
    receptor γ...................................254
Perseus..74
Pertpy..184
Perturb-Seq..................................43, 183
PGC-1 α...92
phase transfer surfactant....................71
phosphoenolpyruvate carboxykinase
                                              240
PK..240
postGWAS解析...................................271
PPAR γ..254

284　実験デザインからわかる　マルチオミクス研究実践テキスト

PRM 68
procedure blank 97
Prodigal 216
PRS 243, 270
PRTB 190
pseudo-MRM 68
pseudotime analysis 155
PTS 71
pycisTopic 154
pyruvate carboxylase 240
pyruvate kinase 240
Python 140, 184
p値 207

■ Q

Q-Orbitrap 204
Q-TOF 204
QC 97, 151
QC基準 17, 144
qPCR 276
QqFT 68
QqQ 204
QqTOF 68
QTOF 102
Quality control 143

■ R

RamDA-Seq 80
Reactome 19
Ribo-Calibration 65
Ribo-Seq 49
Ribo-Zero 32
RNA velocity 161
RNA velocity解析 280
RNA-Seq 18, 49
RNase除去剤 83
RNA発現 147
R言語 184

■ S

s/MRM 68
S/N比 151
SBML 238
Scanpy 140, 163
scATAC-Seq 42, 147, 150
scCRISPR 43
scFlex 34
scGR-Seq 14, 78

scifi-ATAC-Seq 151
scMultiome 34
scMultiome解析 152
scRNA-Seq 42, 137, 272, 280
scVI-tools 154
SDS 70
SEACR 281
SENIC+ 154
seqkit 217
SETD5 252
Seurat 140, 154, 155, 177, 184
sgRNA-specific バーコード 44
Signac 154, 156
SingleM 214
Singularity イメージ 121
Slide-Seq 45
SMART-Seq 138
SMRT シークエンス 107
SnapATAC2 154
SNP 243
snRNA-Seq 280
Space Ranger 175
Squidpy 180
SRM 205
Stereo-Seq 37
STREAM 155
Subread 218

■ T

T2T consortium 107
TAD間相互作用 133
TCA回路 238
TFEB 92
The Japanese Semi-
 supercentenarian Study 275
Thor 64
THY1 279
TIC 97
TMT 68
Tn5トランスポザーゼ 150
ToMMo 271
TopHat 236
TPM 217
trajectory inference 155
tripleQ 102
trypsin消化 73
tSNE 155

■ U

UMAP 155, 167, 186
UMI 64, 151
unique molecular identifier 64
UNMF 225

■ V

VAEエンコーダー 162
Visium 37, 174, 245
Visium HD 35, 174
Volcanoプロット 74, 207

■ W

wave plot 158
weighted gene co-expression
 network analysis 245
WGBS法 27
WGCNA 245

■ X

Xenium 38, 179
Xenium Analyzer 179
Xenium Explorer 179

■ あ

アダプター配列 151
アデノ随伴ウイルスベクター 247
アニオン分析 265
アノマー異性体 77
アフィニティー精製 69
アミンカップリング 78
アルツハイマー型認知症 271

■ い

イオン化効率 97
イオンサプレッション 87
鋳型非依存的 77
異常増幅 64
位置バーコード付きオリゴ 174
遺伝子アノテーションファイル 123
遺伝子機能組成推定 219
遺伝要因 243
インシュレーションスコア 132, 133

■ う

牛血清アルブミン 277

285

■え

液性因子 280
液体クロマトグラフィー 204
液体クロマトグラフィー連結タンデム
　質量分析計 66
エピゲノム 14
エピゲノム酵素複合体 255
エピゲノム時計 274
エピゲノム修飾 27
エピゲノム情報 150
エピゲノム情報データベース 244
エピゲノム制御因子 251
エピジェネティクス 16
エピジェネティック 262
エピジェネティック解析 280
エマルジョンベース 138
遠位エンハンサー 158
炎症 245
エンハンサー‐プロモーター相互作
　用 281
エンハンサー領域 169
エンリッチメント解析 206, 232

■お

汚染 83
オッズ比 271
オミクス 18
オミクスデータ 10
オリゴDNA配列 78
オルガネラ 16

■か

介護診療報酬明細書 274
解析ツールの知識 19
階層クラスタリング 74
解糖系 92, 259
界面活性剤 71
カウントマトリクス 177
核内受容体コリプレッサー 252
隠れマルコフモデル 220
ガスクロマトグラフィー 204
仮説駆動型研究 10
カチオン分析 264
カバレージ 151
カルシウムハンドリング 244
がん 16
がん幹細胞 85, 259
がん関連線維芽細胞 262

環境要因 243
患者固有モデリング 15
冠動脈 245
がん微小環境 16

■き

機械学習 246
擬時間解析 155
軌跡推論 155
逆相系 101
逆多重化 151
逆転写 280
キャピラリー 87
キャピラリー電気泳動 204
キャピラリー電気泳動法 262
急性スライス標本 278
共局在解析 254
教師あり学習 249
共免疫沈降 254
行列分解 225
拒否リスト 153
近位依存的標識法 69

■く

空間トランスクリプトーム解析
　　　　　　　　37, 44, 245
空間バーコード 37
クオリティーコントロール 97
クオリティフィルタリング 213
グライコーム 14
クラスタリング 153
グリア細胞 279
クリックケミストリー 78
グルコース 235
グルコース飢餓 74
クロマチン情報 147
クロマチン接近可能性 281
クロマチン免疫沈降シークエンス
　　　　　　　　　　　　250

■け

計画行列 229
蛍光標識 279
系統組成推定 214
系統バイアス 211
血漿 89
血漿プロテオームデータ 246
血中循環腫瘍細胞 80, 85

血糖値 235
ゲノム 14
ゲノムテーブル 123
ゲノムワイド関連解析 243, 270

■こ

後期促進複合体／サイクローム 252
公共データベース 15
高次元データ 145
合成ペプチド 74
構造アノテーション 98
構造異常 116
構造決定 206
構造多様性 95
抗体由来タグ 185
高変動性遺伝子 145
混合正規分布モデル 185
コンタクト行列 119, 128
コンタクトマップ 281
コントロールDNA 24
コンパートメントPC1 133
コンパートメント構造 130
コンビナトリアル手法 151

■さ

最適DIA windowサイズ 73
細胞間情報伝達 280
細胞間相互作用 280
細胞懸濁液 278
細胞状態 162
細胞抽出液 51
細胞不均一性 258
細胞分化 250
細胞分散 278
細胞ライセート 276
差次的発現解析 186
作用機序 184
サリエンシーマップ 155
酸素要求量 278
三大栄養素 95
サンプリング戦略 260
サンプル調製 96
三連四重極型 102, 204

■し

時空間情報 14
軸索 278
時系列解析 255

286　実験デザインからわかる　マルチオミクス研究実践テキスト

刺激 THP-1 細胞 185
次元圧縮 153
事後分布 237
脂質 95
脂質代謝酵素 278
シス制御因子 155
次世代シークエンサー 24, 66
次世代シークエンス 106
事前計測 97
事前分布 237
失活 88
疾患感受性座位 243
質量分析 276
質量分析計性能評価 74
質量レンジ 73
脂肪細胞 250
修飾ヒストン 252
重水素ラベル体 98
終末状態推定 168
樹状突起 278
主成分分析 119, 145
寿命遺伝率解析 270
腫瘍微小環境 261
循環器疾患 15
順相系 101
衝突誘起解離 104
小児白血病 109
常微分方程式モデル 238
情報解析スキル 19
ショートリードシークエンス 106
ショットガンプロテオミクス 67
ショットガン分析 236
ショットガン法 70
シングルセル CRISPR 解析 43
シングルセル RNA-Seq 42, 280
シングルセル RNA-Seq 解析 245
シングルセル RNA シークエンシング 137
シングルセルオミクス 14
シングルセル解析 183
シングルセルトランスクリプトーム解析 37
神経細胞 278
神経細胞単離法 280
神経変性疾患 16
新鮮凍結 37
深層学習 19
深層学習モデル 155

心臓リモデリング 245
心不全増悪因子 247
心房細動 243

■ す

スーパーコンピューター 141
スーパーセンチナリアン 272
ストレス応答 51
スパース行列 151
スパイクイン DNA 24
スプライシング 280
スプライシング異常 116
スペルミジン 267

■ せ

生活習慣病 16
正規化 144, 188
生体膜 95
生物学の知識 19
生物学的レプリケート 189
絶対定量 65
接着因子 280
摂動応答 184
摂動シグネチャ 190
セリンプロテアーゼ 246
セルセグメンテーション 182
セルソーター 138
セレンディピティ 16
全イオンクロマトグラム 97
線維化 245
線維芽細胞 16
線形モデル 228
全国超百寿者研究 274
全細胞抽出物 74
選択反応 205

■ そ

相互作用 184
相互作用タンパク質 250
増幅バイアス 211

■ た

ターゲットプロテオミクス 68
ターゲットリピドミクス 95
大規模言語モデル 20
代謝 204
代謝機転 277
代謝パスウェイ 206, 209

代謝物混合物 204
代謝物プロファイル 260
代謝フラックス 235
代謝リプログラミング 92
代償型心筋 246
対数周辺尤度 228
ダイナミックレンジ 97
ダウンサンプリング 217
タグメンテーション 151
脱抑制 252
多変量正規分布 237
短鎖型シークエンサー 25
タンデム質量分析 102
タンパク質安定性 255
タンパク質発現 147

■ ち

中間出力ファイル 127
抽出法 88
中心化 192
長鎖型シークエンサー 26
長寿 GWAS メタ解析 271
長寿関連因子 270
腸内細菌 273

■ て

ディープニューラルネットワーク 225
低酸素状態 278
低発現タンパク質検出 68
定量 PCR 法 205
データ解析環境 19
データ可視化 74
データ駆動型研究 10
デブリ 278
デマルチプレクシング 151
デュアルセレクション 46
電気生理実験 278
転写因子結合モチーフ 153
転写開始点 252

■ と

同位体標識実験 235
糖鎖 77
糖鎖プロファイル 77
同重体タグ 68
糖新生 238
糖尿病 15

287

東北メディカルメガバンク機構......271
特徴量......154
ドットプロット......147
トップダウンプロテオミクス......67
トライアングルプロット......130
トライアングルレシオプロット......134
トラジェクトリー解析......15
トランスオミクス......13
トランスクリプトミクス......272
ドロップレット型 scGR-Seq......80
ドロップレット手法......151

■な
内部標準......88, 98
内部標準ペプチド......68
ナノポアシークエンス......107

■に
尿......89

■ね
熱安定性プロファイリング......69

■の
脳組織......276
ノンターゲットプロテオミクス......68
ノンターゲットリピドミクス......15, 95

■は
バイアス......144
バイオセーフティキャビネット......83
バイオリンプロット......147
培養細胞......89
配列類似性検索......219
バルク......14
バルク CRISPR スクリーニング......42
バルク RNA シークエンシング......137
半減期解析......69
反応速度......15
反応速度論......237

■ひ
ピークコール......152, 281
ヒートマップ......147, 229
光切断リンカー......78
非コード領域......106
微細ウェルベース......138
ヒストンアセチル化酵素......255

ヒストン修飾......28
ヒストン脱アセチル化酵素3......252
ヒストンメチル化......252
ヒト iPS 細胞......244
ヒト心不全患者......246
ピペッティング......278
肥満......235
百寿者......271
百寿者ポリジェニックスコア......271
百寿者予備群......275
標準化合物......206
標準試料......74, 97
病理組織由来細胞......280
ピルビン酸サイクル......238
品質管理......151

■ふ
フィードバック機構......13
フィッシャーの正確確率検定......232
フェノタイプ......23
不活性ガス......104
不均一性......150
複数モダリティ......161
不整脈疾患......243
不全型心筋......246
双子研究......270
プリカーサーイオンスペクトル......68
プレート型 scGR-Seq......78
プレートベース......138
プロダクトイオンスペクトル......68, 205
プロテオミクス......272
プロモーター......252
分岐鎖アミノ酸......259
分子間相互作用ネットワーク......246
分子指紋......184
分子バーコード......151
分析手法......17
分泌性因子......246
糞便......88

■へ
平滑化カウント......162
ベイズ理論......237

■ほ
ポリジェニック・リスクスコア......243
ポリジェニックリスクスコア......270
ホルマリン固定......38

ホルマリン固定パラフィン......32
ホワイトリスト......151
翻訳伸長阻害剤......51
翻訳伸長反応......64

■ま
マイクロアレイ法......205
マイクロスライサー......278
マイクロ流路......80, 137, 151, 280
マウス圧負荷心不全モデル......246
マトリクス支援レーザー脱離イオン化法......262
マトリックス効果......97
マルチオミクス......17
マルチオミクス解析パッケージ......210
マルチオミクス研究......10
マルチプレックス化......25
マルチプレックス定量プロテオーム解析......68
マルチモーダル解析......137
マルチモーダルデータ......147

■み
ミクログリア......281
ミトコンドリア遺伝子......143
ミトコンドリア代謝......247

■め
メカノセンシング遺伝子群......245
メタゲノム解析......211
メタデータ......177
メタボローム......15
メタボローム解析......204
メタボロミクス解析......273
メチル化異常......116
免疫細胞......16

■も
目的......17
モダリティ......224
モチーフエンリッチメント解析......281
モチーフ解析......254
モチーフ情報......155
モデル開発......241

■や
薬理団......184

■ ゆ

尤度 237
ユビキチン‐プロテアソーム経路 ....
　　　　　　　　　　　　　　　　　255

■ よ

予測 155
四重極‐オービトラップ型 204
四重極‐飛行時間型 102, 204
四重極オービトラップ質量分析計 ....
　　　　　　　　　　　　　　　　　266

■ ら

ラベルフリー 74

■ り

リアルワールドデータ 270
リード深度 25
立体構造変動 134
リピート伸長病 109
リピドーム 15, 95
リピドミクス 95, 206
リファレンスゲノム 176
リポクオリティ 95
リボソームフットプリント 50
リボソームプロファイリング法 49

■ れ

レクチン 78
レクチンマイクロアレイ 77
レジリエンス 272
レセプトデータ 274
レトロウイルス 252
レパトア解析 272
連鎖解析 270
レンチウイルス 277

■ ろ

老化 16
ロングリード 211
ロングリードシークエンス 107

■ わ

ワールブルグ効果 92

◆ 編者プロフィール

大澤　毅（おおさわ　つよし）
2001年英国ロンドン大学キングスカレッジ卒業．'05年英国ロンドン大学（UCL）大学院腫瘍学博士課程修了（'10年腫瘍学博士取得）．'06年より東京大学医科学研究所腫瘍抑制分野研究員．'07年より東京医科歯科大学分子腫瘍医学特任助教．'11年より東京大学先端科学技術研究センターシステム生物医学特任助教．'18年より東京大学先端科学技術研究センターニュートリオミクス腫瘍学分野特任准教授で独立．'23年より同准教授．多階層にまたがるオミクスデータを収集，統合し，生命科学と情報科学の融合研究から，がん微小環境におけるがん悪性化機構の解明や治療戦略の開発につながる研究に取り組んでいます．学部生，大学院修士課程，博士課程，社会人大学院生など研究室に参加してくれる方，大歓迎ですので，是非，ご連絡ください．

島村徹平（しまむら　てっぺい）
東京科学大学難治疾患研究所計算システム生物学分野教授．北海道大学大学院情報科学研究科複合情報学専攻にて博士（情報科学）の学位を取得．東京大学医科学研究所助教，名古屋大学大学院医学系研究科特任准教授，教授を経て現職．最先端のデータサイエンスとAIを駆使し，多様な生命情報の解析技術を開発．その成果を利用し，超早期疾患マーカーの開発，薬効および疾病再発の精密予測，革新的な分子標的薬の探索，疾患の分子メカニズム解明とその克服に関する医学研究を推進している．

実験医学別冊

実験デザインからわかる　マルチオミクス研究実践テキスト
実験・解析・応用まで現場で使えるプログラムコード付き完全ガイド

2025年4月1日　第1刷発行	編　集	大澤　毅，島村徹平
	発行人	一戸敦子
	発行所	株式会社　羊　土　社
		〒101-0052
		東京都千代田区神田小川町2-5-1
		TEL　03（5282）1211
		FAX　03（5282）1212
		E-mail　eigyo@yodosha.co.jp
		URL　www.yodosha.co.jp/
	制作・印刷所	三報社印刷株式会社
	広告取扱	株式会社エー・イー企画
		TEL　03（3230）2744（代）
		URL　https://www.aeplan.co.jp/

© YODOSHA CO., LTD. 2025
Printed in Japan

ISBN978-4-7581-2279-5

本書に掲載する著作物の複製権，上映権，譲渡権，公衆送信権（送信可能化権を含む）は（株）羊土社が保有します．
本書を無断で複製する行為（コピー，スキャン，デジタルデータ化など）は，著作権法上での限られた例外（「私的使用のための複製」など）を除き禁じられています．研究活動，診療を含み業務上使用する目的で上記の行為を行うことは大学，病院，企業などにおける内部的な利用であっても，私的使用には該当せず，違法です．また私的使用のためであっても，代行業者等の第三者に依頼して上記の行為を行うことは違法となります．

JCOPY　＜（社）出版者著作権管理機構　委託出版物＞
本書の無断複写は著作権法上での例外を除き禁じられています．複写される場合は，そのつど事前に，（社）出版者著作権管理機構（TEL 03-5244-5088, FAX 03-5244-5089, e-mail : info@jcopy.or.jp）の許諾を得てください．

乱丁，落丁，印刷の不具合はお取り替えいたします．小社までご連絡ください．

未開拓の中分子化合物群の網羅解析を実現
New! ペプチドスキャンアドバンスト

HMTでは、キャピラリー電気泳動装置(CE)とフーリエ変換型質量分析計(FTMS)を組み合わせた独自のプラットフォームを応用し、血液中に含まれる中分子を網羅解析する技術を開発し、中分子の中でも特にペプチド類の網羅解析(ペプチドーム解析)にフォーカスしたサービス「ペプチドスキャンアドバンスト」をリリース致しました。

本サービスは、ペプチドをメインターゲットとしつつ、中分子サイズの未知物質を含めた網羅解析を行えることが特徴です。

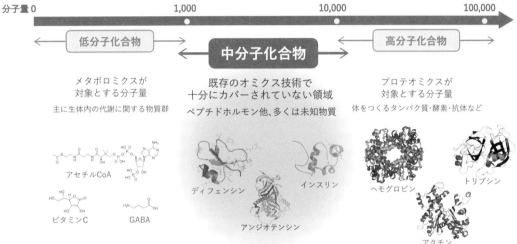

■ 生理活性ペプチドの一斉分析
HMT独自の標品ライブラリにより、インスリンやグルカゴンなどこれまで一種ずつ測定されていた「ペプチドホルモン」と呼ばれる100種以上の生理活性物質を一斉に分析することが可能です。

■ タンパク質断片の一斉分析
タンパク質分解物の総体(ペプチドーム)を一斉分析可能です。異常なプロセシングにより生じたペプチド断片の網羅解析から疾患特異的なマーカーを探索する用途にご利用いただけます。

HMTは、メタボローム解析技術を基盤として20年以上お客様の研究開発に寄り添い続けてまいりました。そのなかで培われた知見から、様々な受託解析メニューをご提供しております。各種オミクスのデータ取得はHMTへお任せください。

- メタボローム リピドーム
- 中分子 ペプチドーム
- プロテオーム

まずはお気軽にお問い合わせください

ヒューマン・メタボローム・テクノロジーズ株式会社

本社・研究所　山形県鶴岡市覚岸寺字水上 246-2
東京事務所　東京都中央区新川 2-9-6 シュテルン中央ビル 5階　TEL: 03-3551-2180

ご質問やお見積りなど、右記ページよりお気軽にお問い合わせください。
https://humanmetabolome.com/jpn/contact/inquiry/

羊土社のオススメ書籍

実験医学別冊
実験デザインからわかる
シングルセル研究実践テキスト

シングルセルRNA-Seqの予備検討から解析のコツ、結果の検証まで成功に近づく道をエキスパートが指南

大倉永也, 渡辺　亮, 鈴木　穣／編

シングルセル研究を始めることになったら？実験デザインから理解できる新機軸のテキストが登場！サンプル調製や二次解析の解説ももちろん、即戦力になりたいあなたに！

■ 定価7,920円（本体7,200円+税10%）　■ B5判　■ 323頁　■ ISBN 978-4-7581-2270-2

実験医学別冊
論文に出る遺伝子　デルジーン300

PubMed論文の登場回数順にヒト遺伝子のエッセンスを一望

坊農秀雅／編

英単語帳のように遺伝子を学ぶ！医学・生命科学論文を読む全専門家向けの学習参考書.「論文読解力/研究力を向上させたい」という気持ちに、タイパ良く応えます.

■ 定価4,620円（本体4,200円+税10%）　■ A5判　■ 231頁　■ ISBN 978-4-7581-2277-1

実験医学別冊
「留学する？」から一歩踏み出す
研究留学実践ガイド　人生の選択肢を広げよう

ラボの探し方・応募からその後のキャリア展開まで、57人が語る等身大のアドバイス

山本慎也, 中田大介／編

若手研究者に海外留学の魅力とメリットを伝授！留学先の探し方や応募のしかた、試験の準備から留学後のキャリア展開まで、多くの方が悩むポイントについて解説します.

■ 定価3,960円（本体3,600円+税10%）　■ A5判　■ 240頁　■ ISBN 978-4-7581-2273-3

生命科学論文を書きはじめる人のための
英語鉄板ワード＆フレーズ

研究の背景から実験の解釈まで「これが書きたかった！」が見つかる
頻出重要表現600

河本　健, 石井達也／著

論文で頻用される"鉄板"表現を書きたいことから直感的に探せる表現集. 学部生・大学院生のはじめての執筆のお供にオススメです.

■ 定価4,400円（本体4,000円+税10%）　■ A5判　■ 384頁　■ ISBN 978-4-7581-0857-7

発行　羊土社 YODOSHA　〒101-0052 東京都千代田区神田小川町2-5-1　TEL 03(5282)1211　FAX 03(5282)1212
E-mail : eigyo@yodosha.co.jp
URL : www.yodosha.co.jp/

ご注文は最寄りの書店、または小社営業部まで

羊土社のオススメ書籍

実験医学別冊

Pythonで実践 生命科学データの機械学習
あなたのPCで最先端論文の解析レシピを体得できる！

清水秀幸／編

生命科学・基礎医学領域でも注目の機械学習を学べる実践書．ダウンロードしたコードをブラウザで実行できるので，初学者でもすぐ始められます．

■ 定価7,480円（本体6,800円＋税10％）　■ AB判　■ 445頁　■ ISBN 978-4-7581-2263-4

実験医学別冊

改訂　独習Pythonバイオ情報解析
生成AI時代に活きるJupyter、NumPy、pandas、Matplotlib、Scanpyの基礎を身につけ、シングルセル、RNA-Seqデータ解析を自分の手で

先進ゲノム解析研究推進プラットフォーム／編

Pythonで行う生命情報解析の定番テキスト！ 汎用的なデータの扱い方から，生命科学特有のシングルセル，RNA-Seq解析まで，実装しながら基本が学べる．

■ 定価7,150円（本体6,500円＋税10％）　■ AB判　■ 446頁　■ ISBN 978-4-7581-2278-8

東大式 生命データサイエンス即戦力講座
ゲノム、エピゲノム、トランスクリプトームからシングルセルまで、大規模データ解析で論文を書くためのR&Pythonツールボックス

DSTEP教材作成委員会／編

大学院の教育現場発！ NGSデータ解析に必須なプログラミング言語の基礎知識と豊富な解析実例を1冊にまとめました．サンプルデータ付きで実際に解析しながら学べます．

■ 定価5,940円（本体5,400円＋税10％）　■ AB判　■ 344頁　■ ISBN 978-4-7581-2117-0

実験医学別冊

改訂版RNA-Seqデータ解析 WETラボのための超鉄板レシピ
ヒトから非モデル生物まで公共データの活用も充実

坊農秀雅／編

「料理レシピのようにわかりやすい」RNA-Seqデータ解析の入門書の改訂．非モデル生物の解析や公共データの活用など，いまどきの研究ニーズに応えるレシピも強化．

■ 定価5,500円（本体5,000円＋税10％）　■ AB判　■ 302頁　■ ISBN 978-4-7581-2267-2

発行　羊土社 YODOSHA
〒101-0052 東京都千代田区神田小川町2-5-1　TEL 03(5282)1211　FAX 03(5282)1212
E-mail：eigyo@yodosha.co.jp
URL：www.yodosha.co.jp/

ご注文は最寄りの書店，または小社営業部まで

羊土社のオススメ書籍

マンガでわかる科研費入門
申請書作成のヒント

鵜田佐季／著,山本亨輔／監

物語形式で科研費申請の概要とヒントがつかめる小冊子！手軽に読めて科研費申請に前向きになれます．経験の少ない初心者，科研費に苦手意識のある研究者におすすめ．

■ 定価 550円（本体 500円+税10%）　■ A5判　■ 27頁　■ ISBN 978-4-89706-845-9

実験医学別冊

論文に出る遺伝子　デルジーン300
PubMed論文の登場回数順にヒト遺伝子のエッセンスを一望

坊農秀雅／編

英単語帳のように遺伝子を学ぶ！医学・生命科学論文を読む全専門家向けの学習参考書．「論文読解力/研究力を向上させたい」という気持ちに，タイパ良く応えます．

■ 定価4,620円（本体4,200円+税10%）　■ A5判　■ 231頁　■ ISBN 978-4-7581-2277-1

Element Biosciences AVITI 24™
NGSによる細胞プロファイリング

細胞形態・RNA・タンパク質をシングル・セルで

ハンズオンタイム1時間・測定時間24時間のワークフロー

細胞培養
NGSフローセル上で
細胞培養
5万細胞/ウェル（12ウェル）
100万細胞/ウェル（1ウェル）

サンプル調製
細胞洗浄・固定・透過処理
約1時間程度の作業

シーケンシング一次解析
AVITI24での測定
全自動・24時間

データ可視化
PC/Mac上での確認
サードパーティソフトウェアでの
ダウンストリーム解析も可能

細胞単位でのマルチオミクス解析が24時間で

シーケンシングリードアウトによって豊富な情報が得られます

細胞形態の可視化

タンパク質 (50 Plex)　　　RNA (350 Plex)

輸入元　**株式会社スクラム**
世界の価値ある技術をあなたの元に

本社　〒135-0014 東京都江東区石島2-14 Imas Riverside 4F
Tel. (03)6458-6696　Fax. (03)6458-6697

西日本営業所　〒532-0003 大阪市淀川区宮原5-1-3 NLC新大阪アースビル403
Tel. (06)6394-1300　Fax. (06)6394-8851

Web Site：www.scrum-net.co.jp